有源等离子体复合结构的电磁特性控制技术

韩欣珉　魏小龙　常怡鹏

徐浩军　何　航　　著

航空工业出版社

北　京

内 容 提 要

本书针对飞行器宽带有源电磁散射/传输特性控制的需求，将等离子体、人工电磁表面和结构型蜂窝吸波材料等不同研究领域互相融合，以薄层感性耦合等离子体源、人工电磁表面和蜂窝吸波结构为研究对象，以有源等离子体复合结构电磁传输/散射特性的调制为核心，深入研究了有源等离子体复合结构的设计方法及其在隐身中的应用。本书研究成果可作为外形和材料隐身手段的有效补充，为飞行器宽频有源隐身功能的实现提供参考。

本书可作为从事飞行器隐身设计、等离子体隐身等领域研究的专业技术人员，以及高等院校航空航天相关专业的教师和研究生的参考图书。

图书在版编目（CIP）数据

有源等离子体复合结构的电磁特性控制技术/韩欣珉等著． --北京：航空工业出版社，2024.11.

ISBN 978 - 7 - 5165 - 3955 - 2

Ⅰ. TB339

中国国家版本馆 CIP 数据核字第 20243MW831 号

有源等离子体复合结构的电磁特性控制技术
Youyuan Dengliziti Fuhe Jiegou de Dianci Texing Kongzhi Jishu

航空工业出版社出版发行

（北京市朝阳区京顺路 5 号曙光大厦 C 座四层　100028）

发行部电话：010 - 85672666　010 - 85672683　　读者服务热线：010 - 85672635

北京富泰印刷有限责任公司印刷　　　　　　　　全国各地新华书店经售

2024 年 11 月第 1 版　　　　　　　　　　2024 年 11 月第 1 次印刷

开本：787×1092　1/16　　　　　　　　　　字数：316 千字

印张：12.25　　　　　　　　　　　　　定价：80.00 元

前　言

雷达隐身技术是指采用针对性手段调制或抑制目标电磁散射/传输信号的技术，飞行器隐身性能的优劣将直接决定其战场生存力及作战效能。从第一代高空侦察机 U-2 到高超声速战略侦察机 SR-71，隐身技术的发展经历了从理论概念到型号应用的初步探索；从第一代隐身飞机 F-117 到第五代战斗机 F-22，隐身技术的设计理念经历了从隐身至上到各性能综合考量的螺旋式迭代；从 B-2 战略轰炸机到新一代无人隐身飞行器 X-47A，外形和材料等传统无源隐身技术的运用日臻成熟，并在设计中将隐身性、机动性、可靠性、安全性和经济性等指标进行优化权衡。现阶段隐身设计已经贯穿飞行器论证、设计与作战使用的全生命周期（又称全寿命周期），成为衡量飞行器性能的重要指标之一。

随着现代空战模式的快速演进，战机隐身性能的优劣对取得制空权乃至战争的主动权有着至关重要的影响。而反隐身技术和隐身技术作为一对"矛与盾"是相互迭代更新，不断发展的，当前，反隐身技术的飞速发展使得隐身战机所受到的探测威胁，也从单一频带向着低频和宽频方向发展，传统的外形隐身技术不仅限制了战机机动性能的发挥，而且面临着失效的风险。新型隐身材料如结构型吸波材料、人工电磁表面以及等离子体不断涌现，使得传统隐身措施与战机机动性能间的矛盾的解决、实现宽频可靠的有源隐身成为了可能。人工电磁表面能够实现对电磁波的灵活调控，结构型吸波材料集功能与宽频吸波性能于一体，等离子体则具有主动调控吸波性能，然而三者也都存在固有的缺陷。本书围绕飞行器的有源隐身需求，将等离子体隐身技术与新型隐身材料相互结合，重点开展了关于有源等离子体复合结构在不同放电条件下的电磁特性控制技术的研究。

作者所在研究团队多年来一直密切跟踪国外有源等离子体复合结构的研究成果，同时致力于有源等离子体复合结构原理与设计的研究。在本书的撰写过程中，作者认真查阅国内外感性耦合等离子体源、人工电磁表面、蜂窝吸波结构，以及有源等离子体复合结构方面的文献，注重有源等离子体复合结构设计的基本理论和近期研究热点，使读者能够系统地学习和把握有源等离子体复合结构最新的研究动态，力求语言准确简练，内容扼要实用。

本书主要介绍有源等离子体复合结构电磁散射控制技术的相关内容。全书共 8 章，第 1 章主要阐述了本书的研究背景及意义，介绍了等离子体隐身技术、人工电磁表面、结构型吸波材料和有源等离子体复合结构的概念及研究现状；第 2 章主要研究了低温非磁化感性耦合等离子体源放电特性；第 3 章主要研究了薄层等离子体电磁散射特性主动可调技术；第 4 章主要研究了薄层等离子体复合带通型频率选择表面的主动传输特性；第 5 章主要研究了等离子体复合蜂窝吸波结构的电磁散射特性；第 6 章主要研究了薄层等离子体复合共振相位超表面的极化独立散射特性；第 7 章主要研究了两种不同工作机制的薄层等离子体复合几何相位超表面；第 8 章主要研究了薄层雷达罩型等离子体源复合漫散射 – 聚焦透射超表面的双功能设计。

　　本书由空军工程大学韩欣珉博士、魏小龙副教授、常怡鹏博士、徐浩军教授和信息工程大学何航博士共同撰写。由于作者学识有限，书中难免存在不足之处，恳请广大专家、读者批评指正。

作者

2024 年 4 月

目　　录

第1章 概 论

1.1 研究背景和意义

随着现代战争形态的快速演进，当前的空战模式也发生了翻天覆地的变化，制空权成为了决定战争进程甚至胜败的重要因素，隐身战斗机和轰炸机在现代空战体系中扮演着尤为关键的角色。从海湾战争到伊拉克战争，美军的 F-117A 隐身攻击机和 B-2 隐身轰炸机（见图1-1）均以强大的隐身性能向世界展示了其在现代战场上强大的作战效能。因此，隐身性能被认为是第五代战斗机的核心指标以及衡量第五代战斗机战斗力的重要标准，直接决定了战机的作战效能，以及在空战中的突防、生存能力，在当前阶段飞机的隐身设计已经贯穿总体论证和优化的整个周期。

图1-1 F-117隐身攻击机（左）和 B-2 隐身轰炸机（右）

飞行器隐身技术指的是通过减弱飞行器的红外以及电磁等多种特征信号，从而实现难以被敌方发现、识别、跟踪和攻击的目的[1-5]。当前，飞行器所面对的主要威胁来源于敌方雷达对飞行器的电磁散射特征的探测。雷达隐身技术是指采用特定的手段对目标的电磁散射特征进行抑制或者调制，达到衰减敌方雷达回波能量的目的。在飞行器传统的隐身设计中，外形隐身通过赋形设计将特定频带的入射波偏转至远离威胁方接收天线的方向，从而减少了重点方向的雷达截面积（radar cross section，RCS）[6]。然而，反射波的总能量并没有削弱，在面临双/多基雷达组网时，外形隐身机制面临失效的风险；同时，外形隐身采用的平面、扁平化设计准则一定程度影响了飞行器的气动性能和机动能力。材料隐身通过吸波涂层将电磁能损耗为热能[7]，但飞行器平台对重量①和维护成本等设计指标的约束限制了吸波材料的厚度，而较薄的吸波材料无法达到理想的宽带吸波需求；同时，电磁能

---

① 本书"重量"均为质量（mass）的概念，其法定计量单位为千克（kg）。

转化为热能后辐射的红外信号相应地增加了飞行器被红外雷达探测的概率。反隐身技术的发展伴随着隐身技术迭代更新的全过程。随着脉冲雷达、捷变频雷达等反隐身手段的推陈出新，飞行器面对的探测威胁向宽频、多频方向拓展，外形和材料等传统隐身技术难以满足飞行器宽带、有源的隐身需求[8-9]。

以等离子体隐身技术、人工电磁表面、结构型吸波材料为代表的新型隐身技术，为解决传统外形和材料隐身技术存在的固有缺陷、实现宽带有源隐身提供了新的思路和方法。等离子体隐身技术是基于等离子体碰撞吸收、共振衰减、多重散射/折射等电磁效应的新型有源雷达隐身技术，具有对电磁波衰减效果主动可调、宽带频率响应等突出优势[10-11]；以频率选择表面（frequency selective surface, FSS）和超表面为代表的人工电磁表面（artificial electromagnetic surface, AES）是由人工精心设计的亚波长单元按照特定宏观规则排布生成的二维平面，可以在较高的自由度上灵活调控电磁波传输和散射特性，从而实现信号带通/带阻、奇异反射/折射及漫散射等隐身功能。以蜂窝吸波结构（honeycomb absorbing structure, HAS）为代表的结构型吸波材料具有介电性能良好以及承载能力强的优点，能够在不降低吸波性能的前提下可以很大程度上减小飞行器的载重负担，在隐身飞行器的表面和机翼处等需要轻量化设计典型强散射部位应用广泛[12-13]。但上述新型隐身技术在装备实际应用中仍存在亟待解决的问题：①应用部位的结构特点和重量要求限定了等离子体源的规格，轻薄化是提高其结构适应性的关键一环。然而，过薄的构型限制了等离子体与电磁波相互作用的范围，导致宽带动态衰减效果并不理想。②传统的 AES 和 HAS 一经设计、制备后，其散射/传输特性将无法改变，难以适应现代作战体系中错综复杂的电磁环境。

为了提升薄层等离子体的宽带衰减效果，并赋予人工电磁表面和蜂窝吸波结构对电磁波动态调控的能力，本书在深入分析感性耦合等离子体（inductively coupled plasma, ICP）宽带动态吸波、人工电磁表面相位调制/滤波特性和蜂窝吸波结构宽频吸波的基础上，将感性耦合等离子体、人工电磁表面和蜂窝吸波结构组成有源等离子体复合结构，在宽带范围内开展其电磁散射/传输特性动态调控技术的研究。研究内容将丰富飞行器隐身设计的方法和手段，为提升目标的宽带动态衰减效果、推进新型有源隐身技术的工程应用提供理论依据和技术支撑。

1.2　等离子体隐身技术概述及研究现状

1.2.1　等离子体隐身技术概述及应用

等离子体隐身技术是指基于等离子体共振衰减、碰撞吸收和多重散射/折射等电磁效应，对目标实现电磁散射控制的新型有源雷达低散射技术。对比外形和材料等传统隐身技术，等离子体隐身具有四点突出优势[14-15]：第一，宽带动态吸波。通过改变外部放电条件能够调制等离子体频率 ω_p 和碰撞频率 ν_c 等关键参数的量级和分布，从而调节等离子体介电常数的空间分布特征，实现对电磁波衰减频带和幅值的宽带动态调控，响应频段覆盖雷达工作的 P～Ku 波段。第二，与电磁波作用机制丰富。等离子体与电磁波之间会产生共振衰减、碰撞吸收和多重反射/折射等多重物理效应，因此在厚度相同的情况下，等离子体衰减效果要优于非均匀损耗介质层组成的吸波材料。第三，结构可共性设计。等离子体源的激发不受限于应用部位的几何构型，能够在不影响飞行器气动外形和机动性能的前提下，与飞行器雷达舱、进气道和机翼前缘等强散射部位共形设计。第四，响应时间迅速，等离子体激发和湮灭的切换时间可达毫秒级，可以根据应用需求，快速改变放电条件，调控等离子体对目标频段的衰减效应。因此，等离子体隐身在对抗宽频、变频和多频雷达的威胁方面具有较大潜力，世界各国国防决策部门和军事领域专家均给予了重点关注。由于等离子体隐身在军事上属于核心机密，型号应用的关键技术细节鲜有公开报道，只能从部分公开文献中对各国装备中等离子体的应用情况管中窥豹。俄罗斯于 1999 年在米格歼击机上进行等离子体隐身效果的验证性实验[16]，据报道，目前等离子体隐身技术已运用于第五代隐身飞行器 "T50" 和 3M25超声速空射巡航导弹[17-19]。美国于 1997 年提出的《基础研究计划》中利用等离子体技术为飞行器提供电磁散射控制的需求[20]，并依托田纳西大学设计了具备开关功能的等离子体天线[21-22]；据报道，B－2、F－26 和 AGM－158A 导弹均利用等离子体隐身技术实现 RCS 的缩减[23-25]。法国基于等离子体的激发和湮灭特性设计了一种可开关的等离子体 FSS 并将其加载于蒙皮表面，实现了信号的通断可调[26]，而后制备了具有高分辨率和带宽的等离子体天线[27]。我国等离子体隐身技术的研究起步较晚，作为重要的研究内容之一，在 "十一五" 至 "十四五" 期间均开展了持续深入的基础及应用研究[28-29]。

1.2.2　等离子体隐身技术研究现状

等离子体隐身技术的研究始于 1962 的 Swarner 等[30-31]，通过改变等离子体的参数分布，实现了对目标电磁散射特性的调控。但由于等离子体源和算力的限制，等离子体隐身相关的实验和仿真研究进展缓慢。20 世纪 90 年代以来，得益于等离子体源种类的丰富与计算科学在等离子体领域的应用，等离子体隐身技术的研究迎来了飞速发展的高峰期。选用合适的等离子体源，通过高效的方式在较大范围内改变 ω_p、ν_c 等参数的空间分布特性，从而在宽带范围内实现对电磁波衰减效果的动态调控，是实现等离子体隐身技术的关键[10-32]。相关机构和学者基于多种等离子体源开展了一系列关于等离子体电磁散射控制的实验和仿真研究。

按照等离子体激发装备的类型，用于隐身的等离子体源可分为两大类：开放式和闭式，不同放电形式的等离子体源如图 1－2 所示。

开放式等离子体源主要激发方式包含放射性同位素、电子束、燃烧喷流和介质阻挡放电等[33-36]。但开放式等离子体源在飞行器平台应用中存在共同的局限性：首先，飞行器在飞行过程中高度、马赫数（Ma）等飞行参数的变化导致周边气流的密度、气压及温度等大气参数无法恒定，使得等离子体的激发与保持耗损了较高能量；其次，飞行器机动过程中表面流场剧烈变化，高速的气流影响了等离子体源中粒子的输运属性，扰动了等离子体的稳定性，甚至无法正常激发；最后，尽管开放型等离子体源对微波频段的电磁波取得了一定的衰减效果，但激发过程中产生的大量热能、光能及辐射能等附加效应增加了其被红外、射频探测器发现的概率。

闭式等离子体源将能量馈入高透波材料构造的闭式腔室中，电离激发出等离子体。和开放式等离子体源相比，闭式等离子体源能够克服外部恶劣环境变化对等离子体的干扰，在腔室内产生稳定、持久、低能耗的等离子体，且附带产生的光、热和辐射能更小，在飞行器的隐身应用中潜力突出。按照电源频率及激发方式可将闭式等离子体源分为直流辉光放电、交流介质阻挡放电、微波放电和射频放电等。

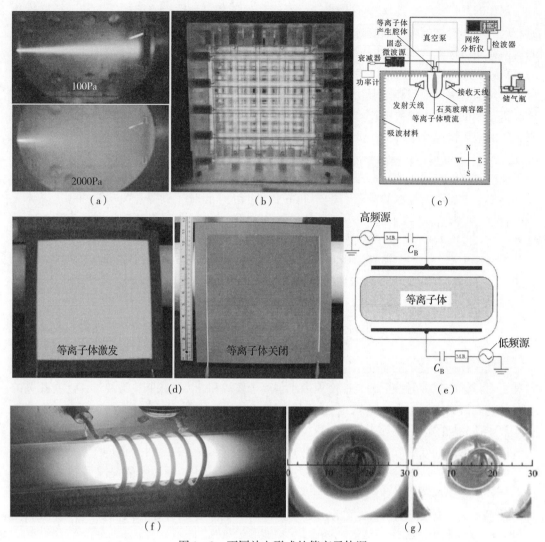

图 1-2　不同放电形式的等离子体源

(a) 电子束放电[34]　　(b) 辉光放电[38]　　(c) 微波放电[42]　　(d) 介质阻挡放电[40]

(e) CCP 放电[43]　　(f) 螺旋型 ICP 放电[47]　　(g) 平面型 ICP 放电[48]

直流辉光放电通过直流偏压击穿金属电极之间的气体激发等离子体，电子密度 n_e 量级可达 $10^{12}\,cm^{-3}$，可在较宽频带实现衰减效果[37-38]，但辉光放电激发等离子体的难易程度和放电面积正相关，面积过大会带来能耗高、难以电离、电极易烧蚀等一系列问题。介质阻挡放电是指将石英或陶瓷等绝缘介质层覆盖于电极或置于电极间的放电空间中，通过特定交流高压放电击穿气体产生等离子体。介质阻挡放电具有较强的结构适应性，可以以平板、圆筒等多种形式激发等离子体，但介质阻挡放电难度较高，激发等离子体的寿命短，厚度薄，无法实现良好的 RCS 缩减效果[39-40]。微波放电将微波频段的电磁波能量馈入透波腔室中，通过与气体的耦合作用产生等离子体，最高可实现 10dB 的衰减效果[41-42]。然而，微波放电能量转换效率低，且激励源的频率在微波波段，与飞行器雷达常用频段重叠，使用过程中将产生新的雷达强散射源。和微波放电相比，射频放电激励源的工作频率介于

1～100MHz 的射频波段，有效地避免了放电过程中微波辐射的产生。等离子体隐身中常用的射频等离子体源包括容性耦合等离子体（capacitively coupled plasma，CCP）和 ICP。CCP 是指在低气压下利用电容耦合的方式将射频功率馈入放电空间，通过射频交变电场电离产生的等离子体，其放电装置简单，激发等离子体相对均匀[43-44]。但受限于功率耦合效率，CCP 源的 n_e 在 $10^9 \sim 10^{11} cm^{-3}$ 量级，对应等离子体频率为 0.28～2.84GHz，基于等离子体对电磁波的响应特性，CCP 源只能在较窄频段内衰减电磁波。ICP 是指低气压下利用电感耦合的方式，将射频能量转化为非谐振线圈的磁场分量馈入放电空间，磁场分量在闭式腔体内部产生的角向电场分量与气体碰撞电离产生等离子体。相比于其他等离子体源，ICP 源在宽带有源隐身的应用中优势突出[45-48]：一是 ICP 形式多样的线圈布局和射频耦合方式使其具有较强的结构适应性，通过针对性设计螺旋型或盘香型构型线圈的布局，以及放电腔室的构型，ICP 源可与飞行器强散射部位共形，使得能量能够高效耦合进入共形腔室，产生大面积、稳定的等离子体；二是通过改变放电功率、线圈构型、气氛参数等外部放电条件可以调制 n_e 和电子温度 T_e 等关键参数的空间分布特征，且 n_e 量级可达 $10^{10} \sim 10^{13} cm^{-3}$，对应 ω_p 覆盖 P－Ku 波段，从而在宽带范围内实现对电磁波衰减效果的动态调控；三是 ICP 源放电线圈位于腔室外部，避免了电极与等离子体相互作用产生的溅射污染。

1.2.3　感性耦合等离子体源研究现状

ICP 源对电磁波的衰减效果取决于 ω_p 和 ν_c 等参数的量级及空间分布特征，而参数分布特性与 n_e 及 T_e 密切相关[10,45]。因此，揭示 n_e 和 T_e 等参数分布的影响规律是实现 ICP 源电磁散射特性调控的核心。研究者开展了系统的数值模拟和实验诊断的研究，结果表明，通过改变 ICP 源的电源、线圈构型、工质气体和腔室轴向高度等外部放电条件可以对 n_e 和 T_e 进行调制。

放电电源和线圈天线是 ICP 源激发的功率馈入端，不同的电源参数及线圈天线的构型决定了 ICP 源的加热模式、电磁场耦合效率及场强分布特征[47-54]。Zaplotnik[47] 等观察了细管型 ICP 源加载螺旋型线圈的放电特性，发现 E 模式下等离子体亮度较暗，分布较为均匀，H 模式下由于亚稳态原子的跃迁导致 n_e 指数增长，在线圈附近等离子体的亮度成倍增加。魏小龙等[48-50] 研究了不同匝数和功率对磁感应强度和电子密度均匀性的影响，发现在距离轴心的 $R/2$ 处磁感应强度达到最大；线圈匝数的增加改善了 n_e 的均匀性，但由于阻抗匹配效果变差导致耦合效率逐渐降低。Ventzek 等[52] 研究了射频功率对 ICP 源均匀性的影响，结果表明功率较低时，主等离子体区均匀性不受功率变化的影响，随着功率的增大 n_e 呈线性增长的趋势。Seo 和汪建等[53-54] 研究了 ICP 源的 E－H 模式跳变现象，结果表明当放电功率的增加超出特定范围后，ICP 放电模式由低效的容性耦合跳变至高效的感性耦合模式，模式转变后 ICP 源的 n_e 呈指数大幅值增加。

工质气体参数包括气压和气体组分，主要影响 ICP 中电子、离子等自由粒子的平均自由程和能量分布情况，是 ICP 参数调控的重要因素[46,55-61]。Kim 等[55] 研究了不同气压下 ICP 源的参数分布的特征，结果表明升高的气压降低了电子的平均自由程，使得 ICP 源加热模式由随机加热转换为欧姆加热，在提升能量耦合效率的同时增大了 n_e 空间分布的非均匀性。魏小龙等[46,56] 研究了气压对薄层 ICP 源参数分布的影响，在线圈加热源区的约束下，随着气压的升高，薄层 ICP 源的主等离子体区呈现环状的非均匀特性 n_e 的梯度从腔室中心沿径向变化高达 5 个数量级以上。汪建等[58]分析了 Ar 气环境下不同气压对 E – H 模式转变及参数分布的影响规律，研究表明增大的气压降低了 E – H 模式转变点的功率阈值，而 H 模式下 n_e 的增量升高。同时，n_e 和气压之间呈现非线性的变化趋势，随着气压的增大，n_e 先升高后逐渐降低。刘巍和陈俊霖等[59-60]研究了不同气体组分和气压对 n_e 和 T_e 分布特性的影响。在 Ar 气中引入氧气后，n_e 迅速下降约一个数量级，但随着氧气摩尔比例的增高，n_e 降低幅值放缓，分布的均匀性增强。此外，随着气压的升高，不同组分 ICP 源的 T_e 均呈现下降的趋势。

　　腔室参数包括腔室的构型和轴向高度等，不同的腔室参数会影响 ICP 源的电子输运属性及壁面损失等[50,62-65]。Ventzek 等[52]分析了放电腔室在不同壁厚下 n_e 的分布情况，发现当腔室的壁厚沿径向逐渐减小时，电子密度分布的均匀性增加。Stittsworth 和 Kim 等[62-63]研究了不同轴向高度下 ICP 源放电特性，结果表明当腔室轴向高度较低时，主等离子体区主要集中在加热源区附近，均匀性较差。随着高度的增加，主等离子体区域由线圈附近扩散至整个腔室，而后由于扩散系数和迁移率的变化，转移至腔室轴心位置，改善了参数分布的均匀性。徐浩军课题组等[64-65]研究了薄层雷达罩夹层型 ICP 源的参数分布特性，随着气压的增大，主等离子体区由雷达罩型腔室顶部向两侧的加热场区方向移动，呈现强烈的非均匀性，n_e 呈指数增长的趋势。上述不同外部放电条件对 ICP 源参数分布的影响如图 1 – 3 所示。

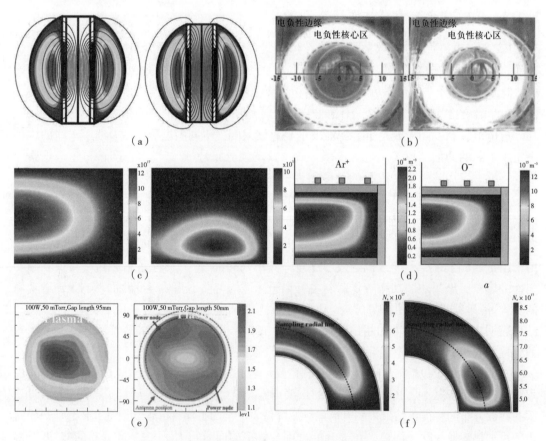

图 1 – 3　不同外部放电条件对 ICP 源参数分布的影响

（a）不同线圈磁导率下电场分布[51]　　（b）不同功率下平板型 ICP 放电特征[49]　　（c）不同气压下 n_e 分布[46]
（d）不同 O_2 比例下粒子分布[60]　　（e）不同轴向高度下 T_e 分布[63]　　（f）不同气压下雷达罩夹层腔室 n_e 分布[65]

1.2.4　感性耦合等离子体电磁散射特性研究现状

相关机构和学者开展了一系列 ICP 与电磁波相互作用的仿真和实验研究，证明 ICP 源在宽带范围内具备对电磁波衰减效果动态可调的性能。汪建等[54] 开展了天线罩型 ICP 源衰减特性的实验研究，结果表明通过调控气压、功率等外部放电因素，在 C 和 X 频段可实现 ICP 源对电磁波 −10dB 以上的平均衰减；马昊军等[66] 实验测量了 S − Ka 波段下基于 ICP 风洞产生的射流等离子体，通过改变电压及进气流量对 ICP 源的 n_e 和 ν_c 进行调控，进而获得了 S − Ka 波段下不同参数对电磁波的影响规律，并将实验结果与传统近似理论的解析值进行对比；林敏等[67] 实验测量了不同功率下闭式 Ar − ICP 源对电磁波的衰减特性，通过功率的调控在 2.7GHz 和 10.1GHz 附近实现了 10dB 以上的衰减效果；Han 等[68] 在不同放电环境下开展了闭式 ICP 源的电磁衰减实验，结果表明工质气体为 Ar 时，通过改变功率和气压可以在 6 ~ 14GHz 的范围内实现对电磁波 −10dB 衰减带宽的动态调控，而当工质气体为 O_2 时，−10dB 衰减带宽动态调控的范围切换至 2 ~ 5GHz。

通过实验测量能够准确获得不同放电条件下 ICP 源对电磁波的衰减效果，但薄层 ICP 源 ω_p 空间梯度的变化横跨多个量级，呈现强烈的非均匀性，导致电磁波入射后与等离子体之间产生多重散射和吸收等电磁效应，仅通过实验难以全面获得等离子体与电磁波相互作用的细节，也难以揭示 ICP 源中不同参数分布对散射特性的影响规律。通过数值分析可以在细微尺度下分析等离子体与电磁波的相互作用，也可以为实验变量的设置提供参考，提高研究效率。求解非均匀等离子体和电磁波相互作用的常用数值模拟方法包括温策尔 − 克拉莫 − 布里卢安（Wentzel − Kramers − Brillouin，WKB）法、散射矩阵法（scattering matrix method，SMM）、时域有限差分法（finite difference time domain，FDTD）和时域有限积分法（time domain finite integrals technique，TDFIT）等。WKB 法是一种基于几何光学近似求解一维缓变介质散射特性的方法。刘少斌、李江挺等[69 − 70] 基于 WKB 法分别研究了非磁化和磁化非均匀等离子体的散射特性，分析了不同 n_e 和 ν_c 下等离子体对电磁波能量的吸收机制和规律。刘明海等[71] 基于 WKB 法分析了大气层等离子体参数改变对电磁波衰减的影响，结果表明大面积、高 n_e 的等离子体能够在宽频范围内有效衰减电磁波，且 n_e 越高，衰减幅值越高。Guo 等[72] 利用 WKB 法求解并分析了不同入射角、入射波频率 ω、ν_c、n_e 等参数下运动中非均匀等离子体的衰减机制。但 WKB 法对使用条件有严格限定，等离子体介电常数在波长尺度内梯度越大，求解精度越低。SMM 将包括非均匀等离子体在内的多层结构等效为均匀分布的若干薄层，基于矩阵光学求解电磁波的传输特性。Gurel 等[73] 基于 SMM 法数值模拟了不同磁场、相位和 n_e 分布下非均匀等离子体的散射及传输特性；白博文等[74] 设计了一种吸波材料 − 等离子体复合结构，并利用 SMM 系统研究了不同极化状态、入射角、厚度、吸波材料等参数下复合结构的反射特性。在介质为圆柱或对称球体等简单二维模型时，WKB 法和 SMM 可以获得较为精确的结果，但在复杂三维模型或各向异性介质的求解中，比如参数分布的梯度呈现非缓变的薄层 ICP 源，由于建模中采用的近似方法导致结果出现较大误差。

FDTD 将基于麦克斯韦（Maxwell）方程电磁场的电场及磁场分量离散为差分形式，

通过时间和空间的递推迭代演绎波矢的传播特性。和上述两种算法相比，FDTD 在三维空间上将非均匀介质剖分为立方体积元，在各向异性介质的求解中具有较高的自由度和收敛性。自 1966 年 Yee[75] 提出 FDTD 方法以来，国内外学者针对非均匀等离子体色散的特点相继提出多种拓展算法，包括 SO – FDTD、RC – EDTD 和 ZT – FDTD 等[76-83]。Yang 等[80] 基于 SO – FDTD 算法计算了 n_e 为 Epstein 分布时等离子体的散射特性；晏明等[81] 基于 ZT – FDTD 分析了不同 n_e 和 ν 等参数下非均匀等离子体柱及非均匀等离子体包裹导体板的传播特性，结果表明当 $\omega > \omega_p$ 时，非均匀性等离子体的折射和碰撞吸收效应能增强对电磁波的衰减。在电大尺寸等离子体问题的求解中传统的 FDTD 方法能够取得较高的精度，但由于 FDTD 方法中网格通常剖分为立方体结构，导致在求解电小尺寸问题时，比如介电常数变化尺度接近波长的薄层 ICP 源和 FSS、超表面等亚波长电磁结构，精度不能达到理想要求。1977 年 Weiland 等[84] 将频域求解中的有限积分理论引入到 FDTD 中，提出了将 Maxwell 方程表达为积分形式的 TDFIT 法。基于有限元中映射、四叉树等多种算法，在复杂三维模型的求解中，TDFIT 可以将模型剖分为四面体、六面体或金字塔等多种体积元的形式，从而可以计算任意复杂三维形状和介电常数的非均匀介质，在复杂三维电磁模型及电小尺寸问题的求解中优势突出，在非均匀等离子体源、电磁吸波材料、隐身斗篷和散射对消表面等隐身功能器件的设计中得到广泛应用。

1.3 人工电磁表面概述及研究现状

1.3.1 人工电磁表面概述及隐身应用

人工电磁表面是指自然界并不存在，由人工精心设计的亚波长单元按照特定宏观规则排布制成的复合功能表面。由于其基本单元的电尺度通常小于电磁波波长，可将其等效为类似于传统材料原子或分子等微观粒子的"人工粒子"，通过设计"人工粒子"的几何构型和排列布局可以灵活调控电磁波的幅值和相位信息，从而实现传统自然材料不具有的信号带通/带阻、奇异反射/折射、漫散射和聚焦透射等特异的隐身功能[85-87]。从早期的电磁带隙结构[88-89]、FSS[90-91] 到新型的均匀型超表面[92-93]、超表面均属于 AES 的范畴。

FSS 是由周期排列在金属表面的缝隙或介质衬底的金属贴片构成的单层或多层结构。当基本单元的电尺寸满足入射波半波长的整数倍时，FSS 可诱导电磁波在其金属谐振单元表面感应出传导电流或位移电流，进一步产生衍射现象。通过改变单元结构、排列布局、介质特性等参数可以调制 FSS 感应电流的分布情况，从而获得不同的带通/带阻特性[94-95]。传统 FSS 的单元结构分为贴片型和缝隙型，基于等效电路模型分析，贴片型为 LC 串联的电容性电路，单元的谐振频率表现为低频传输、高频散射的低通滤波器特性，而缝隙型为 LC 并联的电感性电路，单元的谐振频率表现为低频散射、高频传输的高通滤波器特性。随着 FSS 应用方向的细化，进一步延拓出具备"带通"和"带阻"滤波特性的单元结构。上述四种特性对应的传输曲线及其基本结构如图 1 – 4 所示。

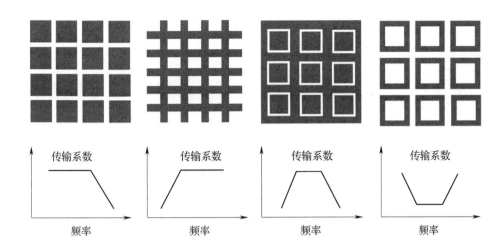

图 1-4　频率选择表面的典型传输特性

　　自 20 世纪 70 年代美军在 F-117 雷达舱的设计中引入带通型 FSS 起，得益于其独特的带内高效透波、带外 RCS 缩减的滤波特性，多款隐身战机如 B-2、F-22、F-35 及俄罗斯的 T-50 战机相继在隐身设计中使用了 FSS 隐身天线罩技术[4,90]，其工作原理如图 1-5 所示。加载至雷达罩表面的带通型 FSS 可以在罩内天线的工作频段形成高透波窗口，保证信号能够无损耗的辐射；而得益于雷达罩特殊构型，FSS 工作频带外的来波信号则被反射至偏离镜面反射的方向，从而实现带外 RCS 缩减。研究表明，通过 FSS 的加载，飞行器头锥方向的 RCS 最大可以缩减 20dB[1]。

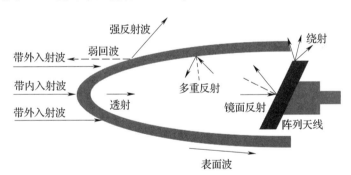

图 1-5　天线罩隐身设计示意图

　　FSS 通常由相位相同的谐振单元周期排布而成，主要适用于调制电磁波的滤波特性，无法改变电磁波的辐射方向、极化状态等传播特性。1968 年 Veselago 等[96]理论分析了介电常数和磁导率均为负的双负材料，具备负折射、逆多普勒效应等多种特异现象，使得自由调控电磁波成为可能。1996 年 Pendry 等[97-98]相继通过制备的金属线和开口谐振环阵列单元将双负材料的理论假设演绎为现实，至此电磁波调控的研究揭开新篇章，结合等效媒质理论和 2006 年 Pendry 教授提出的变换光学理论[99]，研究人员相继设计并制备了隐身斗篷[100-101]、隐身地毯[102]、新型透镜[103]和低可探测截面[104-105]等一系列创新性的超材料结构，如图 1-6 所示。

　　超材料存在的体积和重量较大、耗损偏高、工作带宽窄和制备工艺复杂等缺陷，限制

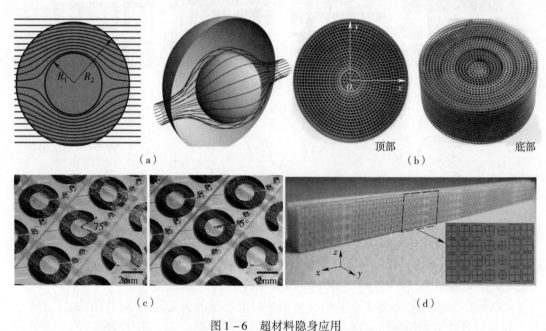

图 1-6 超材料隐身应用

(a) 隐身斗篷[100] (b) 隐身地毯[102] (c) 新型透镜[103] (d) 低散射截面[104]

了其在装备隐身设计的推广及应用。需求牵引创新，2011 年 Yu 等[106]首次提出广义斯涅耳（Snell）定律，并设计、制备了一种由结构和尺寸渐变的 V 形谐振微单元组成的超表面，通过在 2π 范围内引入不连续的相位突变，实现了奇异折射/反射的功能。作为一种全新物理机制构建的结构，超表面可以视为超材料二维形式的特殊延拓，和超材料相比，厚度更薄、损耗更低、性能稳定、更易于设计和制备，且能够在更高的自由度上调制电磁波的特性，在电磁波调控领域掀起了新一轮研究热潮，衍生出多种功能特异的器件，基于超表面实现的波前整形、相位调制、极化转换、完美透镜天线和表面波耦合等功能[106-113]广泛应用于飞行器的隐身设计中，如图 1-7 所示。

传统基于等效媒质参数设计超表面特性的方法繁琐复杂，更多地依赖设计人员的经验。信息时代的大背景下，信息传输的数字化为超表面的发展注入了新的活力。为了更为直观、高效地设计超表面的各项功能，2014 年崔铁军课题组基于广义斯涅耳定律首次提出了数字编码超表面[114]，用离散的二进制编码表征超表面谐振单元之间不同相位和幅值特性，从而在极高自由度上实现了传播方向、传播形式和极化方式等功能的灵活调控[114-120]。编码超表面的提出使超表面不再拘泥于传统等效媒质参数的设计理念，大幅值降低了设计门槛和难度。时空编码超表面、幅相可调编码超表面等新型多功能的超表面[121-123]不断被提出，增加了飞行器隐身设计的手段。

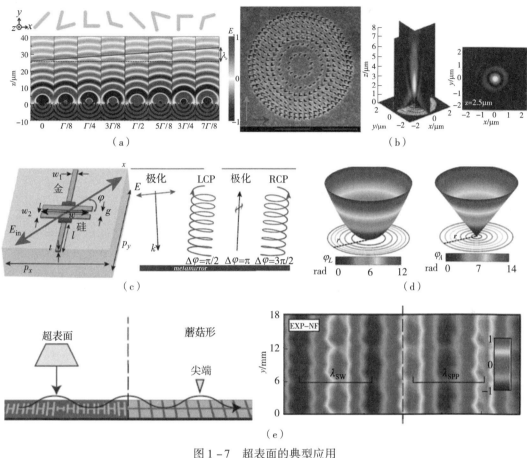

图 1-7　超表面的典型应用

（a）超表面附加相位[106]　（b）波前整形[107]　（c）极化转换[108]
（d）完美透镜[109]　（e）表面波耦合[110]

1.3.2　有源频率选择表面研究现状

传统 FSS 为无源频率选择表面（passive frequency selective surface, PFSS），基于 PFSS 设计的隐身雷达罩一旦制备定型，其频率、带宽等滤波特性将无法改变，无法适应当前复杂多变的电磁环境：当机载雷达为宽频时，需要与其带宽相匹配的 PFSS，在设计及制备上存在一定的技术难题，宽频特性也大幅值增加了暴露于敌方雷达工作频段的概率，失去了隐身天线罩设计的意义；当机载雷达为多频和捷变频时，需要设计与天线工作频带相匹配的多通带 PFSS，而多通带特性与陡截止、角稳定性等性能难以做到兼顾。此外，当威胁方雷达的工作频段与天线罩 PFSS 的通带频段重合时，天线系统将持续暴露于敌方雷达的探测监控下，增加了飞行器被探测的概率。因此，设计滤波特性可重构的频率选择表面以解决传统 FSS 应用中存在的固有缺陷成为业界研究的共识之一。

Lee 等[124]于 1972 年提出了有源频率选择表面（active frequency selective surface, AFSS）的概念，并通过在阵列单元上加载集总元件的方式实现了波束放大的功能；EPP 等[125]仿真分析了通过集总元件调节 FSS 反射零点的可能性，自此通过加载电控器件重构

FSS 滤波特性的方法在 AFSS 的设计中得到广泛应用。Parker 等[126-127]提出了加载 PIN 开关实现 AFSS 的设计方法，在仿真中将 PIN 开关分别置于偶极子和方环阵列中，通过改变元件的电压实现了 FSS 传输特性的主动可调。但受限于不完备的制备工艺及封装技术，早期关于 AFSS 的研究以理论分析及数值仿真为主。伴随着元器件制造技术的发展升级，2003 年 Mias 等[128-129]相继将集总元件和变容二极管等电控元件加载至 PFSS 中，成功地制备出中心频率可调的调谐型 AFSS，就此将有源器件在 AFSS 的研究推向高潮，设计出一系列多功能新型 AFSS[130-139]。Kiani 等[132-133]将 PIN 开关分别加载至圆环及方环单元阵列中，设计并制备了开关型 AFSS，仿真和实验结果表明通过控制 PIN 的状态可以调控信号的通断。Parker 等[134]将 PIN 开关及变容二极管同时加载于开口谐振环单元中，实现了开关和调性并存的双功能 AFSS，而后基于改进的全环和开口环单元设计了一种双极化 AFSS[135]，根据不同的极化状态可以独立实现带阻特性的动态调控，且具有良好的角度稳定性。基于加载 PIN 或变容二极管的 AFSS 能够较为灵活地调控电磁波的传输特性，但存在插损高、隔离度差、可调范围较窄等问题，且在 FSS 尺寸过大时，加压难度较高。Judy 等[137]将微机电系统（micro electromechanical systems，MEMS）引入到 AFSS 的设计中，利用 MEMS 开关改变谐振单元的旋转角度，实现了 FSS 频率响应特性的重构。Schoenlinner 等[138]通过射频偏压控制 MEMS 的开关状态，制备并实验验证了样件在 Ka 波段对电磁波的通断性能。Mojataba 等[139]通过调节 MEMS 电桥的高度在 X 波段对谐振频率进行调控。相比于电控器件，基于 MEMS 设计的 AFSS 插损较小，陡截止性能得到提升，但工作带宽较窄，角度、极化状态等性能稳定性较差，且结构较为复杂，制造成本高。

除了加载电控器件的方式外，将 PFSS 的介质衬底替换为电磁属性可调制的材料，如液晶[140-141]、铁氧体[142-143]、石墨烯[144-145]等，通过电磁场的变化改变材料的介电常数或磁导率，也能够实现 FSS 传输特性的重构。Dickie 等[141]将液晶加载于缝隙型 FSS 阵列中，仿真和测量结果表明通过控制偏压能够改变液晶材料的介电常数，从而在微波波段实现了通带的调谐。Yin 等[144]将石墨烯加载于多层级联的 FSS 中，实现了中心频率可调的 AFSS。通过该方式实现的 AFSS 性能较为稳定，但存在插损较高、工作频带较窄、激励条件相对苛刻和制作难度大等问题。

通过拉伸、弯折或压缩等机械操作改变单元的物理结构形式，从而调制单元的等效电容和电感，实现 FSS 滤波特性的重构。Azemi 等[146]设计了一种多层级联的螺旋形谐振单元，通过改变单元的层间耦合间距，从而实现信号通断的开关特性。Ma 等[147]通过调整双层 FSS 方环缝隙结构上、下两层的相对位置，在 1.9 ~ 3.2GHz 实现了中心频率的调谐功能。Abadi 等[148]对柔性材料组成的介质衬底进行弯曲和偏折处理，在微波频段实现了带阻型 AFSS 调谐的功能。机械方式实现 AFSS 的方式易于操作，但调控范围较窄、精度不高和性能稳定性较差。上述 AFSS 的典型应用如图 1-8 所示。

1.3.3 超表面应用于隐身的研究现状

根据对电磁波衰减机制的不同，用于雷达隐身的超表面可分为吸收型超表面和散射型超表面两大类。吸收型超表面的物理机制为通过单元的谐振将入射波能量转化为热能，从而降低回波的能量。2008 年 Landry[149]设计了一种由无耗损的开口谐振方环金属贴片和耗损的薄层介质衬底组成的单元周期阵列，在 11.6GHz 附近实现了对电磁波的吸收。由于

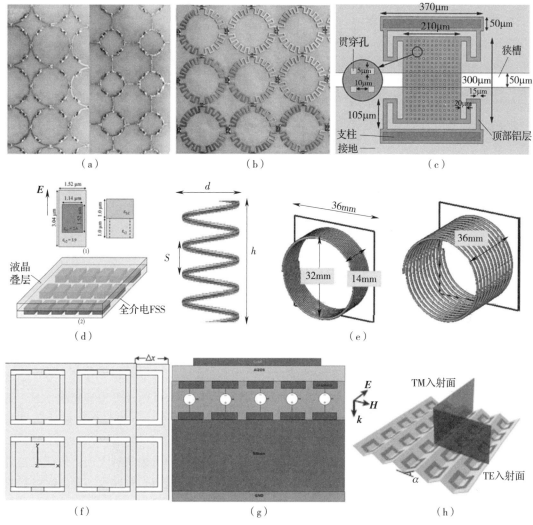

图 1-8 有源频率选择表面典型应用

(a) 双功能 PIN 开关 AFSS[135]　　(b) 双极化二极管 AFSS[135]　　(c) MEMS[139]　　(d) 液晶 AFSS[144]

(e) 机械弹簧式 AFSS[146]　　(f) 机械位移式 AFSS[147]　　(g) 石墨烯 AFSS[148]　　(h) 可弯折 AFSS[148]

吸收效果取决于单元与介质层产生谐振腔的频点以及介质的损耗虚部，该结构只能在极窄频带内实现吸波，限制了其应用的范围。为此研究学者先后通过单层多尺度单元组合、多层单元级联和加载集总元件、电控器件的方式拓宽吸收型超表面的吸波频带[150-154]。Lam 等[152] 设计了多层金属谐振环级联的金字塔形结构，在 10.8~15.8GHz 的宽带范围内吸收率达到 90% 以上。Lee 等[153] 利用不同尺度的金属线结构组成吸波器，通过多频点的谐振在 14~18.5GHz 实现了宽频吸波效果。Kim 等[154] 将集总电阻加载至四种不同周期的方形金属贴片上，在 0.99~3.03GHz 的低频宽带范围内吸收率达到 97%。上述吸波型超表面能够在宽频范围内实现较好的吸波，但基于多谐振单元和多层级联设计的超表面厚度较大，而基于集总元件和电控器件设计的吸波表面制备工艺复杂且需要有源加载，限制了其在飞行器隐身设计的推广应用。

　　散射型超表面物理机制为通过入射波与单元阵列耦合产生的局部谐振使波前幅值和相位发生不连续突变,从而将电磁波散射至偏离镜面反射的方向,有效缩减了 RCS。合理设计超表面基本单元的尺寸、结构和介质参数,调制、优化超表面单元阵列的相位布局是散射型超表面实现波束偏折的核心。根据散射效果,散射型超表面可分为有限波束反射超表面和随机漫散射超表面;而依据相位突变机理,散射型超表面又可分为共振相位超表面、几何相位 (pancharatnam – berry,PB) 超表面和电路相位超表面。

　　周磊课题组[155]通过改变金属贴片单元尺寸,设计了线性相位分布的梯度超表面,实现了异常反射和表面波耦合的功能。屈绍波课题组[156-157]基于开口渐变的谐振环单元设计了不同类型的梯度超表面,实现了奇异反射/折射和表面等离激元的功能。上述研究中超表面的波束偏折效果是通过调制阵列中微单元的横向尺寸,进而在电磁波传输路径中引入相位差而实现,又称为共振相位超表面[158]。此类超表面在相位调控中存在共性问题:相位突变源于微单元结构的共振效应,导致超表面只能在局部窄带内提供附加波矢,限制了工作带宽,且入射及极化稳定性不佳;此外,由于需要精准的尺寸控制相移量,对超表面的设计和制备也提出了更高的要求。为了拓宽超表面的工作带宽,提高设计效率和精度,Zhang 等[159]设计一种由金属纳米颗粒组成的几何相位超表面,仅通过旋转纳米颗粒的角度,即可实现圆极化入射波的交叉极化转换和奇异反射/折射的功能。此类结构的相移量仅取决于单元微结构的旋向,因此可以在宽带范围内获得与频率无关的相位突变,降低了设计及加工的复杂程度,引起了科研学者的广泛关注。Zhong 等[160]通过旋转双开口谐振圆环在宽带范围实现了圆极化波束的异常反射,基于微单元设计反射阵天线的 –3dB 轴比带宽达 40%。李勇峰等[161]设计并制备了一种 N 形单元旋转组成的反射型梯度超表面,线极化波经超表面作用后被高效奇异反射为沿入射法线方向对称分布的两束波束,在 10.6 ~18GHz 的宽频范围内实现了 RCS 的 –10dB 缩减。

　　上述超表面形成的奇异反射/折射效应能够将波束散射至远离来波的方向,但波束总能量并没有降低,双站 RCS 仍然偏高,当雷达组网时隐身机制面临失效风险。根据能量转化及守恒原理,散射波束的增多能有效降低波束的电平值,从而实现双站 RCS 的缩减。Pauquay 等[162]基于干涉相消原理,首次将人工磁导体与理想电导体微单元按照棋盘状排序,使得垂直激励的电磁波被散射为沿对角线方向分布的四束波束,但后向 RCS 缩减的 –10dB 带宽仅为 15.0 ~15.9GHz。Zhuang 等[163]将相位差为 180° ±30°的两种双频 AMC 单元排布为三角形格的形式,将散射波的数量提升至八束,后向 RCS 缩减带宽为 8.2 ~17.4GHz;Shaman 等[164]进一步将棋盘格变为非对称布局,基于四种相位不同的 AMC 单元实现了九束散射波,双站 RCS 降低的同时,在 3.75 ~10GHz 的宽频范围内实现了后向 RCS 缩减。

　　然而,上述超表面相对规则的相位布局方式限制了散射波束的数量和角度,双站 RCS 缩减仍不能达到理想的应用需求。若能将周期排序产生的连续频谱设计为非周期随机排序的离散谱,则反射波束将呈现漫散射特征,从而降低半空间范围内反射波的电平值,实现双站 RCS 峰值的缩减。崔铁军课题组[165]设计了一款编码序列随机排布的随机编码超表面,使得散射波束的等相位面被打散为随机相位面,在 8 ~13GHz 的宽带范围内实现了后向 RCS 的 –10dB 缩减。但基于随机相位生成的散射场并不均匀,在某个角域内仍存在较强的散射峰。为了获得更为均匀的漫散射效果,该课题组引入粒子群优化算法对随机编码序列进行优化,进一步降低散射场的电平值[166]。在后续的研究中,研究者陆续采用模拟退火算法、遗传算法等启发式群体智能算法用于优化编码超表面漫散射效果[167-168]。屈邵波团队[169-170]基于拓扑优化思想搭建了可视化的超表面与优化算法结合的联合仿真平台，系统充分将典型优化算法的计算优势与超表面的应用需求相结合，实现了不同类型超表面的快速优化和按需定制。更进一步，基于人工智能和深度学习的思想，在更高的维度上实现了超表面的快速、高效、自动的智能化设计[171-172]。

经优化后超表面的双站 RCS 峰值大幅度缩减，但主体漫散射波束分布在沿镜面反射方向的一定角域范围内，一定程度上降低了后向 RCS 的缩减效果。2016 年崔铁军课题组[173]首次基于卷积定理在太赫兹波段实现了编码超表面反射波束传播方向及数量的高自由度调控，为提升微波频段单站和双站 RCS 的缩减效果奠定了理论基础。屈绍波课题组[174-175]基于卷积定理设计了一款由不同旋转角度的 N 形微单元组成的多重漫散射超表面，通过随机相位与不同形式梯度相位的叠加，将漫散射波束偏折为远离镜面反射方向的单簇和多簇漫散射波束，在宽带范围内进一步缩减了单站和双站 RCS。

随着装备的迭代更新和应用背景的多样化，散射型超表面在 RCS 缩减的同时被赋予了更多的功能。崔铁军课题组[176]基于共振相位的各向异性微单元，在太赫兹波段设计并制备了一种极化独立的双功能编码超表面，针对不同极化状态的线极化波，该结构能够呈现不同的散射特性，为微波频段双功能超表面的设计提供了思路。Shao 等[177]基于高介电常数的立方块结构设计了各向异性的反射型编码超表面，x 和 y 极化波入射后分别被反射为两束和四束波束，但由于入射能量主要集中在有限个反射波束上，双站 RCS 缩减效果并不理想。Han 等[178]基于卷积定理和改进的各向异性耶路撒冷十字微单元设计了一种极化独立的多重漫散射超表面，并引入遗传算法获得最优漫散射效果，在不同线极化状态下分别呈现偏离镜面反射方向的单簇和双簇漫散射波束，在 6.94~9.23GHz 范围内实现了 RCS 缩减。王光明课题组[179]基于十字形各向异性的多层级联单元结构设计了极化独立的透射-反射双功能超表面，不同线极化波照射下分别呈现奇异反射/透射的特性；在此基础上进一步设计并制备了集散射和聚焦透射功能为一体的双功能超表面[180]，与天线系统集成后，不同线极化波入射下分别实现了 RCS 缩减和透镜天线的功能。崔铁军课题组[181]基于非对称的各向异性单元设计了多功能超表面，在不同的极化和传播方向下实现了奇异反射、随机漫散射和涡旋波束三种功能。上述散射型超表面的典型隐身应用如图 1-9 所示。

1.4　结构型吸波材料概述及研究现状

1.4.1　结构型吸波材料概述及隐身应用

吸波材料主要有涂覆型和结构型吸波材料两大类[182]。

吸波剂与黏合剂通过一定的方式进行混合后就构成了涂覆型吸波材料，吸波剂的类型可分为金属、铁氧体以及导电纤维等，涂覆于目标的表面后形成的吸波涂层会对入射雷达波的能量进行吸收，从而降低目标 RCS[183]。这种吸波材料的成本较低、成形工艺简单，相关研究也已经比较深入并得到了广泛的应用，但也客观存在着涂层厚、重量大、吸波频带窄以及易脱落的缺点，无法满足吸波材料"薄、轻、宽、强"的发展需求[184-185]。此外，由涂覆型吸波材料形成的吸波涂层不具备承载能力，功能较为单一，不能够满足具有雷达吸波性能

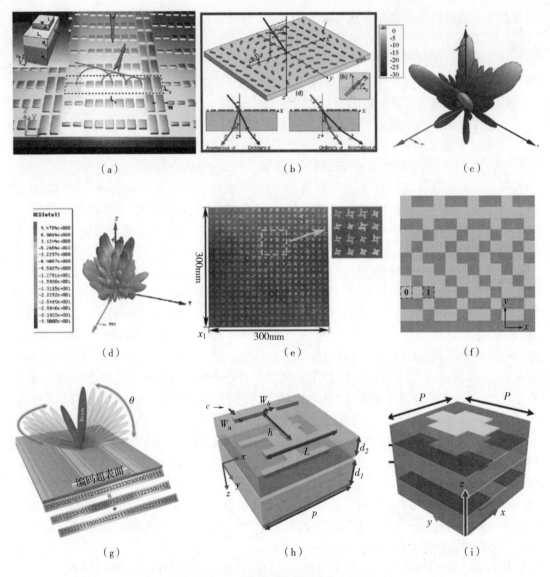

图 1-9 散射型超表面隐身应用

(a) 共振相位奇异反射[155]   (b) 几何相位奇异反射/偏折[159]   (c) 四波束远场方向图[162]

(d) 九波束远场方向图[164]   (e) 漫散射超表面[165]   (f) 遗传算法优化超表面[147]

(g) 基于卷积定理相位叠加[173]   (h) 各向异性单元[176]   (i) 多功能超表面单元[181]

兼顾外观形貌的设计要求。

结构型吸波材料指的是将吸波剂分散至由一些特种纤维制成的结构材料中所构成的复合材料[186]，因此结构型吸波材料不仅具有宽频的吸波性能，同时还兼顾了特种纤维结构的轻质化和高承载能力，是新型隐身材料的热点研究方向之一[187-189]。结构型吸波材料的发展较为迅速，已经在新一代隐身飞机中广泛应用，例如，尾翼、机身或机翼这种承力结构件。现已装备的 F-22 和 B-2 这类隐身飞机均采用了大量的结构型吸波材料[190]。近年来，占据发展主流方向的结构型吸波材料主要有以下三种：热塑性混杂纱吸波复合材料、耐高温结构型吸波材料以及多层夹芯结构型吸波复合材料[191]。

热塑性混杂纱吸波复合材料不仅有着良好的电磁波吸收效果，并且具有强度高、质量轻和可塑性强的优点[192]，它通常是将 PEEK 或 PEK 这类高性能塑料通过热塑的手段制成单丝或复丝，然后与其他纤维按一定的比例混杂成束，编织成轻质夹芯材料或三维网格材料，可应用于飞机的机身和机翼等部件。

当前，"先敌发现，先敌打击"的作战目标要求战机具备高空高速的性能，隐身战机在高速飞行的过程中，其机体局部的工作温度也逐渐升高，最高时可达 $700 \sim 1000℃$，然而高温条件下个别部件就成为了隐身飞机的强散射源，对战机整体的隐身性能影响较大，并且涂覆型吸波材料的耐高温、耐热冲击性能较差，无法满足现实需要，因此发展耐高温并且轻质的结构型吸波材料对于高速隐身战机来说就显得至关重要[193]。陶瓷基复合材料的耐高温烧蚀，以及高比强度特点使其能够在高温条件下仍然具备良好的力学性能[194]，其中 SiC（碳化硅）纤维可以通过表面改性、化学掺杂，以及物理共混引入异质金属元素等方式改善其介电损耗，提高了其在高温工况下的雷达吸波性能[195-199]。

多层夹芯结构型吸波材料通常是由面板、芯材和背板组成，类似于一种三明治结构，芯材中可以加入铁氧体粉或导电纤维，提升对电磁波的损耗性能，同时，三明治结构也可以使得电磁波在其中产生多次反射，提高了吸波效率[200]。相比于其他结构型吸波材料，多层夹芯结构型吸波材料具有吸波频带宽，承载能力优异以及可设计性强的优点[201-203]，在实际应用中可以很大程度上减轻隐身部件的重量，广泛应用于隐身飞机的蒙皮和机翼前后缘等部件中，如 B-2 的蒙皮采用的就是一种六边形蜂窝夹芯吸波结构材料，其机翼的前缘和后缘采用的是填充有吸波介质的蜂窝夹芯结构，夹芯的面板和背板为吸波波纹板[204]。

蜂窝吸波夹芯结构是通过六边形蜂窝状单元周期延拓而成，如图 1-10（a）所示，其设计灵感来源于蜂巢，具有重量轻、导热系数低、高比强度和高比刚度的特点[205-207]，因此比较适合作为吸波结构的夹芯材料使用，图 1-10（b）为多层蜂窝夹芯复合吸波结构示意图，上层的蒙皮一般由高强度的玻璃纤维或芳纶纤维增强树脂这类介电常数较小的材料制成[208]，能够发挥阻抗匹配的作用，即尽可能地使入射雷达波进入复合吸波结构内部，中间层的蜂窝芯内壁上附着具有磁损耗或者电损耗特性的吸波涂料，入射的电磁波在蜂窝芯内经过多次的反射和吸收作用而损耗掉，下层的蒙皮相当于反射层，防止电磁波进入到飞行器内部的结构部件中[209]，上、下层的蒙皮和中间层的蜂窝夹芯则使用胶膜进行黏合固定。

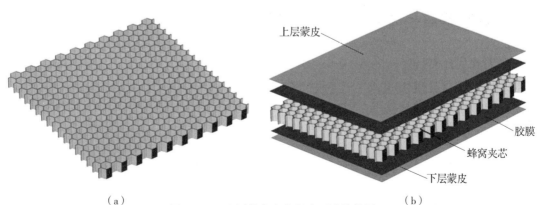

（a）　　　　　　　　　　　　　　　（b）

图 1-10　多层蜂窝夹芯复合吸波结构图

（a）蜂窝吸波夹芯结构　　（b）多层蜂窝夹芯复合吸波结构

1.4.2　蜂窝吸波结构隐身应用研究现状

蜂窝吸波结构作为一种结构型吸波材料具有介电性能良好以及承载能力强的优点，它的吸波性能一方面取决于涂层中吸收剂的含量和厚度，另外也和蜂窝芯的高度紧密相关。参考文献［210］通过数值仿真分析了浸渍蜂窝结构的反射特性，结果表明增加蜂窝高度和浸渍的厚度会提高低频吸波性能，但是高频段的吸波效果不佳。参考文献［211］探究了蜂窝吸波结构中吸收剂的含量对整体吸波性能的影响，研究结果表明，当吸波剂的含量增加时，蜂窝吸波结构对电磁波的吸收峰值向低频方向移动同时吸收强度有所降低。近年来，宽频隐身也成为军事领域中隐身技术的研究热点，并且宽频雷达已经成为常规隐身飞机的重大威胁[212]。通常，如果要实现宽频隐身效果的话，就需要增加吸波蜂窝芯的高度以及吸收剂的含量，这就会导致隐身飞机总重量的增大，从而对其机动性能产生一定的影响。

为了实现宽频吸波的效果，参考文献［213］研究了一种使用磁性金属材料涂覆的蜂窝吸波结构，实验结果表明，该结构可以在 2.6~18GHz 频段上实现小于 -5dB 的吸波效果，然而在 -10dB 的吸波准则下，该结构仅在 3~5GHz 频段有吸波效果。参考文献［214］~［216］采用了将带有磁性材料或导电颗粒的聚合物泡沫填充蜂窝孔格的方法来扩展吸波频带，但是高密度的磁性材料依旧会使得整体结构的重量增加，并且带有导电颗粒的泡沫可能会由于不均匀的分散状态导致难以达到期望的吸波效果。Choi 等[217-218]将横向的蜂窝吸波结构放置在机翼的前缘位置，增加了入射电磁波传播的有效厚度，通过蜂窝壁的多次散射，增加了吸收带宽，但是这种结构适用性较为局限。参考文献［219］使用镀镍玻璃纤维材料制造了一种新型的蜂窝吸波结构，该结构可以在 5.8~18GHz 范围内实现良好的吸波效果，但是结构的厚度较大，达到了 150mm。Feng 等[220]研究了涂有炭黑粉末的蜂窝结构的斜入射吸波性能。当入射角在 45° 以内时，六边形蜂窝吸波结构具有良好的吸波效果。Luo 等人[221]采用浸渍法制备了由导电炭黑填充环氧树脂作为蜂窝芯的吸波结构，实验结果表明，当蜂窝吸波结构的厚度为 9mm 时，其 -10dB 吸波带宽可达到 13.1GHz（4.9~18GHz）。图 1-11 展示了上述几种蜂窝吸波结构的示意图。

1.5　有源等离子体复合结构研究现状

随着现代探测技术的发展和隐身设计理念的迭代更新，研究学者考虑将等离子体与其他形式的隐身材料相互结合以充分发挥二者的优势，使得等离子体复合结构隐身效果优于单一结构的隐身效果，并且利用等离子体主动调控吸波性能的特性来弥补传统隐身材料一经制备、其电磁特性就固定不变的缺陷，从而适应当前复杂多变的电磁环境。

Abdolali 等[222]设计了一种由三层谐振方环单元阵列和等离子体组成的等离子体叠加超表面结构，基于 FEM 算法数值分析了在不同 ω、n_e、ν_c、极化方式、单元尺寸和轴向高度等多种因素下叠加结构的传输特性，结果表明，该结构可以在 P~Ku 的宽频范围内实现对电磁波的衰减。姬金祖等[223]基于 FDTD 方法研究了不同厚度下等离子体-超材料复

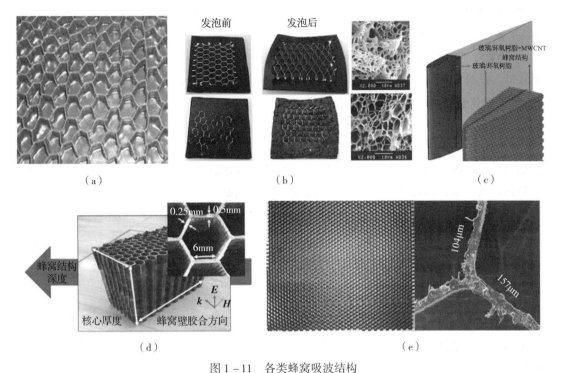

图 1 - 11　各类蜂窝吸波结构

（a）磁性金属材料涂覆[213]　（b）填充聚合物泡沫型蜂窝吸波结构[214]　（c）具有蜂窝吸波结构的
翼型结构[276]　（d）镀镍玻璃纤维蜂窝吸波结构[220]　（e）填充导电炭黑型蜂窝吸波结构[221]

合结构的散射特性，结果表明，叠加超材料后等离子体 RCS 缩减效果明显增强，并随着轴向高度的升高而增加。Chen 等[224]将亚波长光栅结构引入到等离子体吸波结构的设计中，数值分析了不同 n_e 和 ν_c 下等离子体的散射特性，在 2.3 ~ 2.6GHz 的窄低频范围内实现了对电磁波的衰减。Alireza 等[225]基于等离子体色散特性设计了一种由等离子体谐振单元与金属板组成的棋盘型复合结构，将入射波散射为沿对角线方向分布的四束波束。仿真结果表明，该结构单站 RCS 的 - 10dB 缩减带宽为 6GHz，峰值达 22.3dB；双站 RCS 的 - 8dB 缩减带宽覆盖 X 波段，具有良好的角度稳定性。

上述仿真研究了不同等离子体复合结构的散射特性，但仿真设置的等离子体参数为理想值，在实验条件下无法获得响应的等离子体源进行验证。Sakai 等[226 - 227]设计了一种等离子体超材料结构，通过仿真和实验分析了不同 n_e 下等离子体超材料介电常数的变化特性，结果表明，该结构能够在不同放电条件下对折射率进行调制，从而通过改变折射波的传播路径在特定频段实现了隐身斗篷的功能。张文远等[228]设计并制备了一种等离子体叠加相位梯度超表面结构，以等离子体作为吸波介质，利用超表面对电磁波的奇异反射效应，增加波束在等离子体中的等效传播距离，仿真和实验结果表明，不同气压、功率等放电条件下，叠加结构在 X 波段的散射特征明显减弱，实现了薄层等离体子衰减效果增强的目的。但基于共振原理设计的相位梯度超表面作用频带过窄，限制了叠加结构的衰减带宽。

相关学者将 PFSS 与等离子体联合使用，将 PFSS 的滤波特性与等离子体主动衰减电磁波的特性结合起来，实现了 FSS 滤波特性的主动可调。Mohsen 等[229]设计了一种等离子体－FSS 复合结构，将贴片型 FSS 的介质衬底替换为均匀等离子体，数值分析了不同 n_e 和 ν_c 对复合结构参数的影响，结果表明，通过改变等离子体参数能够主动调制 FSS 的散射特性。此外，为了平衡等离子体吸波与厚度增加的矛盾，Mohsen 等[230]将电阻膜加载至 FSS，降低复合结构厚度的同时，在 X ~ Ku 波段实现了不同电阻率、ω_p 和 ν_c 下滤波特性的重构。姬金祖等[231-233]设计了不同类型的等离子体－频率选择表面，并基于 FDTD 算法分析了不同 ω_p 和 ν_c 对 FSS 传输特性的影响。施宏宇等[234]设计了一种等离子体柱阵列组成的带阻型 AFSS，通过改变结构的尺寸及参数分布在 P 波段实现了开关和调谐的功能。国防科技大学袁乃昌课题组[235-236]针对不同形式的等离子体－频率选择表面开展了一系列数值计算研究，分别设计了开关型、吸波型和带外 RCS 缩减型的复合结构，获得了不同等离子体参数对滤波特性的影响规律。上述仿真均采用了预设的等离子体特征参数，无法准确模拟真实的等离子体源，距离实际应用还有较大差距。

Anderson 等[237]利用辉光等离子体管替换 FSS 中金属谐振单元，通过仿真和实验获得了不同 ω_p 下等离子体管阵列的频率响应特性，结果表明，在 P ~ L 波段通过控制等离子体的激发状态可以实现 FSS 信号通断的开关功能。但由于辉光放电产生 n_e 的变化范围较小，导致阻带的工作带宽较窄。Lee 等[238]设计了一种大面积等离子体叠加频率选择表面复合结构，结构外侧四层为介质层，中间层由缝隙型 FSS－闭式陶瓷壳体－缝隙型 FSS 三层级联组成，通过加压可以在闭式壳体内激发等离子体。利用全波仿真分析了不同驱动电压、入射角下复合结构的传输特性并进行了实验验证，结果表明，通过调控加载电压可以在 X 波段实现通带/阻带切换的开关功能，阻带的平均衰减值达到 7dB，且具有良好的角度稳定性。在后续的研究中，为了增加复合结构的衰减效果，将结构改进为两层闭式壳体交替排布三层缝隙型谐振单元的五层级联结构，同时将介质层的数量减少至两层[239]。由于等离子体厚度的增加，改进后结构的滤波性能大幅度提高，通带插损降低，阻带平均衰减值提升至 44dB。但由于壳体内气压、气体组分等放电条件一经封闭后就无法改变，导致无法通过改变 n_e、ν_c 等参数实现复合结构滤波特性的主动调控。

Yuan 等[240]将等离子体和传统的吸波材料叠加组成了一种多层吸波结构，通过数值仿真探究了均匀等离子体与均匀介质吸波板叠加后对电磁波的衰减效果，初步探究了等离子体复合吸波结构主动可调的电磁特性。在此基础上，Bai 等[241]系统地研究了吸波材料种类、电磁波入射角度以及等离子体参数对这种多层复合结构吸波效果的影响，结果表明，该多层结构在宽频范围内具有主动可调的吸波效果。Singh 等[242]通过系统的仿真对等离子体复合吸波材料的反射系数和回波损耗进行了探究，描述了等离子体的 n_e、ν_c 以及等离子体厚度在多层等离子体 RAM 结构吸收行为中的作用。然而上述文献仅限于仿真计算和理论分析，缺少实验验证，李泽斌等[243]将辉光放电等离子体和 RAM 结合构成复合吸波结构，从实验探究的角度验证了该复合结构可调可控的吸波特性，同时发现辉光等离子体在低频段（2GHz 附近）对电磁波具有良好的衰减效果。上述不同功能复合结构的示意如图 1－12 所示。

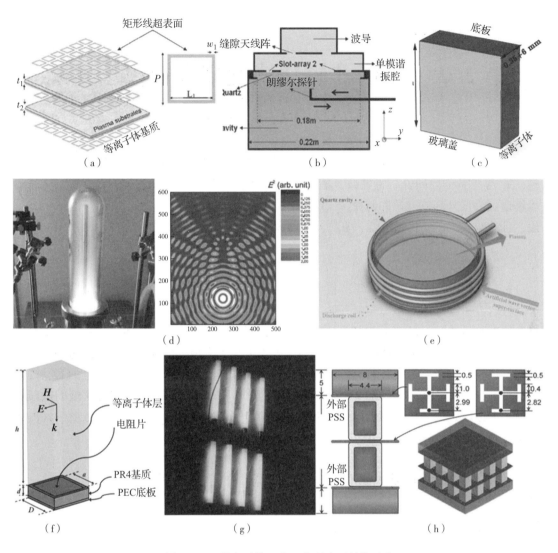

图 1 – 12 等离子体 – 人工电磁表面结构示意

（a）等离子体复合方环超表面[222]　（b）等离子体光栅结构[224]　（c）等离子体棋盘超表面[225]

（d）等离子体隐身斗篷[227]　（e）等离子体叠加梯度超表面[228]　（f）等离子体复合电阻膜[229]

（g）等离子体频率选择表面[237]　（h）开关型等离子体频率选择表面[239]

1.6　本章小结

本章阐述了论文的研究背景及意义，介绍了等离子体隐身技术、人工电磁表面和结构型吸波材料的概念及应用，总结了等离子体隐身技术、人工电磁表面、结构型吸波材料，以及有源等离子体复合结构的研究现状。

第 2 章　低温非磁化感性耦合等离子体源放电特性研究

选用合适的等离子体源，通过高效的方式在较大范围内改变等离子体频率 ω_p、碰撞频率 ν_c 等参数的空间分布特性，是实现等离子体衰减效果宽带动态调控的关键。ICP 源能够通过改变外部放电条件调控 ω_p 和 ν_c 等关键参数的分布特征，响应频带覆盖 P ~ Ku 波段，且具有较强的结构适应性，在隐身设计的应用中具有较高潜力。然而，薄层 ICP 源轴向高度接近趋肤深度，功率耦合产生强射频电场和非接地产生的高电位影响了电子的输运属性，导致其放电特性显著区别于传统低长宽比构型的等离子体源，ω_p 和 ν_c 等关键参数的分布呈现较强的非均匀性，需要根据雷达罩、进气道等不同应用部位的低散射需求开展针对性研究，揭示不同外部放电条件下 ICP 源参数变化的影响规律。本章通过数值模拟和实验诊断的方式深入研究了低温非磁化 ICP 源在不同功率、气压、气体组分和轴向高度等外部放电条件下参数分布特性。为了提高模拟中流体力学模型的求解精度，通过玻耳兹曼求解模块、射频电磁场模块与流体力学模块的交互耦合，设计构建了 ICP 放电的多物理场放电模型，求解了细微尺度下 ICP 源 ω_p 和 ν_c 的分布特性，并利用基于耦合模型的微波干涉法和多谱线发射光谱法对模拟结果进行诊断验证，研究成果为后续 ICP 源散射特性的主动调控奠定了理论基础。

2.1　感性耦合等离子体的多物理场耦合数值模型

2.1.1　多物理场耦合建模方法

以时间尺度分类，ICP 源的物理场由电磁场、电子能量分布场、各类粒子能量输运、流动场及温度场等多物理场组成，放电过程中多物理场之间的非平衡耦合加大了等离子体求解收敛的难度，影响了结果的精度。当前常用的数值模拟方法包括整体模型[244-245]、混合模型[246-247]、流体力学模型[248-249] 等。整体模型通常将等离子体等效为一个预设分布的整体，只需解算粒子和能量平衡方程即可获得等离子体中各粒子空间分布的平均值，从而简化内部运算流程，快速计算不同外部因素对内部参数的影响规律。但整体模型中未计算粒子的输运属性，导致无法求解 n_e 等关键参数的时空演化过程。混合模型将蒙特卡罗（Monte - Carlo，MC）模拟的粒子碰撞过程引入至粒子（particle - in - cell1，PIC）模拟的无碰撞模型中，将等离子体中的各类粒子宏观等效为虚拟粒子，在空间和时间维度上通过计算虚拟粒子在不同电磁场空间格点的交互关系，获得碰撞后虚拟粒子的动力学及能量变化特性，经平均统计后得到等离子体参数随时间和空间的变化规律。混合模型无须预设各粒子的分布，能够准确演绎等离子体的非局域、非热平衡行为，但大量虚拟粒子在微小尺度的模拟降低了计算效率，计算时长和成本较高。流体力学模型将等离子体等效为各粒子相互作用的连续流体，通过 Poisson 方程、Maxwell 方程组和各粒子的动力学方程的联合，获得 n_e 和 T_e 等宏观参数的变化特性。流体模型在兼顾 PIC 模拟自洽求解和 MC 粒子碰撞的同时，能较好地揭示等离子体在不同功率耦合模式下的内在物理机制。

　　流体模型通常采用麦克斯韦（Maxwellian）分布等预设函数作为电子能量分布函数（electron energy distribution function, EEDF）。然而，低气压下实际 ICP 源中各粒子受到射频电场分布及动力学行为的影响，各粒子的速度空间难以稳定，通常很难达到热平衡状态，导致 EEDF 偏离经典的分布形式，在不同时间和空间下呈现各异的非线性特征[250-253]。Liste[250]等基于二项玻耳兹曼方程求解并分析了等离子体 EEDF 分别为 Bi - Maxwellian 分布、Druyvesteyn 分布及 Maxwellian 分布时等离子体的表征参数，结果表明不同 EEDF 下参数的差异性较大。Gudmundsson 等[251]分析了 EEDF 分别为 Maxwellian 分布和 Druyvesteyn 分布时 n_e 和 T_e 的变化特性，结果表明两者展现不同的变化特性。为了提高数值模拟中 ICP 源的参数分布特性，Adams 等[254]通过朗缪尔（Langmuir）探针测量了 ICP 源中 EEDF 的实际分布，并将结果引入仿真中对低能电子的分布进行修正。Hagelaar 等[255]提出了一种玻耳兹曼求解器 BOLSIG +，在较宽范围的放电条件下求解了等离子体的 EEDF，并将基于不同空间和时间维度的 EEDF 获得的反应速率系数及电子输运系数作为流体力学模型的输入值，提高了流体力学模型表征参数的精度，被广泛应用于后续研究。

　　按照能量转移模式进行分类，ICP 源的功率耦合分为随机加热和欧姆加热。气压较低时，电子依靠与加热源区内鞘层的无碰撞作用获得能量，即随机加热；随着气压的升高，电子获得能量的方式转换为与各粒子的碰撞作用，即欧姆加热。在传统流体力学模块的建模中，放电场区能量馈入的机理为欧姆加热，未考虑随机加热对放电过程的影响，降低了低气压环境下参数求解的精度。

　　综上，针对传统流体力学模型采用预设的 EEDF，且功率耦合过程中未考虑随机加热的问题，本节引入玻耳兹曼求解模块和射频电磁场模块对流体力学模型进行修正，构建了流体力学模块、玻耳兹曼求解模块和射频电磁场模块交互耦合的数值仿真模型，从而在细微尺度下获得 ω_p 和 ν_c 等关键特征参数的空间分布特性。在模型求解过程中，流体力学模块、玻耳兹曼模块和电磁场模块在每个时间步下独立求解，并随着时间步的推进将各模块求解参数交互耦合，参数交互过程如图 2 - 1 所示，具体交互步骤如下：

　　（1）基于玻耳兹曼求解模块初始化 EEDF，并根据模型设定的初始电子密度 n_{e0} 和初始化沉积功率密度 P_{ind}，作为三个模块交互耦合的初始值。

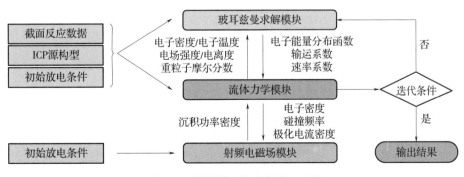

图 2 - 1　耦合模型中参数交互过程

（2）根据截面化学反应数据和第 n 个时间步的 EEDF，求解出电子的输运系数、速率系数，更新流体力学模块中第 n 个时间步的不同空间分布下 n_e、T_e、ν_c、各重粒子摩尔分数、电离度和极化电流密度 j_p。

（3）根据第 n 个时间步 ICP 源的 n_e、ν_c 和 j_p，射频电磁场模块求解获得第 n 个时间步的 P_{ind}。

（4）根据第 n 个时间步的 P_{ind}，流体力学模块求解获得第 $n+1$ 个时间步的 n_e、重粒子的摩尔分数、T_e、电离度和电场强度 E，并将参量同步交互于玻耳兹曼求解模块。

（5）根据第 $n+1$ 个时间步的 n_e、E、重粒子的摩尔分数、T_e 和电离度，玻耳兹曼模块求解获得第 $n+1$ 个时间步的 EEDF。

（6）依据（2）~（5）自洽迭代求解，直到满足收敛条件。

2.1.2　流体力学模块

在流体力学模块中 n_e 的变化由一对连续性方程和漂移扩散方程来表征[45-212]

$$\frac{\partial n_e}{\partial t} + \nabla \cdot \boldsymbol{\Gamma}_e = R_e - \boldsymbol{u}\,\nabla n_e \qquad (2-1)$$

$$\boldsymbol{\Gamma}_e = -\left(\mu_e \cdot E\right)\,n_e - \nabla(D_e n_e) \qquad (2-2)$$

式中，$\boldsymbol{u}$ 为流动产生的速度矢量，由于电子质量较小，在电子相关参数的求解中通常可以忽略；D_e 和 μ_e 分别为电子扩散系数和迁移率，均可由玻耳兹曼模块求解获得；$\boldsymbol{\Gamma}_e$ 为电子通量；E 为放电空间电荷分离引发的静电场，可由泊松方程获得

$$\nabla^2 \psi = -\frac{e}{\varepsilon_0}\left(\sum n_+ - \sum n_- - n_e\right)$$

$$E = -\nabla \psi \qquad (2-3)$$

式中，ψ 为电势。

R_e 为电子电离及湮灭过程产生的源系数，在描述电子产生速率时可以表征为

$$R_e = \sum_{j=1}^{M} x_j k_j N n_e \qquad (2-4)$$

式中，k_j 和 x_j 分别为第 j 个反应的速率和粒子的数密度；N 为中性粒子密度；M 为反应总数，可以由玻耳兹曼求解模块获得的 EEDF 结合反应截面数据积分求解得到。

电子能量密度变化由一对能量平衡方程和漂移扩散方程表征

$$\frac{\partial n_\varepsilon}{\partial t} + \nabla \cdot \boldsymbol{\Gamma}_\varepsilon + E \cdot \boldsymbol{\Gamma}_\varepsilon = R_\varepsilon - \boldsymbol{u}\,\nabla n_\varepsilon + P_{ind} \qquad (2-5)$$

$$\boldsymbol{\Gamma}_\varepsilon = -n_\varepsilon \mu_\varepsilon \boldsymbol{E} - D_\varepsilon\,\nabla n_\varepsilon \qquad (2-6)$$

式中，$n_\varepsilon = 3n_e T_e/2$ 为电子能量密度；P_{ind} 为 ICP 源的沉积功率密度，可由射频电场模块求解获得；$\boldsymbol{\Gamma}_\varepsilon$ 为电子能流密度通量；D_ε 和 μ_ε 分别为电子能量扩散系数和迁移率，可由玻耳兹曼求解模块求解获得。R_ε 为能量源项，可通过求解所有反应中非弹性碰撞导致的能量变化获得

$$R_\varepsilon = \sum_{j=1}^{P} x_j k_j N n_e \Delta\varepsilon_j \qquad (2-7)$$

式中，$\Delta\varepsilon_j$ 为第 j 个反应的能量变化。

流体力学模块中重物质（离子、处于激发态和基态的中性粒子）输运属性可表示为

$$\rho_z\left(\frac{\partial \omega_j}{\partial t}\right) + \rho_z\ (\boldsymbol{u} \cdot \nabla)\ \omega_j = \nabla \cdot \boldsymbol{j}_j + R_j \tag{2-8}$$

$$\boldsymbol{j}_j = \rho_z D_{j,k} \nabla \omega_j + \rho_z \omega_j D_{j,k}\frac{\nabla M_n}{M_n} + D_j^T\ \frac{\nabla T}{T} - \rho_z \omega_j Z_j \mu_j \boldsymbol{E} \tag{2-9}$$

式中，ρ_z 代表重物质混合密度；ω_j 代表物质 j 的质量分数；$\boldsymbol{j}_j$ 代表扩散通量；R_j 代表物质 j 的扩散源项；D_j^T 代表物质 k 的热扩散系数，T 代表物质温度；Z_j 代表物质 k 的带电量；μ_j 代表物质 k 与 j 混合后的平均迁移率；$D_{j,k}$ 和 M_n 分别代表物质 k 与 j 混合后的平均扩散系数和摩尔质量。

2.1.3　玻耳兹曼求解模块

在玻耳兹曼求解模块中，基于二项近似玻耳兹曼方程对 ICP 源中 EEDF 进行求解。电子速度的六自由度分布函数 $f(x, v, t)$ 的时空演化在玻耳兹曼方程中可表示为

$$\frac{\partial f}{\partial t} + \boldsymbol{v} \cdot \nabla f - \left(\frac{e}{m}\right)\boldsymbol{E} \cdot \nabla_v f = C\ [f] \tag{2-10}$$

式中，$\boldsymbol{v}$ 为速度矢量；m 为电子质量；∇_v 为速度梯度算子；$C\ [f]$ 为碰撞导致的分布函数变化率。直接求解式（2-10）获得 EEDF 具有较高的难度，通常利用二项近似方法在柱坐标系下将分布函数 $f(x, v, t)$ 分解为速度各向同性项 f_0 和射频电场引入的扰动项 f_1

$$f(v, \cos\theta, z, t) = f_0\ (v, z, t)\ + f_1\ (v, z, t)\ \cos\theta \tag{2-11}$$

式中，θ 为 ICP 源中速度与电场的夹角，则式（2-10）转化为

$$\frac{\partial f}{\partial t} + v\cos\theta\ \frac{\partial f}{\partial z} - \frac{e}{m_e}E\left(\cos\theta\ \frac{\partial f}{\partial v} + \frac{\sin^2\theta}{v}\ \frac{\partial f}{\partial \cos\theta}\right) = C\ [f] \tag{2-12}$$

利用式（2-11）将 EEDF 在能量和时间—空间尺度上独立

$$f_{0,1}\ (\varepsilon, z, t) = \frac{1}{2\pi\gamma^3}F_{0,1}(\varepsilon)\ n_e(z, t) \tag{2-13}$$

$$\int_0^\infty \varepsilon^{1/2} F_0 \mathrm{d}\varepsilon = 1 \tag{2-14}$$

式中，ε 为电子能量；$\gamma = (2e/m_e)^{1/2}$。

将 EEDF 变量分离后，下面分别对分布函数的各向同性项 f_0 和射频电场相关的扰动项 f 进行推导。

（1）各项同性项分布函数 f_0

通过玻耳兹曼方程的二项近似后，f_0 可由对流-扩散方程来表征

$$\frac{\partial}{\partial \varepsilon}\left(\widetilde{W}F_0 - \widetilde{D}\ \frac{\partial F_0}{\partial \varepsilon}\right) = \widetilde{S} \tag{2-15}$$

式中，$\widetilde{W}$ 为负离子流速；$\widetilde{S}$ 为电子电离和复合的总量；$\widetilde{\boldsymbol{D}}$ 为扩散系数。

尽管式（2-15）是在二项近似基础上获得的，但研究证明通过式（2-15）获得的等离子体输运属性具有较高的精度[213]，则流体力学模块电子漂移扩散方程中各输运属性和碰撞反应速率系数为

$$\mu_e N = -\frac{1}{3}\int_0^\infty \frac{\varepsilon}{\widetilde{\sigma}_c}\ \frac{\partial F_0}{\partial \varepsilon}\mathrm{d}\varepsilon \tag{2-16}$$

$$D_e N = \frac{\gamma}{3} \int_0^\infty \frac{\varepsilon}{\tilde{\sigma}_c} F_0 \mathrm{d}\varepsilon \qquad (2-17)$$

$$\mu_\varepsilon N = -\frac{\gamma}{3\bar{\varepsilon}} \int_0^\infty \frac{\varepsilon^2}{\tilde{\sigma}_c} \left(\frac{\partial f}{\partial \varepsilon} \right) \mathrm{d}\varepsilon \qquad (2-18)$$

$$D_\varepsilon N = \frac{\gamma}{3\bar{\varepsilon}} \int_0^\infty \frac{\varepsilon^2}{\tilde{\sigma}_c} f \mathrm{d}\varepsilon \qquad (2-19)$$

式中，$\bar{\varepsilon}$ 为平均电子能量；$\tilde{\sigma}_c$ 为归一化后的动量转移碰撞截面，由各粒子反应的动量转移 Collision 截面总和 σ_c 获得

$$\tilde{\sigma}_c = \sigma_c + \lambda / \varepsilon^{1/2} \qquad (2-20)$$

电子的反应速率系数可表示为

$$k_j = \gamma_e \int_0^\infty \varepsilon \sigma_j (\varepsilon) f (\varepsilon) \mathrm{d}\varepsilon \qquad (2-21)$$

式中，$\sigma_j (\varepsilon)$ 为反应 j 的碰撞截面数据。对式（2-21）积分可以获得弹性碰撞频率

$$v_{el} = \sum_j k_j N_j \qquad (2-22)$$

式中，N_j 为弹性碰撞 j 的物质数密度。本文主要采用 Ar 放电和 Ar/O$_2$ 混合放电，主要的碰撞反应如表 2-1 所示[258-264]。

表 2-1　主要的碰撞反应

序号	反应	类型	$\Delta\varepsilon/\mathrm{eV}$
1	$e + O_2 \rightarrow e + O_2$	弹性	$3T_e$
2	$e + O_2 \rightarrow 2e + O_2^+$	电离	12.06
3	$e + O_2 \rightarrow O + O^-$	附件	3.637
4	$e + O \rightarrow 2e + O^+$	电离	13
5	$e + O \rightarrow e + O^*$	激发	1.97
6	$e + O_2 \rightarrow e + O_2^*$	激发	0.98
7	$e + O_2 \rightarrow e^+ + O_2^*$	电离	12.6
8	$e + O_2^* \rightarrow 2e + O_2^+$	电离	11
9	$e + O_2^* \rightarrow O_2 + e$	退激	-0.98
10	$e + O_2 \rightarrow e + 2O$	电离	6.4
11	$e + O^- \rightarrow 2e + O$	电离	1.56
12	$e + O_2^+ \rightarrow 2O$	附件	-6.96
13	$e + O_2 \rightarrow e + O^- + O^+$	附件	16
14	$e + O_2 \rightarrow 2e + O + O^+$	电离	16.16
15	$e + O_2 \rightarrow O + O^* + e$	激发	8.57
16	$e + O^* \rightarrow e + O$	电离/退激	-1.97
17	$e + O^* \rightarrow 2e + O^+$	电离	11.6
18	$e + O_2 \rightarrow O_2^* + e$	激发	4.2
19	$e + O_2^* \rightarrow O^- + O$	电离/退激	5.19

表 2 - 1（续）

序号	反应	类型	$\Delta\varepsilon/eV$
20	$e + O_2^* \rightarrow 2O + e$	电离/退激	5.42
21	$e + Ar^* \rightarrow 2e + Ar^+$	电离/退激	4.427
22	$e + Ar \rightarrow e + Ar$	弹性	
23	$e + Ar \rightarrow e + Ar^*$	激发	11.5
24	$e + Ar^* \rightarrow e + Ar$	退激	-11.5
25	$e + Ar \rightarrow 2e + Ar^+$	电离	15.8
26	$O^- + O_2^+ \rightarrow 3O$	复合	
27	$O^- + O \rightarrow e + O_2$	解离	
28	$O^- + O_2^+ \rightarrow O + O_2^-$	交换	
29	$O^- + O^+ \rightarrow 2O$	复合	
30	$O^+ + O_2 \rightarrow O + O_2^+$	交换	
31	$O^* + O \rightarrow 2O$	退激	
32	$O^* + O_2 \rightarrow O + O_2^*$	退激	
33	$O^* + O_2 \rightarrow O + O_2$	退激	
34	$Ar^* + Ar^* \rightarrow e + Ar + Ar^+$	电离	
35	$Ar^* + Ar \rightarrow Ar + Ar$	退激	
36	$O^- + Ar^+ \rightarrow O + Ar$	交换	
37	$Ar^+ + O_2 \rightarrow Ar + O_2^+$	交换	
38	$Ar^+ + O \rightarrow O^+ + Ar$	交换	
39	$O_2^* + Ar^+ \rightarrow O_2^+ + Ar$	退激	
40	$O_2^+ + Ar \rightarrow Ar^+ + O_2$	交换	
41	$O^* + Ar^+ \rightarrow Ar + O^+$	退激	

注：O_2^*、O^*、Ar^* 分别为 O_2 分子、O 原子和 Ar 原子的激发态。

（2）扰动分布函数

式（2 - 11）中扰动项经二项近似可以表示为

$$\frac{\partial f_1}{\partial t} + u_r \frac{\partial f_1}{\partial r} + u_z \frac{\partial f_1}{\partial z} - \frac{e}{m} E_\varphi \frac{\partial f_0}{\partial u_\varphi} = -\nu_c f_1 \tag{2-23}$$

式中，ν_c 代表碰撞频率；u_r、u_z 和 u_φ 分别代表速度矢量在径向、轴向和角向的分量。基于傅里叶级数式（2 - 23）的解可以简化为

$$f_1(r, z, \boldsymbol{u}) = \sum_l \sum_{m=1}^{\infty} F_m(\boldsymbol{u}) \sin(q_m z) e^{ik_l r} \tag{2-24}$$

$$E_\varphi(r, z) = \sum_l \sum_{m=1}^{\infty} \varepsilon_m \sin(q_m z) e^{ik_l r} \tag{2-25}$$

式中，$k_l = l\pi/2$（$l = \pm 1, \pm 3, \pm 5, \cdots$）；$q_m = m\pi/h$（$m = 1, 2, 3, \cdots$）；$h$ 为腔室轴向高度；F_m 和 ε_m 为系数，将式（2 - 24）和式（2 - 25）代入式（2 - 23）中，可获得 F_m 的表达式

$$F_m(\boldsymbol{u}) = -i \frac{e}{m_e} \frac{\varepsilon_m}{k_l u_x - \omega - i v_m} \frac{\partial f_0}{\partial u_y} \tag{2-26}$$

则等离子体的极化电流密度可表示为

$$j_p(r, z) = -en_e \int u_y f_1(r, z, \boldsymbol{u}) d\boldsymbol{u} = \sum_l \sum_{m=1}^{\infty} \varepsilon_m \sigma_l e^{ik_l r} \sin(q_m z) \tag{2-27}$$

$$\sigma_l = -\frac{2\pi e^2 n_e}{m_e^2 \omega} \sqrt{\frac{2}{m_e}} \int_0^\infty \frac{\partial f_0}{\partial \varepsilon} \varepsilon^{3/2} \left[\psi\left(x_l, y\right) - \mathrm{i}\Phi\left(x_l, y\right) \right] \mathrm{d}\varepsilon \qquad (2-28)$$

式中，$x_l = k_l u / \omega$；$y = v_m / \omega$；$\psi\left(x_l, y\right)$ 和 $\Phi\left(x_l, y\right)$ 为电子与感应电场的作用函数，细节推导过程参照参考文献 [265]。

2.1.4 射频电磁场模块

本节构建了解析求解的射频电磁场模块，通过引入玻耳兹曼求解模块扰动项中的电流密度 j_p 获得了沉积功率密度 P_{ind}，用于流体力学模块中电子能量方程的解算，从而将随机加热机制引入到等离子体放电加热的求解中。

ICP 源中角向电场 E_φ 可通过求解波动方程获得

$$\frac{\partial E_\varphi}{\partial r^2} + \frac{1}{r}\frac{\partial E_\varphi}{\partial r} - \frac{E_\varphi}{r^2} + \frac{\partial^2 E_\varphi}{\partial z^2} + k_0^2 E_\varphi = -\mathrm{i}\omega\mu_0 \left(j_c + j_p\right) \qquad (2-29)$$

式中，ω 代表功率源的角频率；j_c 代表放电天线电流密度。

假定 ICP 源的放电腔室为轴对称布局，则腔室中心 $E_\varphi\left(0, z\right) = 0$，式（2-29）可用傅里叶级数简化为

$$E_\varphi\left(r, z\right) = \sum_{n=1}^\infty \sum_{m=1}^\infty E_{nm} J_1\left(\lambda_n r/R\right) \sin\left(q_m z\right) \qquad (2-30)$$

式中，R 代表放电腔室的半径；E_{nm} 代表展开系数[266]；J_1 代表 1 阶贝塞尔函数；λ_n 代表特征值；可根据零阶贝塞尔函数求解获得

$$J_0\left(\lambda_n\right) = 0 \qquad (n = 1, 2, 3, \cdots) \qquad (2-31)$$

将式（2-30）与玻耳兹曼求解模块中的式（2-26）和式（2-27）联立获得 j_p 为

$$j_p\left(r, z\right) = \sum_{n=1}^\infty \sum_l \sum_{m=1}^\infty n_l E_{nm} \sigma_l \mathrm{e}^{\mathrm{i}k_l r} \sin\left(q_m z\right) \qquad (2-32)$$

$$n_l = \frac{1}{2R} \int_{-R}^R J_1\left(\lambda_n r/R\right) \mathrm{e}^{\mathrm{i}k_l r} \mathrm{d}r \qquad (2-33)$$

通过求解式（2-30）和式（2-32），即可获得 P_{ind} 为

$$P_{\mathrm{ind}} = \frac{1}{2}\mathrm{Re}\left[E_\varphi\left(r, z\right) j_p\left(r, z\right)\right] \qquad (2-34)$$

从式（2-34）推导可知，通过玻耳兹曼求解模块和流体力学模块的耦合求解，可获得 n_e、T_e、ν_c 及 j_p 等参数，将基于上述参数求解获得的 P_{ind} 更新至流体力学模块，使得低气压下功率馈入的主要机制为随机加热，而中高气压下功率馈入的主要机制为欧姆加热。

2.1.5 ICP 源放电的数值仿真模型

本节研究的薄层 ICP 源为高长宽比的方形结构，模型示意如图 2-2（a）所示，包括放电腔室、线圈和空气介质。其中，放电腔室由石英材料构成（相对介电常数 4.2，磁导率 1），壁厚 $s = 3\mathrm{mm}$，轴向高度 h 分别为 20mm、25mm 和 40mm，边长 $L = 200$ mm；线圈材质为铜，输入频率为 13.56 MHz，匝数为 1 匝或 2 匝，直径 $d = 3$ mm，距离对称轴的距离分别为 $r_1 = 35\mathrm{mm}$、$r_2 = 60\mathrm{mm}$。

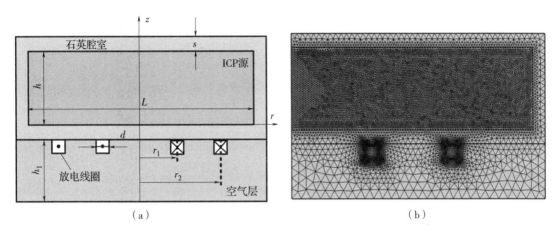

图 2 - 2

（a）ICP 源放电模型示意图　（b）二维轴对称网格剖分

网格对模型的收敛速度和求解精度起到关键作用，本节基于有限元法对构建的模型进行空间离散。在网格剖分过程中，腔室及周边空气整体为三角形网格，对涉及各类化学反应的主等离子体区域网格进行加密处理；放电线圈采用映射网格，单元数为 30，大小比为 10；同时，考虑到壁面反应及功率馈入的因素，对腔室壁面和加热源区附近壁面的边界层网格同样加密处理。$h = 25\text{mm}$ 时，模型二维轴对称网格剖分如图 2 - 2（b）所示。模型初始电子密度 $n_{e0} = 1 \times 10^{15} \text{m}^{-3}$，平均电子能量 4eV，环境初始温度 300K，工质气体为 Ar 和 O_2。放电过程中，射频线圈的功率控制在 400 ~ 1000W，气压控制在 5 ~ 50Pa，O_2 的摩尔比例 η_{O_2} 控制在 0 ~ 80%。

气压为 5Pa，功率为 800W，放电气体为 Ar，腔室轴向高度 $h = 25\text{mm}$ 时，基于耦合模型获得的不同时间和空间尺度下 ICP 源的 EEDF 如图 2 - 3 所示。从图中可以观察到，EEDF 在放电的不同时间进程和空间分布中明显偏离了 Maxwellian 分布，并呈现出不同的分布特征。随着时间步的推进，高能电子部分下降，低能电子部分升高，这是由于高能电子从加热源区扩散穿过双极势阱时，与中性粒子的碰撞和亚稳态 Ar 原子的多步电离效应损耗了能量，产生了大量低能电子。随着 z 的升高，加热场区外趋肤效应减弱，电子无法通过电场耦合获取能量，使得高能电子部分同样呈现下降的趋势。因此，在 ICP 源耦合模型的求解过程中，EEDF 随着空间和时间步的推进而不断变化，相比于预设的 Maxwellian 分布，求解精度显著提高。

ω_p 和 ν_c 的分布特征是影响 ICP 源对电磁波衰减效果的关键。在低温非磁化 ICP 源中，通常用电子振荡频率 ω_{pe} 表征等离子体振荡频率 ω_p

$$\omega_p = \sqrt{\frac{n_e e^2}{m_e \varepsilon_0}} \qquad (2 - 35)$$

式中，e 为电子电量；m_e 为电子质量；ε_0 为真空介电常数；在分析中通常将 ω_p 由角频率转换为频率。

由式（2 - 35）可知，ω_p 的空间分布特性取决于 n_e 的分布情况。

由于 ICP 源电子 - 中性粒子动量转移碰撞频率 ν_{ef} 远大于电子 - 离子及电子 - 电子的

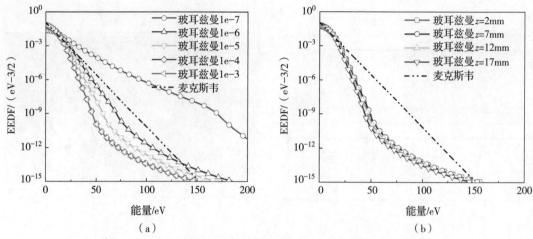

图 2 - 3 $h = 25\text{mm}$ 时不同时间和空间尺度下 ICP 源的 EEDF 分布

（a）$z = 12\text{mm}$ 下时间尺度　　（b）不同 z 下空间尺度

碰撞频率 ν_{ei} 及 ν_{ee}，通常用 ν_{ef} 对 ICP 源的 ν_c 进行表征。由式（2-21）和式（2-22）可知，ν_c 的空间分布特征取决于 $f(\varepsilon)$ 的分布，即电子温度 T_e 的分布。因此，通过耦合模型求解 n_e 和 T_e 即可获得 ω_p 和 ν_c 的空间分布特征。

为了更直观地分析 ICP 源参数分布变化对散射特性的影响规律，在本文的后续研究中将通过数值仿真和实验测量的 n_e 和 T_e 转化为 ω_p 和 ν_c 的分布，其中通过经验公式（2-36）将发射光谱法诊断获得的电子激发温度 T_{exc} 转化为 ν_c，式中 p 为气压。

$$\nu_c = 1.52 \times 10^7 p \sqrt{T_e} \qquad\qquad (2-36)$$

图 2-4 给出了气压为 5Pa，功率为 800W，放电气体为 Ar，腔室轴向高度 $h = 25\text{mm}$

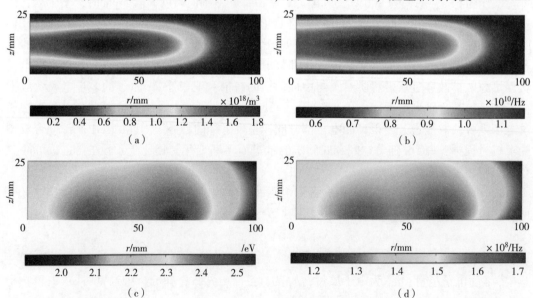

图 2-4   气压为 5Pa，功率为 800W，放电气体为 Ar，腔室轴向高度 $h = 25\text{mm}$ 时，

不同参数的空间分布特征

（a）n_e　（b）ω_p　（c）T_e　（d）ν_c

时，ICP 源中 n_e、T_e、ω_p 和 ν_c 的空间分布特征，由图可知，ω_p 和 ν_c 的空间分布梯度与 n_e 和 T_e 的分布趋势一致。

2.2　感性耦合等离子体源放电实验设计

2.2.1　感性耦合等离子体放电平台

搭建的 ICP 源放电平台如图 2 – 5 所示，整个放电平台由电源模块、气氛模块、真空腔室模块、参数诊断模块四大模块组成。

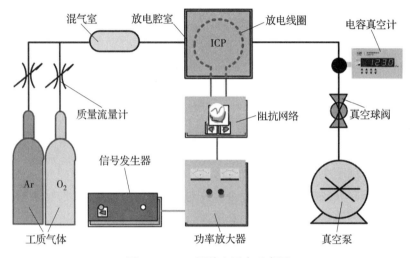

图 2 – 5　ICP 源放电平台示意图

为了满足在雷达舱、机翼前缘和进气道等典型强散射部位隐身需求，真空腔室应具备高透波、高真空度、高强度和可与结构共形的特点。透明石英玻璃是由二氧化硅（SiO₂）四面体构成单一组分材料，纯度最高可达 99.999%，具备优异的透射比、稳定性、绝缘性和力学性能，真空度可达 10^{-6} 量级；此外，石英玻璃工艺上由天然石英高温熔制或化学沉积而成，可以设计为多种构型。因此，本章选用高纯度的透明石英（介电常数 4.3，磁导率 1）制作真空腔室。腔室整体为高长宽比的方形薄层结构（腔室轴向高度小于 50mm，不含壁厚），壁面厚度为 3mm。为了对比分析不同轴向高度下 ICP 源的衰减效果，采用高温熔制工艺制备了 200mm × 200mm × 20mm、200mm × 200mm × 25mm 和 200mm × 200mm × 40mm 三种规格的腔室，如图 2 – 6 所示。

腔室顶部和底部为透波窗口，可以加载人工电磁结构或吸波材料等结构，从而与 ICP 源共同组成多功能复合结构；此外，底部加载放电线圈用来馈入射频功率。在腔室左、右轴向壁面的中心位置安装 10mm 和 15mm 的石英玻璃管分别连接气氛模块中的进气系统和抽气系统。

气氛模块包括进气和抽气两大系统。进气系统由不同成分的气体、质量流量计、混气室及其附加管路组成。放电气体经质量流量计后进入混气室，经混气室混合后输送至腔室的进气口。其中，气体选用电正性气体 Ar 和电负性气体 O₂，质量流量计用于调控进入腔

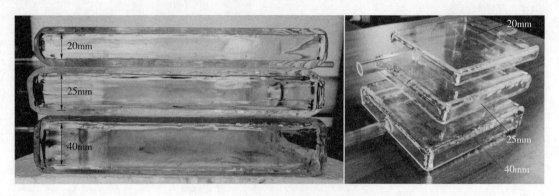

图 2 – 6 不同轴向高度的石英腔室

室中 Ar 和 O_2 的流量及摩尔比例，混气室可以对不同组分的气体进行预混合处理，使得进入腔室的气体更加均匀，增加放电的稳定性。抽气系统由电容真空计、真空泵、电磁真空球阀等组成。腔室内气体由出气口经真空计电容硅管、电磁真空球阀后输送至真空泵。其中，电容真空计用于腔室真空度的测量，量程 0.1 ~ 10000Pa，与质量流量计配合使用可以调控腔室内的气体组分和气压；电磁真空球阀用于控制抽气系统与腔室的通断。

放电模块由多频射频信号发生器（RSG – 1000A）、功率放大器（RSG – 1000S）、阻抗网络（PGS – 11S）和放电线圈组成。在激发过程中，多频信号发生器将射频信号经功率放大器和阻抗网络后输送至放电线圈，由放电线圈产生感应电场将功率源馈入放电腔室。其中，多频信号发生器可以调节射频信号的频率，常用的频率包括 2MHz、13.56MHz、27.12MHz 等，本节采用 13.56MHz 的单频模式；功率放大器用于产生射频功率源，量程为 0 ~ 1000W；阻抗网络采用 L 形布局，初始阻抗 50Ω，用于自动调节功率放大器与放电线圈之间的反射功率，保证输出功率最大化馈入腔室中；放电线圈采用盘香型构型，由外径为 4mm、内径 2mm 的空心紫铜管制成，线圈由 1 匝和 2 匝两种规格，如图 2 – 7所示。

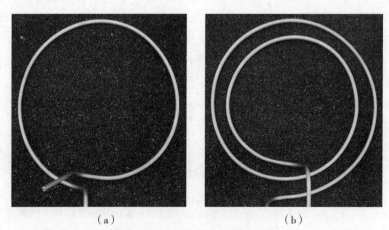

（a）　　　　　　　（b）

图 2 – 7 不同规格的线圈实物图

(a) 1 匝　　(b) 2 匝

在放电、气氛和腔室三大模块的协同工作下，不同放电条件下 ICP 源呈现出不同的放电形态。通过参数诊断模块中微波干涉法和多谱线发射光谱法的诊断，可以分别获得 ICP 源在不同形态下 n_e 和 T_e 等参数的分布特性。

2.2.2 感性耦合等离子体参数诊断模块

2.2.2.1 基于耦合模型的微波干涉电子密度诊断方法

根据与等离子体的接触形式分类，目前常用的诊断方法可以分为浸入式和非浸入式。浸入式方法的代表为 Langmuir 探针诊断法，将金属探针浸入至激发后的等离子体源中，通过测量伏安特性曲线可以快速获得等离子体的 n_e、T_e 和 EEDF 等参数特性。然而，本文采用的 ICP 源放电腔室为高长宽比的薄层高纯度石英结构，在放电过程中不具备金属接地条件，导致主等离子体区始终处于高电势区，对 Langmuir 探针的伏安特性曲线造成扰动；其次，中高气压下探针尖尺度接近或大于粒子的平均自由程，导致采集数据失真；第三，在薄层腔室结构中，探针尖与功率馈入端放电线圈的间距过小，导致射频电源引发的交变电磁场干扰了探针的正常采样进程；最后，Langmuir 探针的加载需要在腔室壁面预留合适的接口，加大了腔室制备的难度，影响了腔室真空度的保持。

非浸入式的诊断方法不需要与等离子体直接接触，因此，不会干扰 ICP 源正常放电，在薄层 ICP 源参数诊断中具有较大优势。常用的非浸入式方法包含微波干涉法、光谱法和激光法等。微波干涉法所用的信号源处于微波波段，和 ICP 的射频激励源不易产生相互干扰，本章采用微波干涉法对 n_e 进行诊断，并将 2.1 节耦合模型求解的参数引入到微波干涉法数据处理过程中，改善微波干涉法诊断的精度和有效测量范围。

由于电磁波在低温非磁化 ICP 传播时会发生色散效应，导致电磁波经等离子体作用后相位发生变化，通过诊断电磁波穿过等离子体前、后的相移量，经数据处理即可获得干涉路径上的弦平均密度 n_e，诊断示意图如图 2-8 所示，包括一对宽频喇叭天线、ICP 源放电样件及矢量网络分析仪（Anritsu MS4644B），矢量网络分析仪的微波信号经发射天线极化后透过 ICP 源样件，经天线接收后传输回矢量网络分析仪。测量过程中，为了降低环境噪声，提高测量精度，首先测量 ICP 源未激发时相移量 α_0 并作归一化处理，然后将 ICP 源激发，即可测量获得等离子体激发后引起的最终相移量 $\Delta\varphi$。

当 ICP 源气压较低时，此时 $\nu_c \ll \omega$，可以将等离子体简化为无碰撞模型，此时第 3 章式（3-22）中等离子体相移系数 α 可以简化为

$$\alpha = \frac{\omega}{c}\left(1 - \frac{\omega_p^2}{\omega^2}\right)^{1/2} \qquad (2-37)$$

天线发射的微波穿过径向尺寸为 L 的 ICP 源时，产生的相移量为

$$\Delta\phi = \int_0^L (\alpha_0 - \alpha)\ \mathrm{d}l = \frac{\omega}{c}\int_0^L \left[1 - \left(1 - \frac{\omega_p^2}{\omega^2}\right)^{1/2}\right]\mathrm{d}l \approx \frac{\omega}{c}\int_0^L \frac{\omega_p^2}{2\omega^2}\mathrm{d}l = \frac{e^2}{2\varepsilon_0 m_e \omega c}\int_0^L n_e \mathrm{d}l$$

$$(2-38)$$

由式（2-38）可知，当 ω 确定时，通过相移量 $\Delta\phi$ 即可获得干涉路径上 n_e 的弦平均值。微波干涉法诊断参数的分辨率与干涉波波长相关，在本章 ICP 放电实验中，放电腔室

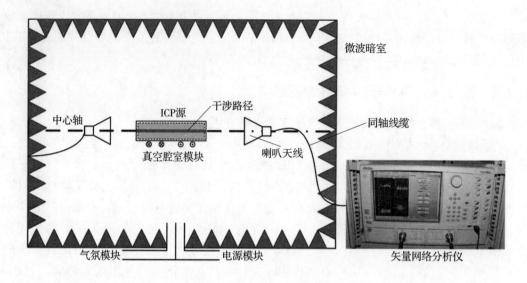

图 2-8　微波干涉法诊断示意图

的电尺度与干涉波波长相当，导致干涉法无法准确测量腔室不同位置处的相移量。此外，ν_c 随着气压的升高而增大，加剧了电子与各粒子的碰撞。当腔室内气压 p 的范围为 $20 \leqslant p \leqslant 100\text{Pa}$ 时，ν_c 的量级接近 10^9，尽管仍小于 ω_p 和 ω，但碰撞效应已经开始影响入射波在等离子体中的相移量，继续使用式（2-37）的无碰撞模型会对诊断结果造成误差。为了提高微波干涉法对 n_e 的空间测量精度，本节将 2.1 节构建的耦合模型引入到微波干涉法中，利用耦合模型获得的 n_e 和 ν_c 对微波干涉法进行校正，具体步骤如下。

（1）将式（2-38）中无碰撞模型校正为碰撞模型：

当 $\nu_c \ll \omega$ 时，第 3 章式（3-22）的相移系数简化为

$$\alpha = \frac{\omega}{c}\left(1 - \frac{\omega_p^2}{\omega^2 + \nu_c^2}\right)^{1/2} = 1 - \eta_c\frac{\omega_p^2}{\omega^2} \tag{2-39}$$

式中，η_c 为校正系数，则由式（2-39）可得

$$\eta_c = \frac{1}{1 + \left(\dfrac{\nu_c}{\omega}\right)^2} \tag{2-40}$$

将 η_c 代入式（2-38）中，则考虑碰撞后的相移量校正为

$$\Delta\phi = \frac{\omega}{c}\int_0^L\left[1 - \left(1 - \eta_c\frac{\omega_p^2}{\omega^2}\right)^{1/2}\right]\text{d}l \approx \frac{\eta_c e^2}{2\varepsilon_0 m_e\omega c}\int_0^L n_e\text{d}l \tag{2-41}$$

（2）利用微波干涉法诊断干涉路径上的 ICP 源的弦平均密度 n_{e-a}；

（3）将诊断中 ICP 源的功率、气压、线圈、腔室结构等参数代入耦合模型中，求解获得干涉路径处 n_e 和 ν_c 的分布特征；

（4）将 n_e 的分布特征插值为 N 个点进行采样，插值的步长表示为 $\Delta z = L/N$；为第 i 个点的数值表示为 n_{e-i}，分布特征中的 n_e 的平均值表示为 n_{e-a}，则第 i 个点处的 n_e 与干涉路径平均值 n_{e-a} 的比例系数 $\alpha_i = n_{e-i}/n_{e-a}$；

（5）对干涉路径上的 ν_c 进行数据处理，获得 ν_c 的弦平均值 ν_{m-a}，进一步求解获得校

正系数 η_c；

（6）将处理后的参数代入式（2-41）

$$\Delta\phi \approx \frac{\eta_c e^2}{2\varepsilon_0 m_e \omega c}\int_0^L n_e \mathrm{d}l = \frac{\eta_c e^2}{2\varepsilon_0 m_e \omega c}\sum_{i=1}^{N}\alpha_i \cdot n_{e-a} \cdot \Delta z \qquad (2-42)$$

则干涉路径上的 n_{e-a} 为

$$n_{e-a} = \frac{2\Delta\phi\varepsilon_0 m_e \omega c}{\eta_c e^2 \Delta z \displaystyle\sum_{i=1}^{N}\alpha_i} \qquad (2-43)$$

将求解获得的 n_{e-a} 与比例系数 α_i 相乘，即可获得校正后干涉路径上每个插值点处的实际 n_e。

2.2.2.2　基于多谱线发射光谱法的电子温度诊断

由于微波干涉法只能诊断 ICP 源 n_e 的分布，本节基于多谱线发射光谱法对电子激发温度 T_{exc} 进行诊断。发射光谱法的基本原理为通过与光谱仪连接的探头，采集 ICP 源在激发过程中各粒子不同位置辐射的光信号，并将光信号分解为特征光谱，经数据分析后获得不同点位 T_{exc} 等宏观参数的分布特性。诊断选用的光谱仪型号为 AvaSpec S2048，如图 2-9 所示。需要注意的是，ICP 源激发后处于非热平衡态，导致 T_{exc} 与 T_e 并不相同，但两者的变化趋势和规律相似[267]，可以借助 T_{exc} 来分析 ICP 源 T_e 的变化特性。

图 2-9　AvaSpec-S2048 光谱仪

等离子体放电过程中，光谱仪对单位体积内激发态原子跃迁产生的辐射总功率进行采集，不考虑自吸收现象时，光谱线强度为

$$I = C\frac{n_a}{Z_a(T_{exc})}\frac{g_i A_i}{\lambda}\exp\left(-\frac{E_i}{k_B T_{exc}}\right) \qquad (2-44)$$

式中，C 为比例系数；n_a 为原子数密度；$Z_a(T_{exc})$ 为分配函数；k_B 为 Boltzmann 常数。

当等离子体处于局域热平衡时，同类原子的能级分布与 Boltzmann 分布趋势相同，则不同能级的相对光谱强度为

$$\frac{I_i}{I_j} = \frac{A_i g_i \lambda_j}{A_j g_j \lambda_i} \exp\left(-\frac{E_i - E_j}{k_B T_{exc}}\right) \qquad (2-45)$$

式中，下标 i、j 分别为同类原子的第 i 和第 j 能级；$\lambda_{i/j}$ 为各能级对应波长；$E_{i/j}$ 为各能级对应激发能；$A_{i/j}$ 为各激发能对应的跃迁概率；$g_{i/j}$ 为各激发能对应的统计权重。对式（2-45）取对数

$$\ln \frac{I_i A_i g_i \lambda_j}{I_j A_j g_j \lambda_i} = -\frac{1}{k_B T_{eff}} E_i - E_j + C \qquad (2-46)$$

将诊断参数代入式（2-46），通过曲线斜率的拟合即可获得 T_{exc}。为了提高测量精度，在拟合过程中选取多条能级相近且激发能梯度大的谱线进行数据处理，即多谱线法。本节基于 NIST 库选取了 6 条不同波长的发射谱线，具体参数如表 2-2 所示。

表 2-2　Ar 发射光谱参数

λ/nm	A/s^{-1}	ε/eV	g
617.31	3.70e+5	13.15	5
641.63	1.16e+6	14.84	5
738.40	8.47e+6	11.62	5
763.51	2.45e+7	11.55	5
810.37	2.50e+7	11.62	3
860.58	1.04e+6	13.30	5

2.3　不同放电条件下 ICP 源的参数分布特性

本节通过构建的耦合模型求解并分析了不同外部放电条件（功率、气压、气体组分、腔室轴向高度）下 ICP 源 ω_p 和 ν_c 的空间分布特性，并采用基于耦合模型的微波干涉法和多谱线法对模拟结果进行诊断验证。

2.3.1　功率对 ICP 源参数分布的影响

腔室尺寸为 $200mm \times 200mm \times 25mm$，工质气体为 Ar，气压为 10Pa 时，不同功率下 ω_p 的空间分布如图 2-10 所示。电子从加热源区获得能量，并在电场的加速作用下从加热源区向腔室的低密度区扩散，趋肤效应较弱的加热场区上方形成双极势阱。高能电子在漂移扩散过程中碰撞电离加剧，能量损耗后产生的低能电子被束缚在势阱内，使得加热源区上方 ω_p 达到峰值。由于加热源区的趋肤深度接近薄层腔室的轴向高度，趋肤效应的存在影响了电子从加热源区获得能量后的输运属性；同时，腔室壁面附近高能电子与壁面的反应以及电子与带电粒子之间复合反应的加剧，使得越靠近壁面 ω_p 越低。因此，由图可知，主等离子体区域 ω_p 呈现轴对称的环状分布特征，从 ω_p 峰值区沿径向和轴向均呈现非均匀特征。

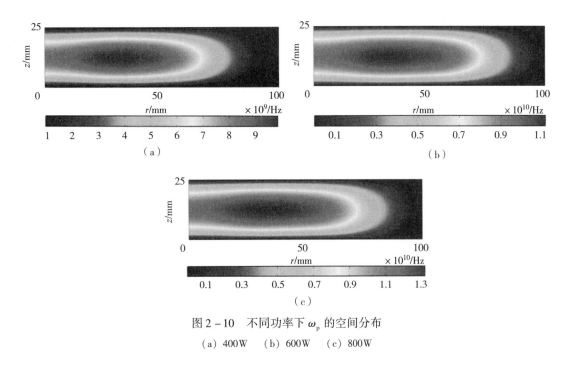

图 2 - 10 不同功率下 ω_p 的空间分布

(a) 400W　(b) 600W　(c) 800W

此外，随着功率的升高，ω_p 呈现线性增加的趋势，当功率为 400W、600W 和 800W 时，峰值分别为 9.41×10^9 Hz、1.13×10^{10} Hz 和 1.29×10^{10} Hz。这是由于功率增加提高了加热源区高能电子的数量，而高能电子在扩散过程中碰撞电离发生能量损耗，从而提升了低能电子数量，从图 2 - 11（a）不同功率下 EEDF 可以发现电子数量呈线性增长的趋势。同时，ω_p 梯度分布基本不变，这是由于功率主要影响电子在趋肤层内的运动，而电子扩散离开加热源区后的输运属性基本不受影响。此外，随着功率增加，由于线圈交变磁场产生的环向电场范围扩大[52]，使得主等离子体区沿径向的范围轻微扩大。

不同功率下 ω_p 径向分布（$z = 12.5$ mm）的模拟和微波干涉诊断结果如图 2 - 11（b）所示。图中数值仿真和诊断结果趋势一致，实验结果略低于模拟结果，分析认为一是实验中射频功率在耦合过程中存在损耗；二是环境的杂波干扰微波干涉法的采样，使得结果出现偏差。

气压为 10Pa 时，不同功率下 ν_c 的空间分布如图 2 - 12 所示。由于加热源区的趋肤效应明显强于其他区域，电子在此处获得能量不断被加速，使得加热源区的 ν_c 处于高位。随着功率的增大，馈入趋肤层内的能量增多，高能电子获得能量加速后与中性粒子非弹性碰撞效应增强，高能电子损耗生成低能电子。由图 2 - 11（a）可知，随着功率的增大，低能电子和高能电子部分均小幅值增加，使得 ν_c 轻微升高。当射频功率为 400W、600W 及 800W 时，通过耦合模型探针获得的全局平均 ν_c 分别为 2.72×10^8 Hz、2.79×10^8 Hz 和 2.93×10^8 Hz。

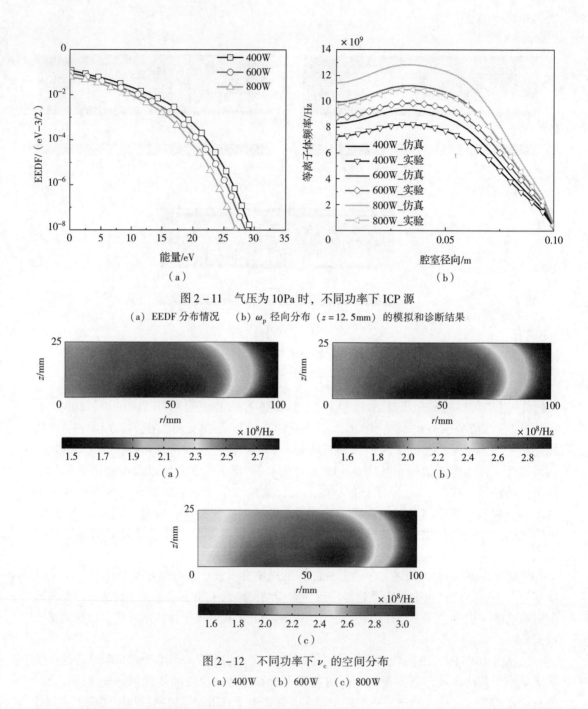

图 2-11 气压为 10Pa 时，不同功率下 ICP 源

（a）EEDF 分布情况 （b）ω_p 径向分布（$z=12.5$mm）的模拟和诊断结果

图 2-12 不同功率下 ν_e 的空间分布

（a）400W （b）600W （c）800W

2.3.2 气体组分对 ICP 源参数分布的影响

功率为 800W，气压为 10Pa，不同气体组分下 ω_p 的空间分布如图 2-13 所示，不同气体组分下 ω_p 沿径向分布（$z=15.5$mm）的模拟和诊断结果如图 2-14（a）所示。

当 O_2 摩尔比例 η_{O_2} 为 20%，对比相同放电条件下 Ar-ICP，ω_p 峰值由 1.29×10^{10} Hz 急剧下降接近一个数量级至 8.51×10^9 Hz。这是由于一是电负性气体 O_2 引入后，在射频功率的

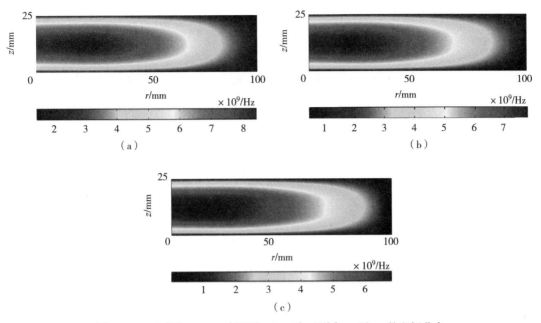

图 2-13 功率为 800W，气压为 10Pa 时，不同 η_{O_2} 下 ω_p 的空间分布

（a）20% （b）50% （c）80%

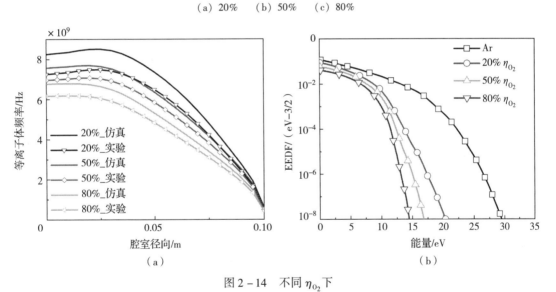

图 2-14 不同 η_{O_2} 下

（a）ω_p 径向分布（$z = 12.5\text{mm}$）的模拟和诊断结果 （b）EEDF 分布

作用下被激发为亚稳态 O_2（$X^3\sum_g^-$）、O_2（$a^1\Delta_g$）、O_2（$A^3\sum_u^+$，$A^3\Delta_u$，$c^1\sum_u^-$），导致参与 Ar 原子和中性粒子电离的能量减少；二是亚稳态 O_2 与低能电子之间的解离和吸附反应生成大量 O^-，反应如式（2-47）所示；三是解离生成的大量粒子与高能电子的碰撞加剧，耗损了大量高能电子[268]。图 2-14（b）的 EEDF 也可以观察到，高能电子和低能电子的数密度相比于 Ar 均呈现下降趋势。随着 η_{O_2} 的增加，O^- 增幅放缓，导致 ω_p 降低的幅值变小，η_{O_2} 为 50% 和 80% 时，ω_p 的峰值分别为 $7.70 \times 10^9\text{Hz}$ 和 $6.79 \times 10^9\text{Hz}$。

$$\begin{cases} e + O_2 \ (a^1\Delta_g) \rightarrow \begin{cases} O \ (^3p) \ + O^- \\ O \ (^1D) \ + O^- \end{cases} \\ e + O_2 \ (A^3\textstyle\sum_u^+, \ A^3\Delta_u, \ c^1\textstyle\sum_u^+) \rightarrow O \ (^3p) \ + O^- \\ e + O_2 \ (X^3\textstyle\sum_g^-) \rightarrow O_2 \ (X^3\textstyle\sum_g^-) \ + O^- \end{cases}$$

$$(2-47)$$

$$\begin{cases} \beta_x = \beta_{0x} + \dfrac{2\pi m}{p_x} \\ \beta_y = \beta_{0y} + \dfrac{2\pi m}{p_y} \\ \beta_z = \sqrt{\beta_0^2 - \beta_x^2 - \beta_y^2} \end{cases}$$

从图 2 – 13 和图 2 – 14 （a） 中可以观察到，和图 2 – 10 （c） 中 Ar 放电相比，引入 O_2 后 ω_p 的空间分布更加均匀。引入 O_2 后 ICP 中各粒子的输运属性可以表示为[269]

$$\begin{cases} \Gamma_+ = - D_+ \nabla n_+ - n_+ \mu_+ E \\ \Gamma_- = - D_- \nabla n_- - n_- \mu_- E \\ \Gamma_e = - D_e \nabla n_e - n_e \mu_e E \\ \Gamma_* = - D_* \nabla n_* \end{cases}$$

$$(2-48)$$

式中，n_e、n_+、n_- 和 n_* 分别为电子、正离子、负离子和激发态粒子的数密度；Γ 为各粒子通量；μ 和 D 分别为各粒子的输运及扩散系数。满足

$$D = \mu k_B T_e \tag{2-49}$$

假定 $\Gamma_+ = \Gamma_-$，则 n_e 的分布处于 Boltzmann 平衡态，此时 $\Gamma_e = 0$。将式 （2 – 3） 和式 （2 – 49） 代入式 （2 – 48） 并积分后可得

$$n_e = n_{e-\max} \times \exp\left(\frac{\psi}{T_e}\right) \tag{2-50}$$

式中，$n_{e-\max}$ 为 n_e 峰值。

由于 n_- 不满足 Boltzmann 假设，在 n_- 的推导中引入 $A \ (l)$ 对 n_- 模型进行修正

$$n_- = n_{-\max} \times \exp\left(\frac{A \ (l) \ \psi}{T_-}\right) \tag{2-51}$$

联立式 （2 – 50） 和式 （2 – 51） 可得

$$n_e = n_{e0} \left(\frac{n_-}{n_{-0}}\right)^{\frac{A(l)T_-}{T_e}} \tag{2-52}$$

当 ICP 源气压处于低位时，n_- 的分布特征接近抛物线分布，主等离子体区 $T_e \gg T_-$，则 $A \ (l) \ T_-/T_e \approx 0$，此时主等离子体区 n_e 的分布特征接近均匀分布；当气压处于高位时，n_- 分布接近于平顶分布[270]，此时 $n_- \approx n_{-0}$，则主等离子体区 n_e 的分布将更加均匀。

图 2 – 15 展示了功率为 800W，气压为 10Pa 时，不同 η_{O_2} 下 ν_c 的空间分布。由图可知，随着 η_{O_2} 的增加，ν_c 轻微上升。分析认为氧气的加入消耗了大量的低能电子，相应提高了表征电子平均能量的 T_e。同时，O_2^+ 和 O^+ 的密度小幅值增加，增加了低能电子耗损的通道，如图 2 – 14 （b） EEDF 的变化曲线所示，低能电子数目持续降低，使得 ν_c 随着 η_{O_2} 的增加呈现轻微上升的趋势。

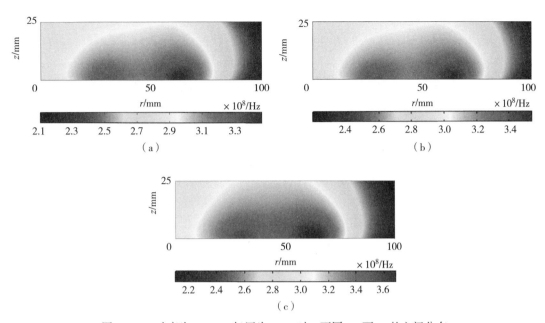

图 2 – 15　功率为 800W，气压为 10Pa 时，不同 η_{O_2} 下 ν_c 的空间分布

（a）20%　（b）50%　（c）80%

2.3.3　气压对 ICP 源参数分布的影响

图 2 – 16 展示了功率为 800W，不同气压下 Ar – ICP 中 ω_p 的空间分布情况。

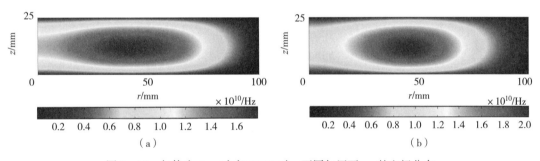

图 2 – 16　气体为 Ar，功率 800W 时，不同气压下 ω_p 的空间分布

（a）20Pa　（b）50Pa

由图 2 – 10（c）和图 2 – 16 可知，ω_p 随着气压的增长而大幅值增加。气压为 20Pa 和 50Pa 时，峰值分别为 1.74×10^{10} Hz 和 2.07×10^{10} Hz。由图 2 – 17（a）中不同气压下 EE-DF 的分布可知，随着气压的增大，低能电子部分增加而高能电子拖尾收缩，说明气压增大缩短了电子的平均自由程，提高了高能电子 – 中性粒子及高能电子之间碰撞电离的概率，而高能电子能量损耗后生成大量低能电子，使得 ω_p 随之增加。此外，随着气压的增大，ω_p 峰值区向径向边缘转移，环状约束特征更加明显，呈现强烈的非均匀性。由玻耳兹曼求解模块求解了不同气压下电子扩散系数如图 2 – 17（b）所示。从图中可以观察到气压的增大降低了低能电子的扩散系数，限制了电子离开趋肤层后扩散漂移的范围。不同

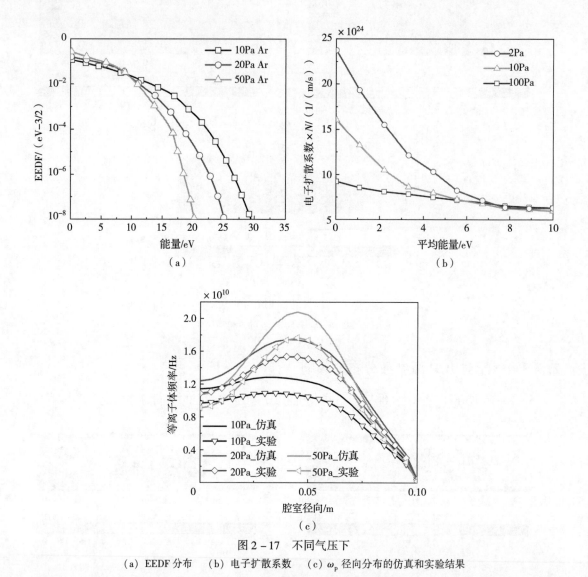

图 2 - 17 不同气压下

（a）EEDF 分布 （b）电子扩散系数 （c）ω_p 径向分布的仿真和实验结果

气压下 ω_p 径向分布（$z = 12.5\text{mm}$）的仿真和实验结果如图 2 - 17（c）所示，仿真和实验结果的变化趋势较为吻合，但由于耦合模型中未考虑功率耦合过程中的反射功率及容性分量，导致仿真结果略高于实验结果。

不同气压下 Ar - ICP 中 ν_c 的空间分布如图 2 - 18 所示。由图可知，ν_c 随着气压的增大而增加，气压为 20Pa 和 50Pa 时，ν_c 的峰值增加至 $4.51 \times 10^8 \text{Hz}$ 和 $8.95 \times 10^8 \text{Hz}$。由图 2 - 17（a）EEDF 可知，随着气压的升高，高能电子碰撞电离耗损为低能电子，导致 T_e 小幅值下降，但电子与中性粒子的弹性碰撞显著增强，抵消了 T_e 下降对 ν_c 的影响，使得 ν_c 大幅值增加。

气压为 20Pa，功率为 800W，不同 η_{O_2} 下 ω_p 的空间分布如图 2 - 19 所示，ω_p 径向分布的仿真和实验结果如图 2 - 20（a）所示。

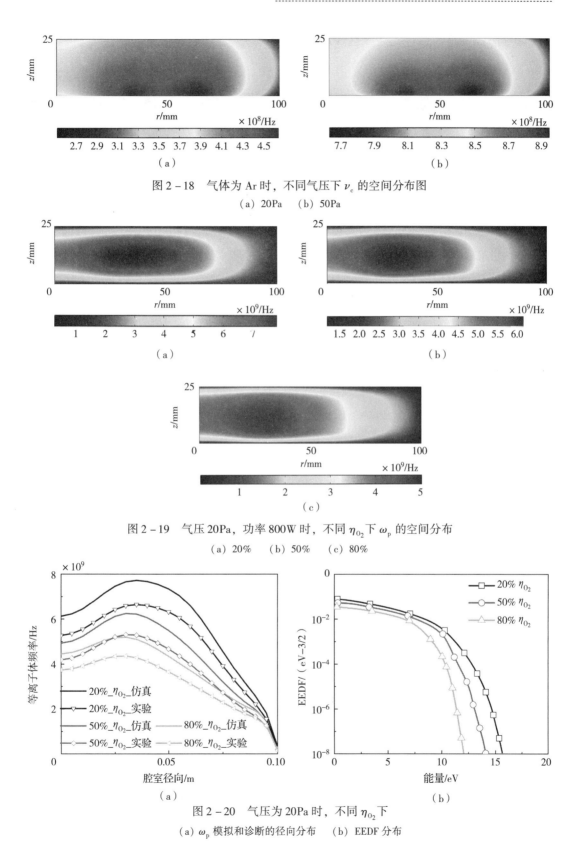

图 2-18　气体为 Ar 时，不同气压下 ν_c 的空间分布图

（a）20Pa　（b）50Pa

图 2-19　气压 20Pa，功率 800W 时，不同 η_{O_2} 下 ω_p 的空间分布

（a）20%　（b）50%　（c）80%

图 2-20　气压为 20Pa 时，不同 η_{O_2} 下

（a）ω_p 模拟和诊断的径向分布　（b）EEDF 分布

和气压为10Pa 时图 2 – 17（c）相比，ω_p 随着气压升高而减小，和 Ar – ICP 展现出截然不同的分布特性。这是因为一是随着气压的增大，ICP 源中 Ar 原子和 O_2 分子等中性粒子的电离率随之减小[45]；二是对比图 2 – 17（a）和图 2 – 20（b）的 EEDF 可以发现，随着气压增加至20Pa，低能电子数目变化较小，高能电子部分下降，导致 O_2 与高能电子作用产生的亚稳态氧原子 O^* 密度减小，相应地减少了 O^* 电离产生的电子数量[271]。此外，ω_p 随着 η_{O_2} 的升高而减小，η_{O_2} 为 20%、50% 和 80% 时，ω_p 的峰值分别降低 $7.72 \times 10^9\,\mathrm{Hz}$、$6.24 \times 10^9\,\mathrm{Hz}$ 和 $5.17 \times 10^9\,\mathrm{Hz}$。

不同放电条件（功率、气压和 η_{O_2}）下全局平均 ν_c 的数值仿真和实验结果如图 2 – 21 所示，在实验测量过程中，首先利用多谱线法诊断 T_exc 沿径向多个点位分布并取平均值，然后通过式（2 – 36）将 T_exc 换算为 ν_c。从图中可以观察到，实验和仿真结果趋势相符，但整体偏低。这是由于 ICP 源在放电过程中处于非热力学平衡态，导致诊断获得的 T_exc 小于实际的 T_e。此外，功率和 η_{O_2} 对 ν_c 的变化影响较小，气压对 ν_c 的变化起到决定作用。这是由于增大的气压显著增强了电子 – 中性粒子的碰撞效应，使得 ν_c 呈现线性增大的趋势。

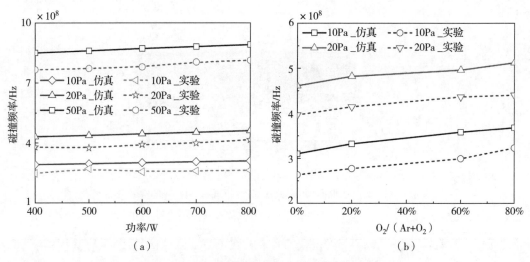

图 2 – 21　不同放电条件下 ν_c 仿真和实验结果

（a）气压和功率　　（b）气压和 η_{O_2}

2.3.4　腔体轴向高度对 ICP 源参数分布的影响

图 2 – 22 和图 2 – 23（a）分别展示了气体为 Ar，功率 800W，腔室轴向高度 $h = 40\mathrm{mm}$ 时，不同气压下 ω_p 的空间分布及径向分布的仿真与实验结果。

和 $h = 25\mathrm{mm}$ 时相比，$h = 40\mathrm{mm}$ 时 ω_p 线性增加，气压为10Pa、20Pa 和 50Pa 时，ω_p 的峰值分别为 $1.68 \times 10^{10}\,\mathrm{Hz}$、$1.09 \times 10^{10}\,\mathrm{Hz}$ 和 $2.38 \times 10^{10}\,\mathrm{Hz}$。这是由于一是 h 增高后增大了高能电子扩散漂移的范围，扩散过程中高能电子与中性粒子碰撞电离生成的低能电子增多，而随着 h 的增加，在远离加热源区处高能电子能量损耗后更难以耦合射频能量，进一步提升了低能电子数密度；二是 h 增高后降低了电子与电子间复合作用，减少了低能电子

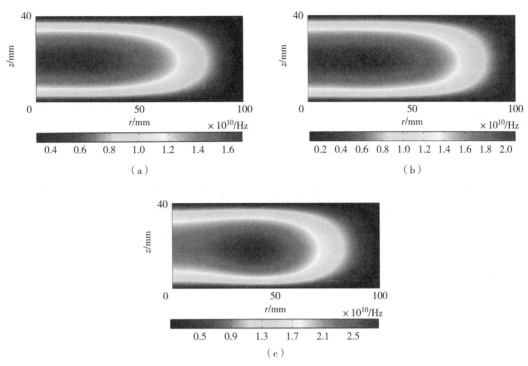

图 2 - 22　腔室轴向高度 $h = 40\text{mm}$ 时，不同气压下 ω_p 的空间分布

（a）10Pa　（b）20Pa　（c）50Pa

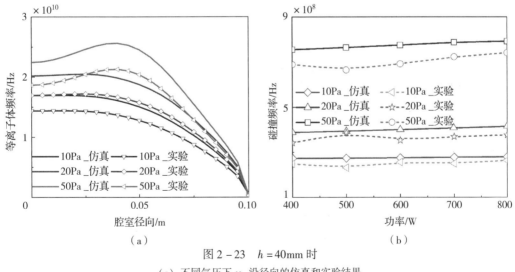

图 2 - 23　$h = 40\text{mm}$ 时

（a）不同气压下 ω_p 沿径向的仿真和实验结果

（b）不同气压和功率下全局平均 ν_c 的仿真和实验结果

的损耗。此外，气压为 10Pa 和 20Pa 时，ω_p 的峰值区域由径向边缘向腔室中心方向移动，分布的均匀性增强。这是由于增高的 h 提高了电子从加热源区加速后的扩散输运属性，电子在空间得到充分扩散，从而提高了均匀性；同时，双极势阱由 $h = 25\text{mm}$ 时加热场区上

方移动至腔室中心，大量低能电子被势阱限制在腔室中心，使得 ω_p 峰值区向腔室中心偏移。

$h = 40\text{mm}$ 时，不同气压和功率下 ν_c 全局平均值的模拟和诊断结果如图 2 - 23（b）所示。和 $h = 25\text{mm}$ 相比，ν_c 变化的整体趋势相似，但由于 h 增大后低能电子占比增高，ν_c 小幅值下降。

保持放电条件不变，$h = 20\text{mm}$ 时，不同气压下 Ar - ICP 中 ω_p 的空间分布如图 2 - 24 所示。和 $h = 25\text{mm}$ 相比，h 的减小进一步影响了电子加热后的扩散迁移过程，导致 ω_p 被约束在加热场区附近，呈现强烈的非均匀性，且随着气压的增大，环状约束特征更加显著。气压为 10Pa 和 20Pa 时，ω_p 的峰值分别为 $1.01 \times 10^{10}\text{Hz}$ 和 $1.53 \times 10^{10}\text{Hz}$。

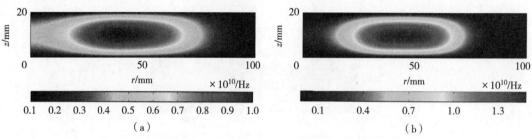

图 2 - 24　腔室轴向高度 $h = 20\text{mm}$ 时，不同气压下 ω_p 的空间分布
（a）10Pa　（b）20Pa

为了提高 $h = 20\text{mm}$ 时 ICP 源参数分布的均匀性，将电负性气体 O_2 引入气体组分的调控中。气压为 10Pa，不同 η_{O_2} 下 ω_p 的空间分布情况如图 2 - 25 所示，不同 η_{O_2} 下 ω_p 沿径向分布的仿真和实验结果如图 2 - 26（a）所示。从图中可以观察到，O_2 的引入大幅度改善了 ω_p 分布的非均匀性，η_{O_2} 为 20%、50% 和 80% 时，ω_p 峰值的仿真结果分别为 $6.72 \times 10^{10}\text{Hz}$、$5.61 \times 10^{10}\text{Hz}$ 和 $4.98 \times 10^{10}\text{Hz}$。

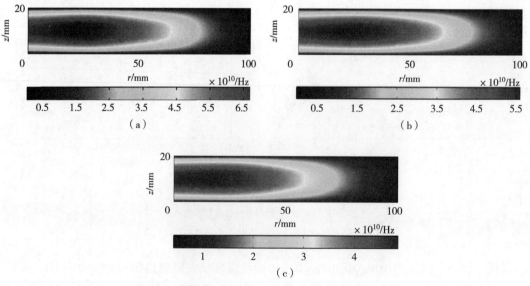

图 2 - 25　高度为 20mm 时，不同 η_{O_2} 下 ω_p 的空间分布
（a）20%　（b）50%　（c）80%

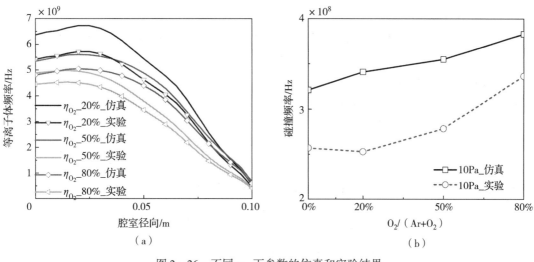

图 2 – 26 不同 η_{O_2} 下参数的仿真和实验结果

（a）ω_p 沿径向的分布 （b）ν_c 全局平均值

保持气压不变，不同 η_{O_2} 下 ν_c 的空间分布如图 2 – 27 所示，全局平均值的仿真和实验结果如图 2 – 26（b）所示。和相同放电条件下 $h = 25\text{mm}$ 和 40mm 时的 ν_c 相比，ν_c 随着轴向高度的降低和 η_{O_2} 的升高轻微增加。分析认为，降低的轴向高度和升高的 η_{O_2} 增加了低能电子损耗的通道，升高了平均电子能量，相应地增加了 ν_c。

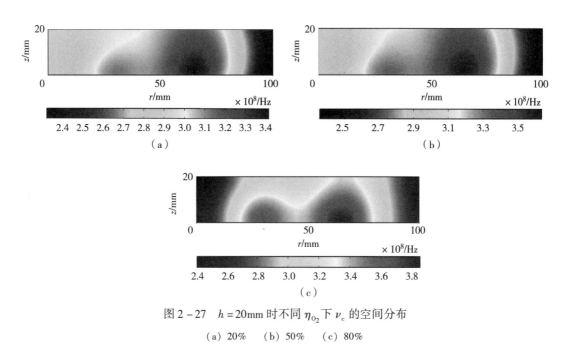

图 2 – 27 $h = 20\text{mm}$ 时不同 η_{O_2} 下 ν_c 的空间分布

（a）20% （b）50% （c）80%

2.4　本章小结

本章基于 ICP 放电的耦合模型研究了不同功率（400～800W）、气体组分（$\eta_{O_2}=$ 20%～80%）、气压（10～50Pa）、腔室轴向高度（20～40mm）下的 ω_p 及 ν_c 等关键参数的分布规律，并利用基于耦合模型的微波干涉法和多谱线发射光谱法对模拟结果进行诊断验证。针对 ICP 源放电过程中由于热力学非平衡态导致 EEDF 偏离典型 Maxwellian 分布的问题及流体力学模型中未考虑低气压下随机加热的问题，将玻耳兹曼求解模块和解析的射频电磁场模块引入至流体力学建模中，通过三个模块的交互耦合设计提高了模型的求解精度；同时，将耦合模型获得的 ω_p 和 ν_c 引入到微波干涉法中，对参数实验结果进行修正。主要结论有：随着功率的升高，ω_p 线性增加，分布范围轻微扩大，ν_c 对功率的变化不敏感。将电负性气体 O_2 引入到 ICP 源后，由于 O_2 解离和吸附反应消耗了大量的低能电子，ω_p 急剧下降接近一个数量级；随着 η_{O_2} 的增加，ω_p 下降的幅值放缓，ν_c 则轻微上升。随着气压的升高，纯 Ar 和 Ar/O_2 混合 ICP 中 ω_p 的变化展现出截然相反的趋势：放电气体为 Ar 时，ω_p 随着气压的升高而大幅值增加，ω_p 峰值区向径向边缘转移；而引入 O_2 后，ω_p 随着气压的升高而线性降低；随着气压的升高，纯 Ar 和 Ar/O_2 混合 ICP 的 ν_c 则均呈现相同的大幅值增长的趋势。随着腔室轴向高度的增加，Ar–ICP 中 ω_p 线性增加，ω_p 峰值区由径向边缘向径向中心处移动，且分布的均匀性增强，ν_c 则轻微降低；而随着轴向高度的缩小表现出相反的趋势，ω_p 分布呈现强烈的非均匀性。结果表明，通过改变外部放电条件能够调制 ω_p 和 ν_c 等关键参数的分布特性，为实现 ICP 源对电磁衰减效果的动态调控奠定了基础。

第 3 章　薄层等离子体电磁散射特性 主动可调技术研究

掌握不同分布特征的 ω_p 和 ν_c 等关键参数对电磁波的衰减效果是实现等离子体电磁散射特性主动控制的核心工作之一。通过第 2 章的研究可知，通过改变外部放电条件可以调制参数的空间分布特征和量级，基于此，本章开展不同外部放电条件下 ICP 源散射参数变化特性的研究，以揭示不同放电条件对 ICP 散射特性的影响规律。实验测量能够获得不同放电条件下 ICP 源对电磁波的衰减效果，但薄层 ICP 源参数分布呈现较强的非均匀性，仅通过实验难以全面揭示 ICP 源中不同参数分布对散射特性的影响规律。数值仿真可以在细微尺度下获得不同参数分布下 ICP 与电磁波相互作用的细节，也可以为实验参数的设置提供参考，提高研究效率。在等离子体与电磁波相互作用的数值计算中，普遍采用预设的函数，如二次分布、指数分布或 Epstein 分布，表征 ω_p 和 ν_c 等关键参数的分布特征。然而，薄层 ICP 源参数分布的非均匀性导致预设的分布不能准确描述薄层 ICP 源的特征，使得结果无法准确反映实际等离子体的电磁散射特性。为了提高建模精度，本章将第 2 章耦合模型求解获得薄层 ICP 源的 ω_p 和 ν_c 引入到等离子体电磁散射模型的构建中，基于 TDFIT 方法系统研究不同射频功率、气压、气体组分和腔室轴向高度等外部放电条件下 ICP 源对电磁波衰减效果的主动可调特性。

3.1　雷达截面积基本理论

雷达入射波照射目标激励出的感应电场和磁场会在立体角域内产生各向同性的散射现象，散射能量的强弱/空间分布与目标的外形、构造材料等特征参数，以及电磁波的极化、入射角等电磁状态密切相关。根据体分辨单元内雷达入射波及回波能量密度的变化情况即可获得目标的雷达截面积（RCS）σ。从物理形式上电磁波的能流密度可表示为[272]

$$S_i = \frac{1}{2}\boldsymbol{E}_i \cdot \boldsymbol{H}_i = \frac{1}{2}Y_0 |\boldsymbol{E}_i|^2 \tag{3-1}$$

式中，$\boldsymbol{E}_i$ 和 $\boldsymbol{H}_i$ 分别为入射波电场矢量和磁场矢量；Y_0 为真空导纳值。

基于天线理论，当目标的等效雷达截面积为 σ 时，目标在辐射场中获得总功率为

$$P = \sigma S_i = \frac{1}{2}Y_0 |\boldsymbol{E}_i|^2 \tag{3-2}$$

假定散射场在空间范围内呈现各向同性的特点，则在距离 R 处雷达接收的散射能流密度为

$$S_s = \frac{P}{4\pi R^2} = \frac{\sigma Y_0 |\boldsymbol{E}_i|^2}{8\pi R^2} \tag{3-3}$$

根据式（3-1）将 S_s 表示为场强 $\boldsymbol{E}_s$ 的函数

$$S_s = \frac{1}{2} Y_0 \left| \boldsymbol{E}_s \right|^2 \tag{3-4}$$

将式（3-3）和式（3-4）联立，可获得 RCS

$$\sigma = 4\pi R^2 \frac{\left| \boldsymbol{E}_s \right|^2}{\left| \boldsymbol{E}_i \right|^2} \tag{3-5}$$

当 R 满足远场条件时，入射波可等效为平面波，此时 RCS 值与 R 不相关。飞行器 RCS 宏观上是多个独立部件形成的局部散射源共同作用的结果，因此在整机 RCS 的论证和评估中，通常将整机分解简化为多个散射源，根据背景需求的不同分别测量不同频段、角域及极化状态下不同散射源的 RCS 特性，将测算结果算术叠加处理后即可获得整机 RCS 的近似统计值。

根据雷达方程可获得雷达对目标的探测距离为

$$R = \left[\frac{P_t G_t G_r \lambda^2 \sigma}{(4\pi)^3 P_{rs} L_s} \right]^{1/4} \tag{3-6}$$

式中，P 为发射功率峰值；G_t 为发射天线增益；G_r 为接收天线增益；λ 为波长；L_s 为信号传输及处理中的系统损耗；P_{rs} 为目标回波信号功率。

当信噪比等于检测门限时，P_{rs} 取极小值，此时雷达对目标的探测距离达到最大 R_{max}。在飞行器隐身性能的评估中，通常采用 RCS 的 $-10\mathrm{dB}$ 缩减值作为评价指标，即飞行器的 RCS 缩减至原来的十分之一，由式（3-6）可知，此时雷达最大探测距离降低至原距离的 0.562 倍，极大地缩小了威胁的探测范围，因此，RCS 缩减是飞行器雷达隐身设计的核心。

假定雷达发射源和目标相对方位角为 β，当 $\beta = 0$ 时，即发射和接受机处于相同方向时，定义为单站 RCS，也称为后向 RCS；当 $\beta \neq 0$ 时，即雷达发射及接收机以组网形式排布时，定义为双站 RCS。当前，单站雷达布局为最普及的反隐身方式，但随着飞行器单站 RCS 缩减能力的提高，雷达组网的手段越来越受到重视。相比于其他弱散射部位而言，雷达天线罩、进气道、机翼前缘等典型强散射部位对整机 RCS 的贡献极大，通过多种隐身手段的联合作用提升飞行器局部强散射源的单站和双站 RCS 缩减效果成为当前飞行器隐身设计的重点。

3.2　电磁波在等离子体中传播理论

3.2.1　低温非磁化等离子体的色散特性

假定角频率为 ω 的入射波沿 z 方向垂直激励至轴向高度为 h 的均匀等离子体中，电场分量 $\boldsymbol{E}$ 可以表示为[273]

$$\boldsymbol{E}(t) = E_0 \mathrm{e}^{\mathrm{j}(kz - \omega t)} \tag{3-7}$$

式中，E_0 为幅值。

电子在电场分量的作用下产生正弦振荡响应，角频率 $\omega_p = \sqrt{e^2 n_e / \varepsilon_0 m}$，振荡位移可表示为

$$x(t) = x_0 \mathrm{e}^{\mathrm{j}(kz - \omega t)} \tag{3-8}$$

式中，x_0 为振荡幅值。

电子宏观运动的力学方程为

$$m \frac{\mathrm{d}^2 x(t)}{\mathrm{d}t^2} = -e\boldsymbol{E} - m\omega_\mathrm{p} \frac{\mathrm{d}x(t)}{\mathrm{d}t} \tag{3-9}$$

将式（3-7）和式（3-8）代入式（3-9）

$$x(t) = \frac{e\boldsymbol{E}(t)}{m\omega(\omega - \mathrm{j}\omega_\mathrm{p})} \tag{3-10}$$

由经典电动力学理论可知，低温非磁化等离子体的等效介电常数为

$$\varepsilon = \varepsilon_0 \boldsymbol{E} + \boldsymbol{P} \tag{3-11}$$

$$\boldsymbol{P} = -e n_\mathrm{e} x \tag{3-12}$$

联立式（3-10）～式（3-12）

$$\varepsilon = \varepsilon_0 \left(1 - \frac{n_\mathrm{e} e^2}{m\varepsilon_0 \omega(\omega - \mathrm{j}v_\mathrm{m})} \right) \tag{3-13}$$

对式（3-13）进行简化可获得等离子体的相对介电常数

$$\varepsilon_\mathrm{r} = 1 - \frac{\omega_\mathrm{p}^2}{\omega^2 + \nu_\mathrm{c}^2} - j \frac{\nu_\mathrm{c}}{\omega} \frac{\omega_\mathrm{p}^2}{(\omega^2 + \nu_\mathrm{c}^2)\omega} \tag{3-14}$$

3.2.2　电磁波在低温非磁化等离子体中的传播

假定波矢为 $\boldsymbol{k}$ 的电磁波在等离子体中传播，其 Maxwell 方程的频域形式可表示为

$$\boldsymbol{k} \times \boldsymbol{E} = \mu_0 \omega \boldsymbol{H} \tag{3-15}$$

$$\boldsymbol{k} \times \boldsymbol{H} = -\varepsilon_0 \omega \boldsymbol{E} \tag{3-16}$$

$$\boldsymbol{k} \cdot \boldsymbol{H} = 0 \tag{3-17}$$

$$\varepsilon_0 \varepsilon_\mathrm{r} \boldsymbol{k} \cdot \boldsymbol{H} = 0 \tag{3-18}$$

根据式（3-15）～式（3-18），波矢 $\boldsymbol{k}$ 可表示为

$$(\boldsymbol{k} \cdot \boldsymbol{E})\boldsymbol{k} - k^2 \boldsymbol{E} = -\varepsilon_\mathrm{r} \left(\frac{\omega}{c} \right)^2 \boldsymbol{E} \tag{3-19}$$

在碰撞等离子体中 $\boldsymbol{k}$ 可以表示为

$$\boldsymbol{k} = \beta - \mathrm{i}\alpha \tag{3-20}$$

式中，β 和 α 分别表示入射波的相移常数及衰减常数，则 $\boldsymbol{E}$ 可转化为

$$\boldsymbol{E} = \mathrm{e}^{\mathrm{j}(kz - \omega t)} = \mathrm{e}^{\mathrm{j}(k_r z - \omega t)} \mathrm{e}^{-k_i z} \tag{3-21}$$

式中，$\mathrm{e}^{\mathrm{j}(k_r z - \omega t)}$ 代表相移因子；$\mathrm{e}^{-k_i z}$ 代表衰减因子。

将式（3-14）代入式（3-20）求解可得

$$\beta = k_0 \left\{ \frac{1}{2} \left[\left(1 - \frac{\omega_\mathrm{p}^2}{\omega^2 + v^2} \right) + \left(\left(1 - \frac{\omega_\mathrm{p}^2}{\omega^2 + v^2} \right)^2 + \left(\mathrm{j} \frac{v}{\omega} \frac{\omega_\mathrm{p}^2}{\omega^2 + v^2} \right)^2 \right)^{1/2} \right] \right\}^{1/2} \tag{3-22}$$

$$\alpha = k_0 \left\{ \frac{1}{2} \left[\left(1 - \frac{\omega_\mathrm{p}^2}{\omega^2 + v^2} \right) - \left(\left(1 - \frac{\omega_\mathrm{p}^2}{\omega^2 + v^2} \right)^2 + \left(\mathrm{j} \frac{v}{\omega} \frac{\omega_\mathrm{p}^2}{\omega^2 + v^2} \right)^2 \right)^{1/2} \right] \right\}^{1/2} \tag{3-23}$$

为了更直观地分析不同 ω_p、ω 和 ν_c 等参数分布下等离子体与电磁波作用的宏观特点，基于经典斯涅耳定理将入射波在等离子体中的波矢 $\boldsymbol{k}$ 转化为复折射率 $\boldsymbol{n}$

$$\boldsymbol{n} = \frac{c}{v} = \frac{\boldsymbol{k}}{k_0} = n - \mathrm{i}k \tag{3-24}$$

式中，实部 n 代表色散特性，主要决定入射波的相位和折射角；虚部 k 代表吸收特性，主要决定入射波能量的衰减。

将式（3-22）和式（3-23）代入式（3-24）中，n 的实部和虚部可表示为

$$n = \left\{ \frac{1}{2} \left[\left(1 - \frac{\omega_p^2}{\omega^2 + v^2} \right) + \left(\left(1 - \frac{\omega_p^2}{\omega^2 + v^2} \right)^2 + \left(j \frac{v}{\omega} \frac{\omega_p^2}{\omega^2 + v^2} \right)^2 \right)^{1/2} \right] \right\}^{1/2} \quad (3-25)$$

$$\kappa = \left\{ \frac{1}{2} \left[\left(1 - \frac{\omega_p^2}{\omega^2 + v^2} \right) - \left(\left(1 - \frac{\omega_p^2}{\omega^2 + v^2} \right)^2 + \left(j \frac{v}{\omega} \frac{\omega_p^2}{\omega^2 + v^2} \right)^2 \right)^{1/2} \right] \right\}^{1/2} \quad (3-26)$$

由式（3-25）和式（3-26）可知，n 和 κ 均可以用 ω_p/ω 和 v_c/ω 来表征，三个参数的对应关系会影响入射波与等离子体相互作用的效果。基于式（3-25）和式（3-26）求解获得的不同 ω_p、ω 和 v_c 分布下入射波在等离子体中复折射率实部和虚部的空间分布如图 3-1 所示，其中，为了比较不同参数变化对空间分布的影响，将横轴定义为 ω_p/ω，纵轴定义为 v_c/ω。由第 2 章不同放电条件下 v_c 和 ω_p 的分布结果可知，气压小于 50Pa 时，v_c 始终小于 ω_p，而 ω 与 ω_p 处于同一量级，因此，将 ω_p/ω 范围定为 $[0, 2]$，v_c/ω 的范围为 $[0, 1]$。

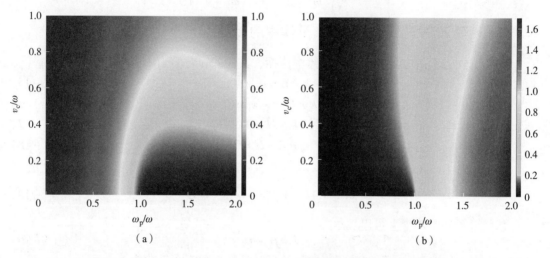

图 3-1　不同 ω_p、ω 和 v_c 分布下复折射率的空间分布
（a）实部　（b）虚部

从图中可以观察到，在 $\omega_p/\omega \ll 1$ 的范围内，随着 v_c/ω 的升高，实部 n 向 1 无限逼近，表明进入等离子体后入射波的相位基本不受 v_c 变化的影响，整体上保持不变；虚部 κ 则呈现逐渐变大的趋势，这是由于在入射波电场分量的作用下电子产生运动，并通过与中性粒子间的动量转移碰撞将能量耗散掉，v_c 的增大提升了等离子体对电磁波能量的耗散。此外，当 $\omega_p \ll \omega$ 时，$n \to 1$ 而 $\kappa \to 0$，表明入射波在等离子体中相位和能量保持不变，此时等离子体变为一种高透波的低损耗介质，这是由于 $\omega_p \ll \omega$ 时，电子无法响应电场变化，使得弹性碰撞耗散的能量极小。

在 $\omega_p/\omega > 1$ 的范围内，当 $v_c \ll \omega$ 时，实部 $n \to 0$，表明等离子体几乎发生全反射现象，此时入射波仅能在等离子体极短距离内传播。入射波的整体相移随着 v_c 的增加而升高，随着 ω_p 的增加先升高而后逐渐降低；虚部 κ 随着 ω_p 的升高而增大，表明等离子体对

入射波的衰减逐渐增强。随着 ν_c 的升高，虚部 κ 缓慢减小，此时入射波能量的衰减对 ν_c 变化的敏感性不高。这是由于 $\nu_c \ll \omega < \omega_p$ 时，电子的动量较小，E 驱动电子以频率 ω 振荡，而振荡过程中形成的二次辐射以偶极子的形式向周围传播，ν_c 的升高会增加电子振荡的阻尼，耗损辐射能量，导致衰减效果减弱。此外，在 $\omega_p = \omega$ 处等离子体对电磁波的作用机制发生明显改变，此处的 ω_p 定义为截止频率 ω_c，当 ω_p 分布为非均匀时，将最大 ω_p 对应频点定义为 ω_c。因等离子体产生的共振衰减效应，该频点附近的入射波能量将大幅值衰减。

3.3　不同外部放电条件下感性耦合等离子体源 RCS 缩减的数值模拟

3.3.1　ICP 源与电磁波相互作用的 TDFIT 模型的构建

由 3.2 节的分析可知，仅单层均匀的等离子体对电磁波相移和衰减的机制就非常复杂，随着 ω、ω_p 和 ν_c 的不同呈现非线性变化的特点。ICP 源介电常数空间分布梯度较大，介电常数变化引发的多重散射、共振衰减、碰撞吸收效应间的耦合使得 ICP 源对电磁波的作用机制更加复杂，需要采用更为精准的建模方式来研究不同参数分布下 ICP 源对电磁波散射特性的影响规律。本节基于商业软件 CST 中时域有限积分法 TDFIT 开展不同功率、气压、气体组分和腔室轴向高度等放电条件下 RCS 缩减特性的全波仿真研究，并通过搭建的宽带时域测量系统进行实验验证。为了提高数值仿真的精度，将第 2 章耦合模型获得的不同放电条件下 ICP 源参数的空间分布特征引入到 TDFIT 的建模中，参数交互关系如图 3-2 所示。为了提高计算效率，在数值建模过程中忽略了石英材料、射频线圈等外部因素对入射波散射特性的影响。

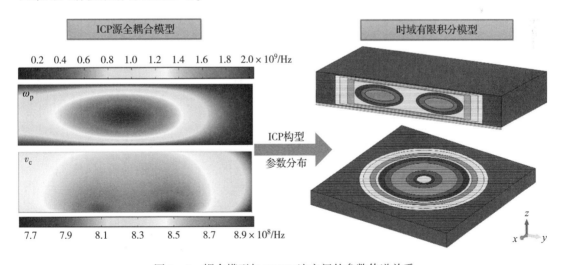

图 3-2　耦合模型与 TDFIT 法之间的参数传递关系

以工质气体为 Ar，气压为 50Pa，功率为 800W 时 ICP 源的后向 RCS 的求解为例，具体步骤如下：

（1）根据耦合模型对上述放电条件下的 ω_p 和 ν_c 进行求解，并根据参数空间分布的梯度变化进行非线性插值采样。

（2）将采样结果代入 TDFIT 中，依据色散材料的 Drude 模型进行几何建模，如图 3-2 所示。底层为金属板，顶层为非均匀 ICP 源，由多层不规则环状结构组成，每层由不同的 ω_p 和 ν_c 表征，对模型采用六面体结构性网格进行剖分，并在各层的边界处加密处理。

（3）设置 TDFIT 的仿真条件，激励源设置为平面波激励，x、y 和 z 方向边界条件均设置为 open（add space）。

（4）首先求解获得与 ICP 源径向截面尺寸相同的金属铜板的后向 RCS σ_{metal}，然后求解获得 ICP 源的后向 RCS σ_{ICP}，以 σ_{metal} 为基准对 σ_{ICP} 进行归一化处理即可获得 ICP 源的后向 RCS 缩减值。

3.3.2　不同外部放电条件对 ICP 源 RCS 缩减特性的影响

3.3.2.1　气压和功率对 ICP 源的 RCS 缩减特性的影响

腔室轴向高度为 25mm 时，TDFIT 模型获得的 Ar - ICP 在不同气压和功率下的后向 RCS 缩减如图 3-3 所示。为了更直观地分析不同放电条件下 RCS 缩减的效果，将 RCS 缩减的 -10dB 频率范围和带宽分别定义为工作频带和工作带宽。

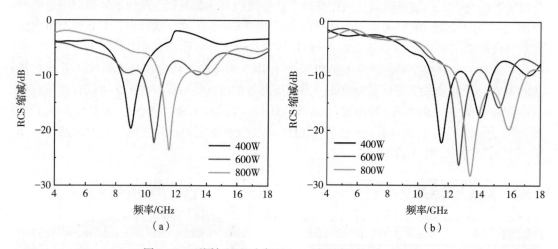

图 3-3　不同气压和功率下 Ar - ICP 的后向 RCS 缩减

(a) 10Pa　(b) 50Pa

从第 2 章图 2-10（a）可知，功率为 400W 时，$\omega_c = 9.41 \times 10^9 \text{Hz}$，在 $\omega < \omega_c$ 的频带范围内，入射波能量在 ICP 表面大部分被反射，RCS 缩减效果较差。当 $\omega > \omega_c$ 时，入射波可以进入等离子体，在驱动电子弹性碰撞的过程中能量出现耗损，但由于气压为 10Pa 时，ICP 源对入射波的碰撞吸收效应较弱，导致工作带宽较窄，仅在接近 ω_c 的局部窄带范围内因共振衰减效应存在缩减峰，峰值为 19.8dB，此时 ICP 的工作频带为 8.42～9.68GHz，工作带宽为 1.26GHz。随着功率的升高，ω_p 随之增加，导致共振衰减形成的工作频带向高频偏移。同时，工作带宽轻微拓宽、缩减峰值增大。这是由于（1）n_e 随着功率的升高而增加，入射波电场分量驱动电子的数量增多，相应地减小了电子的平均自由程，增强了等离子体的碰撞吸收效应，能量耗损升高；（2）主等离子体区域的范围轻微扩大，且随着 ω 的升高，入射波波长缩短，相应地提高了电磁波周期内在 ICP 源中传播距离。功率为 600W 和 800W 时，工作带宽分别为 1.53GHz（9.69～

11.22GHz）、1.56GHz（10.85～12.51GHz），缩减峰值分别为22.2dB、25.4dB。

气压升至50Pa，由图3-3（b）可知，不同功率下曲线的RCS缩减效果明显增强，工作带宽拓宽，并出现多个衰减峰。分析因为随着气压的升高，电子与中性粒子的碰撞频率增大，提高了ICP源的碰撞吸收效应；同时，ω_p量级和空间分布梯度变大，增加了与ω共振响应频点的数量，强化了入射波与非均匀ICP间多重反射和共振衰减的效应，使得曲线波动性增强。此外，由于ω_p随着气压的升高线性增加，工作频带继续向高频偏移，功率为400W、600W和800W时，工作带宽分别为3.17GHz（10.85～12.40GHz，13.19～14.81GHz）、2.95GHz（11.96～13.53GHz，14.58～15.96GHz）和4.58GHz（12.43～17.01GHz），最大缩减峰分别为22.4dB、26.9dB和28.6dB。

3.3.2.2　气体组分对 ICP 源 RCS 缩减的影响

气压为10Pa，功率为800W，不同氧气摩尔比例η_{O_2}下后向RCS缩减曲线如图3-4（a）所示。由第2章图2-13可知，η_{O_2}为20%时，由于O_2加入后ω_p急剧降低，导致ω_c由12.9GHz降低至8.51GHz，ICP源的截止特征使得工作频带向低频方向移动，工作带宽为1.46GHz（7.25～8.71GHz），缩减峰为18.2dB。η_{O_2}增加至50%和80%，由于ω_p的持续降低使得工作频带继续向低频移动，缩减峰对应频点由8.13GHz分别移动至7.12GHz和6.21GHz，峰值分别为17.6dB和17.1dB；工作带宽分别为1.44GHz（6.31～7.75GHz）和1.37GHz（5.25～6.62GHz）。和相同放电条件下的Ar-ICP相比，缩减峰值小幅值降低。这是由于O_2的解离、吸附作用消耗了大量的电子，相应地减少了入射波电场分量驱动电子振荡的数量，从而降低了ICP源对电磁波能量的损耗。

为了提升RCS缩减带宽，将气压升高至20Pa，不同η_{O_2}下后向RCS缩减情况如图3-4（b）所示。η_{O_2}为20%、50%和80%时，工作带宽分别为4.46GHz（6.09～8.73GHz，9.69～11.51GHz）、2.41GHz（5.22～7.63GHz）和2.33GHz（4.39～6.72GHz）。由于ω_p随着气压的增大而降低，和10Pa时相比，不同η_{O_2}下工作频段均向低频方向偏移。此外，由于升高的气压增大了ICP源对入射波的碰撞吸收，ICP的工作带宽明显拓宽。

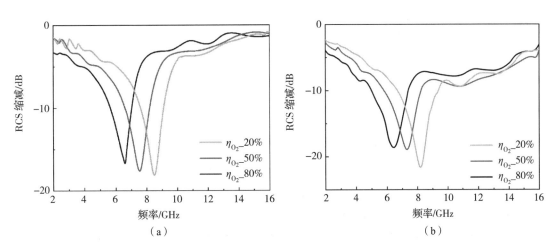

图3-4　气压为10Pa，功率为800W，不同η_{O_2}下后向RCS缩减

（a）10Pa　（b）20Pa

3.3.2.3 腔室轴向高度对 ICP 源 RCS 缩减的影响

将腔室的轴向高度 h 升高至 40mm，气压为 10Pa 时，不同功率下 Ar – ICP 的 RCS 缩减曲线如图 3 – 5（a）所示。由 2.3.4 节可知，ω_p 随着轴向高度的升高而增加，因此，与图 3 – 3 中 h = 25mm 时相比，h = 40mm 时，RCS 缩减的工作频带向高频方向偏移，工作带宽进一步拓宽。这是由于 n_e 随着 ω_p 的增加而升高，相应增加了入射波电场驱动电子数量，加剧了电子碰撞能量的耗损；同时，由式（3 – 21）可知，ICP 源对入射波的衰减效果与高度 z 正相关，高度越大，入射波与等离子体相互作用的距离越长，缩减效果越好。功率为 400W、600W 和 800W 时，RCS 缩减的 – 10dB 工作频带和带宽分别为 3.19GHz（9.79 ~ 12.98GHz）、1.01GHz（12.30 ~ 13.31GHz）和 3.84GHz（11.48 ~ 15.32GHz），缩减峰值分别为 26.9dB、28.0dB 和 30.2dB。

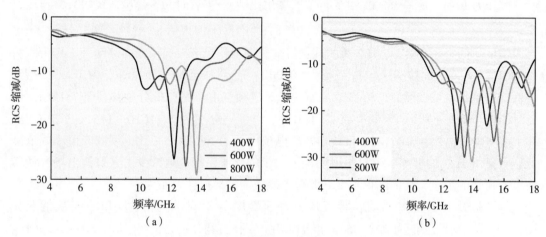

图 3 – 5　h = 40mm 时，不同气压和功率下 Ar – ICP 的 RCS 缩减曲线

(a) 10Pa　(b) 50Pa

气压升高至 50Pa，不同功率下 Ar – ICP 的 RCS 缩减曲线如图 3 – 5（b）所示。曲线波动性增强，呈现多峰衰减特征，缩减带宽进一步拓宽。功率为 400W、600W 和 800W 时，RCS 缩减的 – 10dB 工作频带和带宽分别为 6.74GHz（10.87 ~ 17.61GHz），6.77GHz（11.18 ~ 17.95GHz）和 6.43GHz（11.57 ~ 18.00GHz），缩减峰值分别为 28.3dB、30.7dB 和 31.3dB。

将腔室的轴向高度 h 降低至 20mm，气压为 10Pa 时，不同功率下 Ar – ICP 的 RCS 缩减曲线如图 3 – 6（a）所示。由 2.3.4 节可知，ω_p 随着轴向高度的降低而减小，因此，RCS 缩减的工作频带向低频方向偏移，工作带宽进一步变窄。同时，随着高度的降低，缩减效果明显变差。功率为 400W、600W 和 800W 时，RCS 缩减的 – 10dB 工作频带和带宽分别为 0.91GHz（7.58 ~ 8.49GHz）、1.01GHz（8.61 ~ 9.62GHz）和 1.21GHz（9.25 ~ 10.46GHz），缩减峰值分别为 15.6dB、17.5dB 和 18.6dB。

为了提高薄层 ICP 源的 RCS 缩减效果，将气压升高至 50Pa，不同功率下 ICP 源的 RCS 缩减曲线如图 3 – 6（b）所示。随着气压的增大，不同功率下工作频带均向高频移动，但工作带宽拓宽幅值较小。功率为 800W 时，工作带宽为 2.07GHz（12.39 ~

13.72GHz 和 15.18 ~ 15.92GHz），和 10Pa 时相比，带宽仅拓宽 0.86GHz，峰值增大 2.4dB，和相同放电条件下 $h = 25mm$ 相比，RCS 缩减效果较差。这是由于尽管升高的气压增强了 ICP 源的碰撞吸收效应，但此时入射波波长接近腔室高度，入射波在 ICP 源中作用距离过短导致衰减效果并不理想。

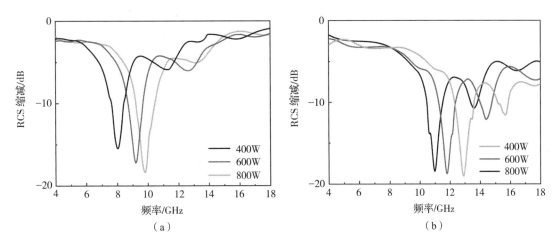

(a)　　　　　　　　　　　　(b)

图 3 - 6　$h = 20mm$ 时，不同气压和功率下 Ar - ICP 的 RCS 缩减曲线

(a) 10Pa　(b) 50Pa

图 3 - 7 展示了气压为 10Pa，功率为 800W 时，不同 η_{O_2} 下 ICP 源的 RCS 缩减曲线。和相同放电条件下 $h = 25mm$ 相比，引入电负性气体 O_2 后 ICP 的工作频带向低频移动，工作带宽进一步变窄，缩减峰值降低。η_{O_2} 为 20%、50% 和 80% 时，工作带宽分别为 1.18GHz（6.75 ~ 7.93GHz）、1.11GHz（6.07 ~ 7.18GHz） 和 1.02GHz（5.41 ~ 6.43GHz），缩减峰值分别为 17.7dB、17.4dB 和 16.3dB。上述分析表明，尽管较薄的轴向高度能够提高 ICP 源的结构适应性和应用范围，但随之带来的缩减带宽较窄、缩减峰值较小等问题亟须解决。

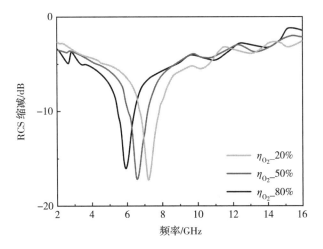

图 3 - 7　不同 η_{O_2} 下 ICP 源的 RCS 缩减曲线

3.4 不同外部放电条件下感性耦合等离子体源 RCS 缩减的实验测量

3.4.1 宽带时域测量系统

本节基于搭建的宽带时域测量系统对 ICP 源的散射特性进行实验测量，系统示意如图 3-8 所示，整个系统采用半高宽 30ps、重复频率 1MHz 的超短冲激时域脉冲作为信号源，利用超高速实时采样变换器接收信号获取时域响应特征，并通过傅里叶变换求解待测样品的频率响应特性。由于冲激脉冲信号的持续时间为 ps（皮秒）量级，前后沿变化速度极快，因此可以达到很宽的频谱范围，且脉冲信号持续时间越短，频谱信号中分量越多，仅需进行一次测量就可以获得精度高、频带宽的测量结果，在宽带测量中优势突出。

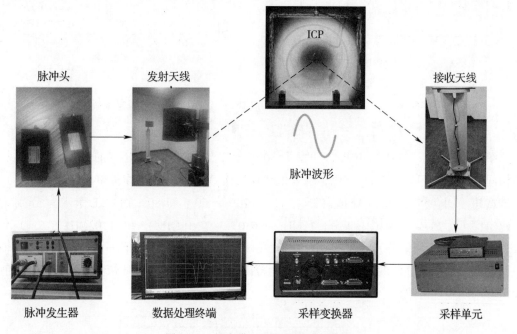

图 3-8　超宽带时域测量系统示意图

具体测量步骤如下：

（1）利用天线架将天线放置在距离样品 2.8m 的正前方，以满足天线辐射的远场条件 $R > 2D^2/\lambda_{\min}$（D 代表天线最大尺寸），保持天线与样品的中心高度一致，同时，设置接收和发射天线的夹角为 5°，避免天线因屏蔽电磁波传播路径而影响测量精度。

（2）将发射和接收天线分别连接至超短冲击时域脉冲源和采样变换器上，测量 ICP 源未激发时的反射率并对数据归一化处理；同时，设置极窄时域门，尽可能消除由多径效应、电磁耦合以及环境杂波等因素造成的测量误差。

（3）将 ICP 源在特定放电条件下激发，对激发后 ICP 源反射率进行测量，得到 ICP 激发前、后的反射率缩减值。尽管反射率和 RCS 两个物理量定义并不相同，但相对于金属板的缩减值是相同的，本节通过测量反射率缩减值代表 ICP 源的单站 RCS 缩减值。

3.4.2　实验测量

腔室轴向高度 $h=25\text{mm}$ 时，不同气压和功率下 Ar – ICP 的 RCS 缩减结果如图 3 – 9 所示。由图可知，随着功率和气压的升高，RCS 缩减的 – 10dB 工作频带向高频偏移，工作带宽拓宽，缩减峰值增大。气压为 10Pa，功率为 400W、600W 和 800W 时工作带宽分别为 1.21GHz（9.47 ~ 10.68GHz）、1.48GHz（10.25 ~ 11.73GHz）和 2.24GHz（10.84 ~ 13.08GHz），缩减峰值分别为 20.3dB、21.9dB 和 23.8dB。气压为 50Pa 时，由于 ICP 源的碰撞吸收效果增强，工作频带进一步拓宽，缩减峰值增大。功率为 400W、600W 和 800W 时工作带宽分别拓宽至 4.25GHz（10.85 ~ 15.10GHz）、4.45GHz（12.23 ~ 16.68GHz）和 5.39GHz（12.61 ~ 18.00GHz），缩减峰值分别增加至 26.4dB、25.5dB 和 27.9dB。

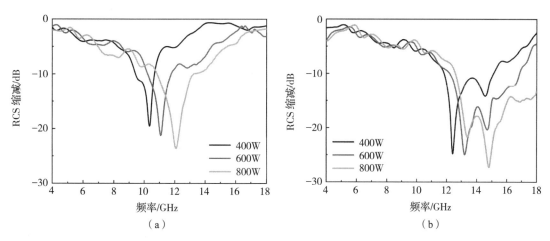

图 3 – 9　$h=25\text{mm}$ 时，不同气压和功率下 Ar – ICP 的 RCS 缩减实测值

（a）10Pa　（b）50Pa

功率为 800W，不同 η_{O_2} 和气压下 RCS 缩减的测量结果如图 3 – 10 所示。随着 η_{O_2} 的升高，工作频带向低频方向偏移。η_{O_2} 为 20%、50% 和 80% 时，工作带宽分别为 1.17GHz

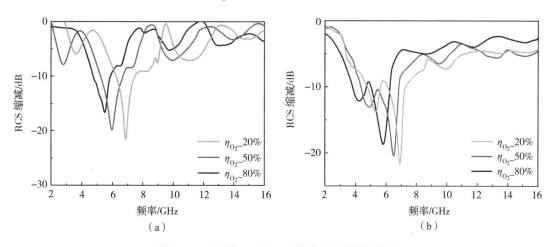

图 3 – 10　不同 η_{O_2} 下 RCS 缩减的实验测量结果

（a）10Pa　（b）20Pa

（6.24～7.41GHz）、1.47GHz（5.21～6.68GHz）和 1.1GHz（4.74～5.84GHz）。气压升高至 20Pa，由于 ω_p 随着气压的升高而减小，导致工作频带进一步向低频方向移动。η_{O_2} 为 20%、50% 和 80% 时，工作带宽分别为 2.08GHz（4.80～5.63GHz，6.02～7.27GHz）、1.47GHz（5.34～6.81GHz）和 2.01GHz（3.81～4.63GHz，5.02～6.21GHz）。

将腔室轴向高度降低至 $h=20$mm，气压为 10Pa 时，不同功率下 Ar－ICP 的 RCS 缩减测量结果如图 3－11（a）所示。从图中可以观察到，高度的降低严重影响了 ICP 源 RCS 的缩减效果。当工质气体为 Ar，功率为 400W、600W 和 800W 时，ICP 的工作带宽分别为 0.74GHz（7.78～8.52GHz）、1.06GHz（8.36～9.42GHz）和 1.04GHz（9.31～10.35GHz），缩减峰值分别为 15.0dB、16.3dB 和 16.6dB。气压不变，功率为 800W 时，不同 η_{O_2} 下 RCS 缩减的测量结果如图 3－11（b）所示。η_{O_2} 为 80%、50% 和 20% 时，工作带宽分别为 0.74GHz（7.78～8.52GHz）、0.67GHz（5.71～6.38GHz）和 0.56GHz（4.79～5.35GHz）。

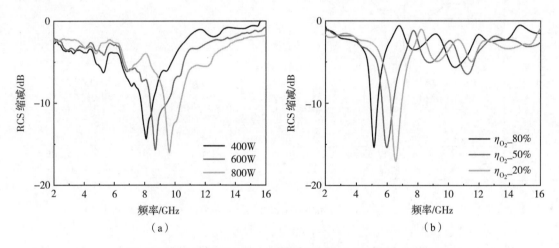

图 3－11　气压为 10Pa 时，不同放电条件下 RCS 缩减实测值

（a）不同功率下 Ar－ICP　（b）功率 800W，不同 η_{O_2}

由上述分析可知，不同放电条件下实验和仿真结果的变化趋势相符，但整体上工作带宽偏窄，且工作频带存在偏差。分析认为一是 ICP 的数值放电模型未考虑功率耦合和容性分量的损失，使得 TDFIT 建模中引入的 ω_p 和 ν_c 等关键参数和实验放电相比偏大；二是尽管将耦合模型的求解结果引入至 ICP 电磁模型的构建中，但模型中 ω_p 和 ν_c 的空间分布与实际等离子体的参数分布仍然存在差异；三是实验测量中放电系统配件和射频线圈等环境杂波影响了测量精度。

3.5　本章小结

本章将 ICP 放电的耦合模型引入至 TDFIT 电磁模型构建中，系统研究了不同射频功率、气压、气体组分和腔室轴向高度等外部放电条件对 ICP 源散射特性的影响规律，并通过宽带时域测量系统进行了实验验证。结果表明，通过改变外部放电条件可以在 2～18GHz 的宽频范围内实现薄层 ICP 源电磁散射特性的动态调控。在 Ar－ICP 中，随着功率的升高，RCS 缩减的工作频带向高频方向移动，−10dB 工作带宽轻微拓宽，在 ω 接近 ω_p 处，由于共振衰减效应存在缩减峰；随着气压的升高，ICP 源的共振吸收效应增强，工作频带向高频移动的同时大幅值拓宽，曲线的波动性增强，呈现多衰减峰的特征；随着腔室轴向高度的降低，相应地减少了入射波在等离子体中的传播距离，使得 RCS 缩减效果变差；将电负性气体 O_2 引入 Ar – ICP 后，ω_p 急剧降低导致工作频带快速向低频偏移；同时，ω_p 随着气压及 η_{O_2} 升高而降低，使得工作频带进一步向低频方向移动。不同放电条件下 Ar – ICP 的工作频带集中在 8 ~ 18GHz，而引入 O_2 后工作频带向低频偏移至 2 ~ 10GHz。此外，当 ICP 源轴向高度过低时，RCS 缩减效果明显变差，需要引入针对性手段来增强 RCS 缩减效果。

第4章 薄层等离子体复合带通型频率选择表面的主动传输特性研究

随着超宽带雷达、低截获概率雷达和捷变频雷达等机载雷达技术的快速发展，针对天线罩的隐身需求从窄带向宽频、多频和变频方向拓展。在不影响天线正常工作的前提下，通常采用加载带通型 FSS 的方法来实现信号带内透射、带外 RCS 缩减的目的。然而，用于雷达罩隐身设计的无源频率选择表面一经设计、制备后，其滤波特性将不能改变，无法适应错综复杂的电磁环境；此外，入射波经天线罩透波窗口后会形成较强的结构性散射，增大了被威胁探测的概率，当前亟须发展与先进雷达技术相匹配的多频、宽带可调的有源雷达罩隐身技术。第 3 章的研究表明，通过改变不同的外部放电条件，可以实现薄层 ICP 源对电磁波散射特性的主动调控。因此，本章将 ICP 源与宽带带通型 FSS 组成薄层等离子体复合带通型频率选择表面（plasma composited band-pass frequency selective surface, PC-FSS），从而将感性耦合等离子体动态吸波、快速响应的特性与带通型频率选择表面带内透波、带外截止的优势结合起来，针对不同的应用背景，通过控制 ICP 源不同放电条件下的激发状态，灵活调控电磁波的带通/带阻特性，从而实现信号主动开关和动态调谐的功能。

4.1 宽带带通型频率选择表面设计原理

4.1.1 频率选择表面的影响参数

FSS 性能的优劣主要通过谐振频率、带宽、插入损耗、栅瓣的抑制、陡截止性能、入射角和极化状态稳定性等指标进行评价。影响 FSS 评价指标的关键参数包括 FSS 的单元构型、排列布局、介质特性和入射波性质等[274-276]。

（1）单元结构

单元构型间接影响 FSS 的带宽、稳定性等滤波特性，单元尺寸则直接影响中心频率等性能，因此，在确定 FSS 的应用背景，即明确所需的工作频率和工作带宽等关键参数后，选择高质量的单元结构是 FSS 设计中首要考虑的因素。常用的单元构型包括：中心连接单元，如偶极子、耶路撒冷十字、Y 形贴片等；环形单元，如方形环、圆形环和六边形环等；实心单元和组合单元，如图 4-1 所示。为了在微波频段具备良好的响应特性，谐振单元横向尺寸的电尺度一般等于或小于波长。

（2）排列布局

谐振单元的排列布局决定了 FSS 谐振频率、带宽及其对栅瓣的抑制程度。在设计中单元之间的间距应适中，过宽或过窄均会对 FSS 的传输性能造成一定的影响，需要根据需求进行综合权衡，如单元排列间距越小，带宽越宽；而间距越大，带宽越窄。但间距不宜过大，当单元间距大于半个波长时，栅瓣的抑制能力和角稳定性均会出现不同程度的下降。

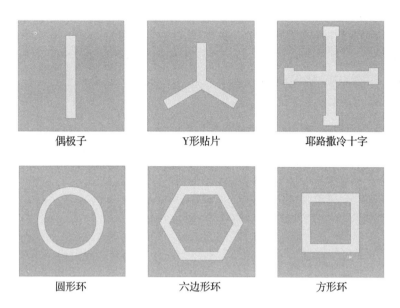

图 4-1　FSS 单元构型图

（3）介质特性

介质层作为金属谐振单元的载体，不仅可以增强 FSS 的机械强度，保护谐振单元，而且还与 FSS 谐振频率、工作带宽和角稳定性等性能密切相关。加载介质层后单元的谐振频率 f_0 会减小，为了降低介质层加载对谐振频率和工作带宽的影响，在满足需求的前提下，介质衬底的介电常数越低越好，同时，厚度应接近或等于 1/4 波长。

（4）入射波的性质

FSS 的 f_0 和带宽等滤波特性与雷达波斜入射及极化状态密切相关。不同入射角度和极化波激励下，f_0 偏移的趋势及带宽变化展现出截然不同的特点。为了提高 FSS 的极化状态稳定性，通常将 FSS 单元设计为对称结构；加载介质衬底和减小单元的周期能有效地提升 FSS 的角度稳定性。

4.1.2　FSS 全波分析与 Floquet 定理

FSS 周期结构的数值模拟方法主要分为近似的标量法和全波分析的矢量法。在单元结构较为简单时，标量法可以高效地计算电磁波垂直激励下 FSS 传输和反射系数的幅值及相位，帮助设计人员快速掌握 FSS 的滤波性能，但标量法无法获得单元的相位和极化特性，且单元结构复杂化后求解精度较差。

相比于标量法，全波分析法可以在不同入射角和极化状态下精确、高效地求解各种复杂构型 FSS 的幅值和相位响应，具有更高的通用性、收敛性和求解精度。在全波算法计算中，首先将建立的单元模型进行精细化的网格剖分，依据设置的边界条件在剖分的网格内构建电磁场麦克斯韦方程；然后基于 Floquet 定理，通过加载激励求解周期单元的散射场分布，获得不同极化和入射条件下 FSS 阵列单元的滤波特性。巨量的网格剖分对计算能力提出了很高的要求，随着计算机性能的高速升级和计算科学技术的进步，网格剖分带来的耗时问题得到有效解决，目前众多主流电磁计算软件均具备了对 FSS 阵列结构进行高效设计和快速计算的能力。

Floquet 定理是指在传输模式和稳态频率确定的前提下, 阵列中某一单元截面与距离其周期整数倍的任一单元截面的场分布函数幅值相同, 相位相差 $e^{jm\beta p}$, β 为传播常数。作为一种典型的周期结构, 将 Floquet 定理引入至 FSS 电磁场的求解中, 可以将理想无限大的 FSS 辐射场简化为单个单元的区域。假定二维周期单元沿 x 和 y 方向周期分别为 p_x、p_y, 稳态下周期结构在 (x_0, y_0) 处的场分布函数为

$$E(x_0, y_0, z) = F(x_0, y_0, z) e^{-j(\beta_x x_0 + \beta_y y_0)} \tag{4-1}$$

将该点沿 x 和 y 方向分别平移周期的整数倍 mp_x、np_y, 根据 Floquet 定理, $(x_0 + mp_x, y_0 + np_y)$ 的场分布函数为

$$E(x_0 + mp_x, y_0 + np_y, z) = F(x_0 + mp_x, y_0 + np_y, z)^{-j[\beta_x(x_0 + mp_x) + \beta_y(y_0 + np_y)]} =$$
$$E(x_0, y_0, z) e^{-j(\beta_x mp_x + \beta_y np_y)} \tag{4-2}$$

式中, $F(x, y, z) = F(x_0 + mp_x, y_0 + np_y, z)$ 为周期函数, 将其傅里叶展开

$$F(x, y, z) = \sum_{m,n=-\infty}^{\infty} G_{m,n}(z) e^{-j\left(\beta_{x0} + \frac{2\pi m}{p_x}\right)x - j\left(\beta_{y0} + \frac{2\pi n}{p_y}\right)y} \tag{4-3}$$

式中, m、n 代表 Floquet 的模式数, 不同的 (m, n) 对应不同的 Floquet 模式数; $G_{m,n}$ 为 (m, n) 模式下谐波的振幅。此时空间谐波沿 x、y、z 的传播常数为

$$\begin{cases} \beta_x = \beta_{0x} + \dfrac{2\pi m}{p_x} \\[2mm] \beta_y = \beta_{0y} + \dfrac{2\pi m}{p_y} \\[2mm] \beta_z = \sqrt{\beta_0{}^2 - \beta_x{}^2 - \beta_y{}^2} \end{cases} \tag{4-4}$$

当 $m=0$、$n=0$ 时, β 为 Floquet 基模的空间谐波; 当 m、n 不全为 0 时, β 为高阶模式的空间谐波。

4.1.3 宽带带通型频率选择表面设计原理

随着雷达工作频段的拓展, 对带通型 FSS 通带的带宽提出了更高的需求。FSS 带宽的展宽是通带内多个谐振模式互相耦合的结果, 通过调控不同谐振点的频率或模式间耦合的强弱可以实现低插损、超宽带通带。当前拓宽 FSS 通带宽带的主流方法包括: 结构分形法、结构组合法和多层级联法等[90]。

结构分形法将工作带宽较宽的单元作为基本单元, 通过对单元结构进行缩放等线性变换, 生成尺寸大小不同的多个单元, 从而产生多个谐振点, 该方法设计的宽频 FSS 插损小, 入射角及极化状态稳定性高, 但对制备工艺的精度要求较高, 良品率低; 结构组合法将两个或多个工作带宽较宽、谐振点不同的单元进行组合设计, 生成结构的响应特性通常为不同单元谐振特性的线性叠加, 从而能够根据应用需求, 快捷完成性能设计。然而, 不同单元间存在的栅瓣效应和耦合影响容易产生带内插损过大的问题。多层级联法通过多层金属层与介质板级联的方法获得两个或多个谐振模式, 从而拓宽响应带宽。该方法设计的FSS 加工制备简捷, 具有良好的陡截止性和入射角、极化状态稳定性。为了更好地说明多层级联法设计机理, 以三层对称的级联 FSS 为例进行推导, 其透射系数 T 可以表征为

$$\begin{cases} T = \dfrac{1}{\sqrt{1+\rho_3^2}} \\[3mm] \rho_3 = \dfrac{a_2 Y_r}{2\,|Y_{12}|^2}\,y\left[\left(\dfrac{Y}{Y_r}\right)^2 - \left(\dfrac{2\,|Y_{12}|^2}{a_2 Y_r^2} - 1\right)\right] \end{cases} \qquad (4-5)$$

式中，Y_{12} 表示 FSS 相邻级联层的互导纳；Y_r 和 Y 分别代表每一层自导纳的实部及虚部；a_2 为相对带宽因子。

由于 FSS 为对称结构，故相邻级联层的互导纳和每一层的自导纳均相同。由式（4-5）可得，当 $\rho_3 = 0$ 时获得透射系数为 1 的极大值；当 $\mathrm{d}\rho_3/\mathrm{d}y = 0$ 时获得 T 的极小值，此时的根为

$$y = \pm\frac{1}{\sqrt{3}}Y_r\sqrt{\frac{2\,|Y_{12}|^2}{a_2 Y_r^2} - 1} \qquad (4-6)$$

令 $|Y_{12}|^2/Y_r^2 = C$，根据式（4-6）的取值，FSS 将获得不同的频率响应。当 $a_2 = 2C$ 时，此时根为 0，FSS 获得类似"巴特沃斯"滤波器的低插损特性；当 $a_2 > 2C$ 时，FSS 工作带宽变窄，插损增大；当 $a_2 < 2C$ 时，FSS 获得类似"切比雪夫"滤波器的特性，工作带宽拓宽，但带内插损显著增加。因此，基于多层级联法设计宽带带通型 FSS 时，为了降低带内的插损，应选择合适的介质衬底材料和厚度，将 $a_2/2C$ 控制在 [0.95，1.05] 范围内。

4.2　作用于 X～Ku 波段的薄层等离子体复合带通型频率选择表面

本节基于三层级联法设计了一种工作频率覆盖 X～Ku 的薄层等离子体复合带通型频率选择表面，通过 ICP 源不同放电条件下的激发状态，在 X～Ku 波段实现了 PC-FSS 主动开关和动态调谐的功能。

4.2.1　作用于 X～Ku 波段的带通型 FSS 设计及滤波特性分析

4.2.1.1　单元结构及设计原理

图 4-2 展示了工作频带为 X～Ku 波段的带通型 FSS 单元结构示意，由容性贴片-感性方环-容性贴片的三层金属层级联两层介质基板组成，单元的周期 $p = 5.5\,\mathrm{mm}$，顶层和底层为结构相同的十字形缝隙结构，缝隙的间隔 $s = 1.8\,\mathrm{mm}$，中间层为方环结构，宽度 $w = 0.15\,\mathrm{mm}$，两层介质基板材料均为 F4B（介电常数 2.65，损耗因子 0.001），厚度 h 均为 0.9mm。

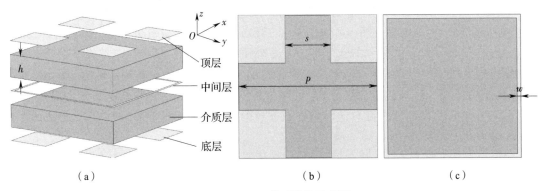

图 4-2　FSS 单元结构示意图

（a）整体结构　（b）顶层和底层　（c）中间层

基于等效电路法将 FSS 单元等效、简化为集总元件构成的电路模型，进一步理解该 FSS 的工作原理。FSS 的三层金属层关于中间层对称，由十字形缝隙结构和方形金属环交替构成，当线极化波垂直激励时，十字形缝隙结构感应为等效电容，方形环感应为等效电感；根据传输线理论将自由空间感应为等效阻抗 Z_0；由于两层介质衬底属性和厚度均相同，将介质衬底感应形成的特征阻抗 Z_s 等效为两块与电路并联的电容 C_s 及一块串联的电感 L_s，将谐振单元各结构等效为电容、电阻和电感后的等效电路如图 4-3（a）所示。将节点相同的等效电容简化，最终等效电路如图 4-3（b）所示，图中 $C' \approx C_s \parallel C$。

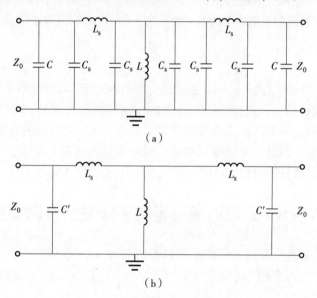

图 4-3　等效电路模型

（a）初始等效电路模型　（b）简化后的等效电路模型

4.2.1.2　滤波特性分析

通过 CST microwave studio 的频域求解器对设计的 FSS 单元进行全波仿真，在 z 方向边界条件为 open（add space），在 x 和 y 方向上边界条件均为 unitcell，TE 极化波垂直照射下 FSS 的反射系数 S_{11} 和透射系数 S_{21}，如图 4-4 所示。

由图可知，通带内存在两个谐振频率分别为 10.30GHz、17.74GHz 的反射零点，反射零点间的耦合作用拓宽了通带带宽，产生波纹的最大插损为 0.52dB。FSS 通带的中心频率为 13.25GHz，–1dB 带宽为 11.2GHz（8.02~19.22GHz），相对带宽 82.4%，–3dB 带宽为 13.5GHz（6.6~20.1GHz）。基于 ADS 对图 4-3 中 FSS 的等效电路模型进行计算，频率响应曲线如图 4-4 所示。通带内反射零点的频率分别为 10.57GHz 和 17.82GHz，中心频率为 13.97GHz，–1dB 带宽为 10.9GHz（8.52~19.42GHz），与 CST 求解结果高度吻合，通带中心频率向高频轻微移动。仿真中等效电容和电感的近似值可以通过式（4-7）和式（4-8）获得

$$C = -\varepsilon_0 \varepsilon_{\mathrm{eff}} \frac{2p}{\pi} \ln\left(\sin\frac{\pi s}{2p}\right) \qquad (4-7)$$

$$L = -\mu_0 \frac{p}{2\pi} \log\left(\sin\frac{\pi\omega}{2p}\right) \qquad (4-8)$$

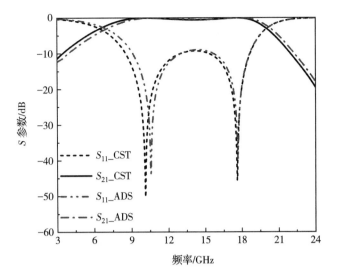

图 4 - 4　TE 极化波垂直照射下 FSS 的透射和反射曲线

式中，p 代表 FSS 单元的横向尺寸；ε_0 和 μ_0 分别代表真空介电常数和磁导率；ε_{eff} 代表介质衬底的等效介电常数；s 代表容性金属贴片间隔；w 代表感性金属条宽度。

介质衬底的等效电容 C_s 和电感 L_s 的近似值可以根据式（4 - 9）和式（4 - 10）获得

$$C_s = \frac{1}{2}\varepsilon_0\varepsilon_r h \tag{4 - 9}$$

$$L_s = \mu_0 h \tag{4 - 10}$$

式中，ε_r 代表介质衬底的等效介电常数。

结合式（4 - 7）~ 式（4 - 10）及参数优化，最终求解获得各参数值为：$C = 0.0604\text{pF}$，$C_s = 0.462\text{pF}$，$L = 0.242\text{nH}$，$L_s = 1.301\text{nH}$。

图 4 - 5 展示了不同线极化波斜入射下 FSS 的透射及反射系数。当 TE 极化波照射时，不同入射角下 FSS 均存在两个反射零点。随着角度的增加，第一个反射零点向高频轻微偏

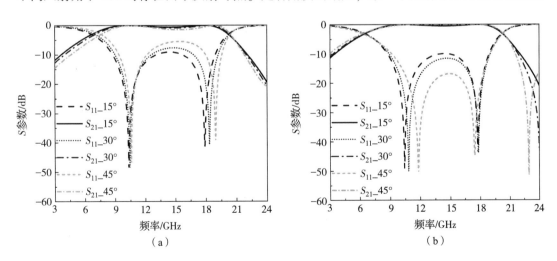

图 4 - 5　不同极化状态斜入射下 FSS 的透射及反射系数

（a）TE 极化　（b）TM 极化

移，第二个反射零点向高频波动的范围较大，导致传输通带向高频方向移动，而带内插损随着反射零点之间距离的增大而增加。当入射角为 45°时，第二个谐振频率由垂直入射下的 17.74GHz 偏移至 18.95GHz，反射零点距离的增加导致通带的右侧不再平坦，最大插损增大至 1.46dB，同时，通带的 −3dB 带宽变窄为 12.78GHz（7.62 ~ 20.40GHz）。

当平面波为 TM 极化波时，不同入射角下仍存在两个反射零点，但呈现和 TE 波不同的变化趋势。随着入射角度的增加，第一个反射零点的谐振频率向高频波动较大，而第二个反射零点的谐振频率向低频方向轻微偏移，导致中心频率向高频移动。此外，反射零点间距离的缩短提升了通带的平坦特性。入射角为 45°时，第一个反射零点由 10.30GHz 向高频偏移至 11.82GHz，通带内最大插损降低至 0.1dB，通带带宽保持不变。上述结果表明该 FSS 呈现良好的极化状态稳定性和角度不敏感性，且 TM 极化下角度不敏感性优于 TE 极化。

为了进一步分析该 FSS 宽带特性的原理，通过 CST 仿真了 TE 波垂直激励下 FSS 在两个反射零点 10.30GHz 和 17.74GHz 处电场分布，如图 4 − 6 所示。当谐振频率为 10.30GHz 时，FSS 顶层贴片的场强高于中间层，且能量主要集中于贴片两侧，因此该反射零点主要是外层金属层等效电容作用的结果；当谐振点为 17.74GHz 时，外层的电场能量未发生明显变化，但中间金属环两侧的电场能量分布显著增强，此处反射零点是外层等效电容和中间层等效电感共同耦合作用形成的。因此，FSS 的两个谐振点是三层金属贴片共同作用的结果，通过合理设计 FSS 的贴片结构和介质衬底，可以调制三个反射零点的位置，从而获得平坦的宽带响应。

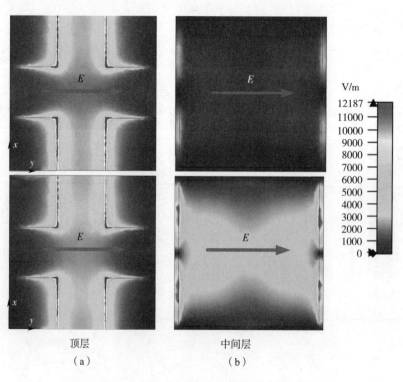

顶层　　　　　　　　　　　　　中间层
（a）　　　　　　　　　　　　　（b）

图 4 − 6　TE 波垂直激励下不同反射零点的电场分布
（a）10.30GHz　（b）17.74GHz

4.2.2 不同放电条件下 **PC – FSS** 滤波特性的实验测量

基于高温熔接和印刷电路板技术制备了 PC – FSS 样件，并利用 3.4.1 节搭建的宽带时域测量系统对 PC – FSS 样件的传输特性进行测量，实验平台和 PC – FSS 样件如图 4 – 7 所示。PC – FSS 样件由 ICP 放电腔室和宽带带通型 FSS 复合而成，其中放电腔室位于样件底部，尺寸分别为 $200mm \times 200mm \times 25mm$ 和 $200mm \times 200mm \times 40mm$；FSS 样品位于样件顶部，由 36×36 个 4.2.1 节设计 FSS 单元沿 x 和 y 方向延拓而成，其中金属层和介质衬底的材质与仿真设置一致，分别为铜和 F4B。在测量过程中，发射和接收天线分别置于 PC – FSS 样件两侧，并与样件轴向中心法线对齐。为了减少 ICP 源放电系统附件和测试环境带来的误差，首先测量 ICP 源未激发时透射系数并作归一化处理，然后将 FSS 样件加载于放电腔室顶部开展后续测量。

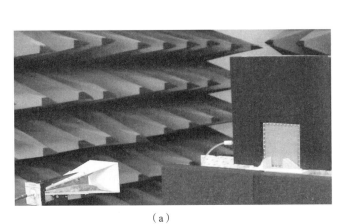

（a）　　　　　　　　　　　　　　　（b）

图 4 – 7

（a）实验测试平台　（b）PC – FSS 样件

图 4 – 8 展示了 ICP 源处于未激发状态时，不同入射角和极化状态下 PC – FSS 的传输系数。从图中可以观察到，此时 PC – FSS 表现出良好的宽频带通特性和极化稳定性，通带内插损小、带内平坦，且 TM 极化波斜入射下传输特性优于 TE 极化。TE 极化波垂直激励下 PC – FSS 的中心频率为 13.56GHz，$-1dB$ 带宽为 11.02GHz（8.05 ~ 19.07GHz）；TM 极化波垂直激励下 PC – FSS 的中心频率为 13.69GHz，$-1dB$ 带宽为 11.10GHz（8.14 ~ 19.24GHz）。测量结果与仿真的变化趋势基本吻合，测量结果整体向高频方向轻微移动，且通带的插损略大于仿真结果。造成两者之间的差别的主要原因为：①FSS 样件制备过程中形成的误差；②线圈天线、石英腔室以及环境杂波等带来的影响。

将 ICP 源调节至激发状态，工质气体为 Ar，腔室轴向尺寸为 25mm 时，不同放电条件下时域回波信号如图 4 – 9 所示。由图可知，随着气压和功率的升高，PC – FSS 对入射波的衰减效果增强，信号波形发生明显变化，幅值显著降低。

图 4 – 10 展示了 $h = 25mm$ 时，TE 波垂直激励下 PC – FSS 在不同功率和气压的传输曲线。为了更为直观地对比 ICP 源激发前、后 PC – FSS 滤波特性的变化，将激发后 PC – FSS

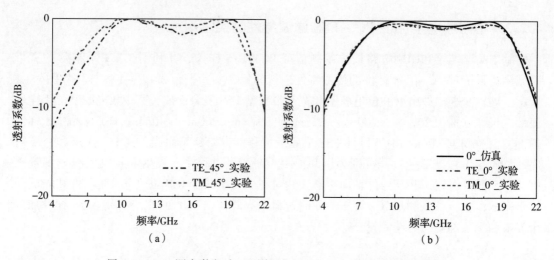

图 4-8　ICP 源未激发时，不同极化下 PC-FSS 传输系数测量结果

（a）垂直激励　（b）斜入射

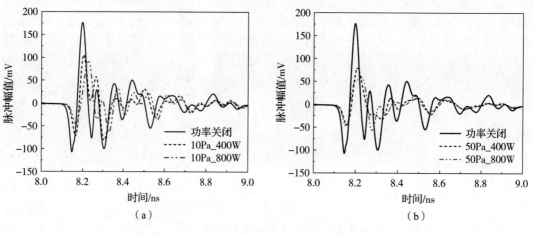

图 4-9　不同功率和气压下时域回波信号

（a）10Pa　（b）50Pa

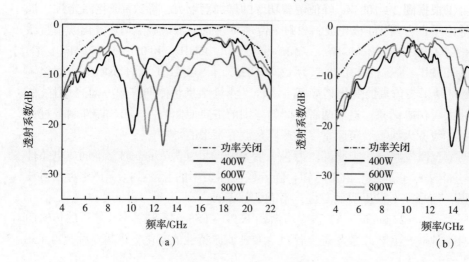

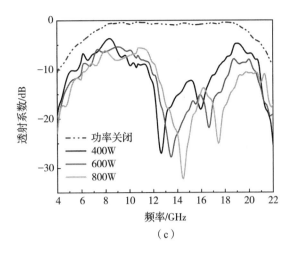

（c）

图 4 - 10　$h = 25\text{mm}$ 时，不同功率和气压下 PC - FSS 的传输特性

（a）10Pa　（b）20Pa　（c）50Pa

通带/阻带的变化范围限定在激发前通带的工作频段（即 FSS 通带的工作频段）内。气压为 10Pa 时，传输系数随功率的变化曲线如图 4 - 10（a）所示，此时气压较低，ICP 对入射波的碰撞吸收效应较弱，PC - FSS 传输系数整体集中在大于 - 10dB 的范围内，在 ω 接近 ω_p 的局部窄带内，由于共振衰减的作用存在衰减峰。功率为 400W 时，10.09GHz 处产生了峰值为 22.1dB 的衰减峰，降低了 FSS 通带内信号的传输，导致传输曲线呈现单阻带特征，中心频率为 10.06GHz， - 10dB 带宽为 2.15GHz（8.98 ~ 11.13GHz）。同时，由于等离子体"高通滤波器"的特性，在高于 ω_p 的高频范围内出现一条窄的传输通带，通带的中心频率为 15.53GHz， - 3dB 带宽为 2.82GHz（14.12 ~ 16.94GHz）。将功率增加至 600W，由共振衰减产生的透射零点向高频移动至 11.42GHz，导致通带消失，阻带中心频率向高频偏移至 11.50GHz， - 10dB 带宽拓宽至 2.26GHz（10.37 ~ 12.63GHz）。为了将阻带进一步向高频移动，将功率升至 800W，此时阻带的中心频率向高频移动至 12.75GHz， - 10dB 带宽进一步拓宽为 2.87GHz（11.31 ~ 14.18GHz），衰减峰值增至 24.1dB。由上述结果可知，随着功率的提高，PC - FSS 的阻带向高频偏移，工作带宽拓宽，衰减峰值增大。这是由于：①根据图 2 - 10，ω_p 峰值随着功率的增加而增大，导致局部窄带范围内共振衰减产生的传输零点向高频方向移动；②随着功率的增加，放电腔室内主等离子体区域轻微扩大，增强了等离子体与电磁波之间的相互作用；③入射波长随着 ω 的增加而缩短，相应地提升了电磁波周期内在等离子体中作用的距离，增强了 ICP 对电磁波的衰减效果。

将气压升至 20Pa，不同功率下传输系数曲线如图 4 - 10（b）所示。由于 ν_e 随着气压的升高而增大，增强了等离子体对入射波碰撞吸收效应，有效地拓宽了阻带的 - 10dB 带宽，提高了衰减峰值。同时，气压升高提升了 ω_p 分布的梯度，增强了入射波与 ICP 之间多重折射/散射及吸收等电磁效应。功率为 400W 时，整条传输曲线呈现双阻带特征，阻带的中心频率分别为 13.69GHz 和 16.05GHz， - 10dB 带宽分别为 1.68GHz（12.85 ~ 14.53GHz）和 0.92GHz（15.64 ~ 16.56GHz），阻带中传输零点处衰减峰值分别为 24.2dB 和 13.7dB。功率升高至 600W，两条阻带的工作频率整体向高频方向移动，中心频率分别为 14.75GHz 和 16.99GHz， - 10dB 带宽分别为 1.78GHz（13.86 ~ 15.64GHz）和

1.28GHz（16.35～17.63GHz），衰减峰值分别为25.7dB和15.0dB。将功率升至800W，两处传输零点15.91GHz和18.28GHz的衰减峰值分别增强为29.9dB和15.1dB，传输零点的耦合作用使得阻带由两条变为一条宽带阻带，工作带宽拓宽4.41GHz（14.66～19.07GHz），阻带的中心频率向高频移动至16.87GHz。

为了进一步拓宽PC-FSS阻带的范围，将气压调至50Pa，不同功率下PC-FSS的传输曲线如图4-10（c）所示。相比于20Pa，ν_c上升半个数量级，进一步强化了等离子体对电磁波的碰撞吸收作用，PC-FSS阻带的工作带宽、衰减峰值均得到提升。此外，由图2-18可知，ω_p分布的梯度加剧，导致传输曲线波动性增强，出现由多个传输零点形成的"振铃"的现象。功率为400W时，在透射零点12.60GHz和16.08GHz处产生了峰值分别为27.39dB和18.25dB的衰减峰，使得PC-FSS在两个传输零点的作用下产生一条宽带阻带，阻带的中心频率和工作带宽分别为14.48GHz和5.74GHz（11.61～17.35GHz）。将功率升至600W，阻带带宽拓宽为6.6GHz（11.85～18.45GHz），中心频率向高频偏移至15.15GHz。随着功率升高至800W，此时产生的两个衰减峰的峰值分别升高为32.41dB和25.10dB，工作带宽拓宽为6.99GHz（12.27～19.26GHz），中心频率为15.77GHz。上述结果表明，通过改变气压和功率，可以在宽带范围内调控PC-FSS通带/阻带的中心频率和工作带宽，从而实现PC-FSS对入射波动态调谐的功能。

为了在更宽的频段内实现PC-FSS对通带/阻带的调控，将PC-FSS中ICP源腔室的轴向高度变为40mm，不同功率和气压下PC-FSS的传输特性如图4-11所示。气压为10Pa，功率为400W时，传输曲线呈现单阻带和单通带特征，如图4-11（a）所示。阻带的中心频率为13.86GHz，-10dB带宽为2.80GHz（12.46～15.26GHz）；通带的中心频率为17.70GHz，-3dB工作带宽为1.28GHz（17.06～18.34GHz）。随着功率升高至600W和800W，透射零点向高频方向移动，传输通带消失。阻带的中心频率分别为14.48GHz和15.79GHz，工作带宽分别拓宽至3.02GHz（12.97～15.99GHz）和4.86GHz（13.36～18.22GHz），衰减峰值分别增加为29.28dB和34.16dB。

将气压升至20Pa，从图中4-11（b）可以观察到，和h=25mm时类似，传输曲线阻带带宽拓宽，中心频率向高频偏移，并呈现多阻带的特性。由于ω_p随着气压的升高而增大，导致传输曲线的第二个透射零点向高频移动至FSS的通带范围外。功率为400W、600W和800W时，FSS通带范围内阻带带宽分别为6.56GHz（10.57～17.13GHz）、5.92GHz（12.15～18.07GHz）、5.15GHz（13.92～19.07GHz）、衰减峰值分别为28.47dB、32.07dB和36.59dB。

气压为50Pa时，不同功率下传输特性如图4-11（c）所示。随着气压的升高，传输曲线出现多个透射零点形成的衰减峰，进一步提升了阻带的工作带宽。功率为400W和600W时，阻带的中心频率分别为15.33GHz和15.29GHz，-10dB带宽分别为7.48GHz（11.59～19.07GHz）和7.56GHz（11.51～19.07GHz）。当功率升至800W时，可以观察到阻带的-9.7dB带宽为11.02GHz（8.05～19.07GHz），此时阻带覆盖FSS的整个传输通带，即在气压为50Pa、功率为800W的放电条件下，通过控制ICP源的激发状态，可以实现PC-FSS对信号通断的主动开关功能。

由上述分析可知，随着ICP源的轴向高度由25mm增大至40mm，等离子体对入射波衰减效果明显增强，导致阻带的中心频率向更高频率偏移，阻带带宽拓宽，衰减峰值增加，通带带宽明显变窄或消失。此外，传输曲线的波动性进一步增强。这是由于一是在相

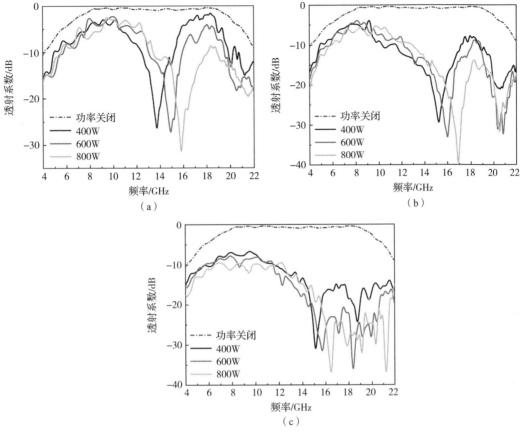

图 4 - 11　h = 40mm 时，不同功率和气压下 PC - FSS 的传输特性

(a) 10Pa　(b) 20Pa　(c) 50Pa

同的功率和气压下，ω_p 随着轴向高度的增加而增大；二是轴向高度的升高拓宽了主等离子体区域的范围，从而增强了入射波与 ICP 的相互作用。

4.3　作用于 C ～ X 波段的薄层等离子体复合带通型频率选择表面

4.2 节设计的 PC - FSS 在 X ～ Ku 波段实现了主动开关和动态调谐的功能，为了在更低频波段实现上述功能，本节在 ICP 源气体组分中引入电负性气体 O_2，通过增加 O_2 摩尔比例 η_{O_2}，在不减小 ν_c 的前提下降低 ω_p，使得 ICP 源的衰减频带向低频方向偏移；同时，设计了一款通带带宽覆盖 C ～ X 波段的带通型 FSS，通过 ICP 源与带通型 FSS 的联合作用，在 C ～ X 波段实现了主动开关和动态调谐的功能。

4.3.1　作用于 C ～ X 波段的带通型 FSS 设计及滤波特性分析

4.3.1.1　单元结构及设计原理

通带带宽覆盖 C ～ X 波段的带通型 FSS 的单元结构示意如图 4 - 12 所示，由容性贴片 - 感性缝隙 - 容性贴片的三层金属层级联两层介质衬底组成，周期 p = 12mm，顶层和底层金属层为结构相同的方形贴片，边长 w_1 = 7.5mm；中间层的金属层为刻蚀在金属片上的方形缝隙环，缝隙环的内、外边长分别为 $w_2 = 7.5\text{mm}$ 和 $w_3 = 10.35\text{mm}$；上、下两层介质衬底的材料均为 Taconic TLY −5，厚度 h 均为 2.15mm，介电常数和损耗因子分别为 2.2 和 0.0009。

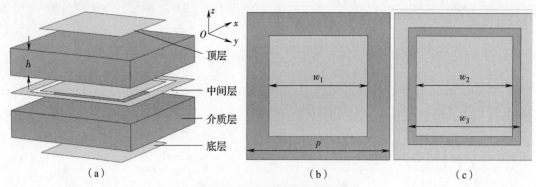

图 4 −12　FSS 单元结构示意图

（a）整体结构　（b）顶层和底层　（c）中间层

为了更直观分析 FSS 单元的滤波特性，利用等效电路法对设计原理进行阐述。当电磁波垂直入射时，顶层和底层的金属贴片为容性网栅结构，感应形成等效电容 C，具有高通滤波器的特性；中间层方形缝隙环单元感应形成 LC 并联电路，其中与电场激励共面垂直的外侧金属环与内侧金属贴片之间的缝隙结构等效为电容，而与磁场激励共面垂直的外侧金属环及内侧金属贴片分别等效为电感 L 和 L_p；两层介质基板的材料、厚度相同，由传输线理论，自由空间和介质基板分别感应形成特征阻抗 Z_0 和 Z_s 的传输线，其中 $Z_0 = 377\Omega$，$Z_s = Z_0 / (\varepsilon_r)^{1/2}$，根据电报方程，可以将 Z_s 等效为一个串联电感 L_s 及两个并联电容 C_s。将 FSS 的金属层及介质衬底等效为集总元件后的初始等效电路模型如图 4 −13（a）所示。从图中可以观察到，电路中部分相邻的电容连接节点相同，可以进行合并处理，为了便于分析，提高设计和计算效率，将集总元件进行合并处理，简化后的等效电路如图 4 −13（b）所示，图中 $C' \approx C_s \| C$。

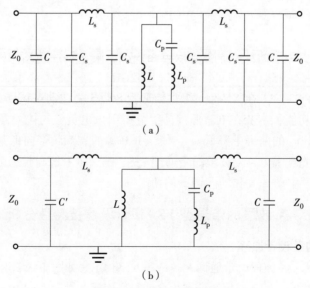

图 4 −13　等效电路模型

（a）初始等效电路模型　（b）简化后的等效电路模型

4.3.1.2　滤波特性分析

通过 CST 数值模拟 FSS 单元的滤波特性，TE 极化波垂直激励下 FSS 的响应特性如图 4-14 所示。

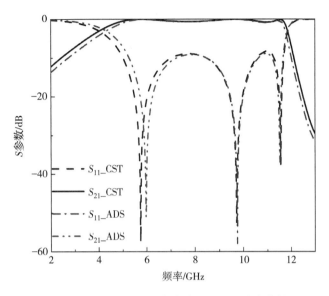

图 4-14　TE 极化波垂直激励下 FSS 的响应特性

由图可知，通带内存在三个谐振频率分别为 5.73GHz、9.71GHz 和 11.50GHz 的反射零点，有效地拓宽了通带的带宽。此外，为了均衡三个反射零点间的耦合作用，各谐振点间存在波纹，产生的最大插损为 0.76dB。通带的中心频率为 8.20GHz，-1dD 带宽为 6.98GHz（4.71 ~ 11.69GHz），相对带宽为 85.12%，-3dB 带宽为 7.78GHz（4.03 ~ 11.81GHz），基本覆盖 C ~ X 波段。此外，由 S_{21} 可以观察到，在通带的右侧 13.30GHz 处存在一个衰减峰为 31.71dB 的反射零点，加速了透射能量的衰减，提高了 FSS 对带外信号的抑制能力，有效地增强了 FSS 的陡截止性能。

基于 ADS 数值模拟了图 4-13 中等效电路模型，响应特性如图 4-14 所示。三个反射零点的频率分别为 5.97GHz、9.74GHz 和 11.52GHz，通带中心频率为 8.32GHz，-1dB 带宽为 6.66GHz（4.99 ~ 11.65GHz），相对带宽为 80.05%。结果表明，ADS 求解获得的响应特性与 CST 全波仿真结果趋势相符。

图 4-15 展示了不同线极化波斜入射下 FSS 的响应特性曲线。由图可知，TE 极化波斜入射下，随着入射角的增加，第一个和第三个反射零点基本不变，第二个反射零点右移，导致通带中心频率向高频轻微移动。同时，前两个反射零点间距的增加导致通带内左侧产生波纹，插损增大。入射角为 30° 时，第二个反射零点谐振频率由 9.71GHz 偏移至 10.10GHz，通带内波纹处最大插损为 1.21dB，-3dB 带宽变窄为 7.65GHz（4.18 ~ 11.83GHz）。

入射波为 TM 极化时，可以观察到垂直激励下 FSS 的响应曲线和 TE 极化高度重合。随着入射角度的增加，第一个反射零点向右轻微移动，第二、第三个反射零点的谐振特性逐渐减弱，导致通带平坦特性下降，插损增加，中心频率向低频方向偏移，通带带宽变窄。当

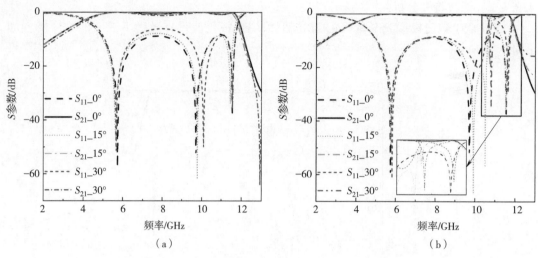

图 4 - 15　不同线极化波斜入射下 FSS 的响应特性

(a) TE 极化　(b) TM 极化

入射角为 30° 时，第二个与第三个反射零点合并为一个，谐振点的减少使得通带的 - 3dB 带宽变窄为 6.58GHz（3.98 ~ 10.56GHz）。上述分析可知，电磁波垂直激励下设计的 FSS 具有较好的极化稳定性，但随着激励角度的增加，不同极化下 FSS 的响应性能存在差别，TE 极化下角稳定性优于 TM 极化。

　　为了进一步分析 FSS 的谐振特性，利用 CST 仿真了 TM 极化波垂直激励下三处反射零点 5.74GHz、9.72GHz 和 11.49GHz 的电场强度分布，如图 4 - 16 所示。图 4 - 16（a）展示了第一个反射零点 5.74GHz 处 FSS 顶层和中间层金属结构的电场分布，此时电场主要分布在顶层的金属贴片附近，而中间方形缝隙层场强较低。图 4 - 16（b）和图 4 - 16（c）分别展示了第二个反射零点 9.72GHz 和第三个反射零点 11.49GHz 处的电场分布，此时外层和中间层金属结构附近的电场强度幅值基本相同，由于两层之间产生的耦合作用降低了角度稳定性，导致第二个和第三个谐振点随着入射角的增大而发生偏移，谐振特性减弱，如图 4 - 15（b）所示。上述结果表明，FSS 三个反射零点是三层金属结构共同作用的结果，5.74GHz 处的反射零点取决于外层金属结构的谐振情况，9.72GHz 和 11.49GHz 处的反射零点取决于三层金属结构间的相互耦合，因此，通过优化金属贴片和介质衬底的参数，调整各反射零点的相对位置，能够得到平坦的宽带通带响应特性。

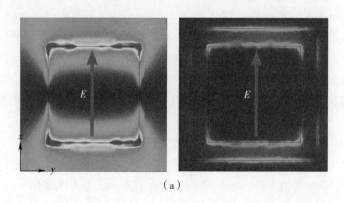

(a)

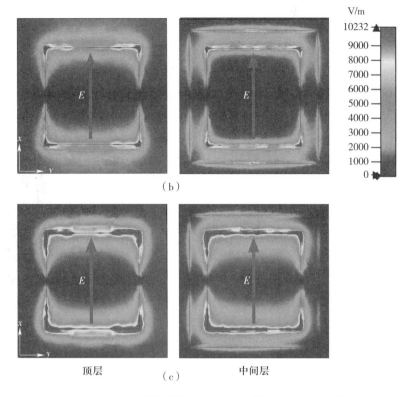

图 4 – 16 TM 波垂直激励下不同反射零点处电场分布

（a）5.74GHz （b）9.72GHz （c）11.49GHz

4.3.2 不同放电条件下 PC – FSS 滤波特性的实验测量

基于 4.2.2 节宽带时域测量系统对 PC – FSS 样件进行测量，实验平台和 PC – FSS 样件如图 4 – 17 所示。样件由 ICP 放电腔室和 FSS 组成，放电腔室的尺寸为 200mm × 200mm ×

（a）

（b）

图 4 – 17

（a）实验平台示意图 （b）PC – FSS 样件

25mm，由高透波石英材料构成；FSS 由 17×17 个 4.3.1 节设计的 FSS 单元按照周期排布后制备而成，尺寸为 200mm×200mm×4.3mm，金属贴片的材质为镀锌铜，介质衬底为 Taconic TLY−5，介电常数和损耗因子分别为 2.2 和 0.009。

PC−FSS 未激发时，ICP 源相当于全透波结构，不同极化和入射角下 PC−FSS 透射系数的测量结果如图 4−18 所示。从图中可以观察到，TE 波激励下角度和极化状态稳定性优于 TM 波，TE 波垂直激励下通带的中心频率为 8.38GHz，−1dB 带宽为 6.92GHz（4.92～11.84GHz），−3dB 带宽为 8.16GHz（4.16～12.32GHz）。实测值与 FSS 仿真结果变化趋势一致，工作频带向高频轻微偏移，插损略大。分析原因为：①在加工中 FSS 样件的两层介质衬底之间存在缝隙，导致产生频移；②放电线圈和放电系统附件等环境杂波增大了带内插损。

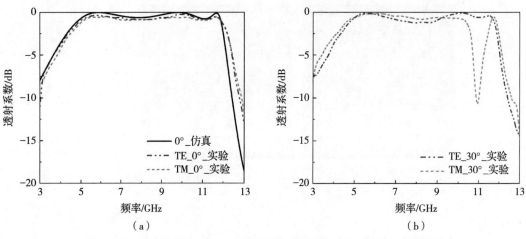

图 4−18 ICP 源未激发时，不同极化状态下 PC−FSS 传输系数实测值

(a) 垂直入射 (b) 斜入射

PC−FSS 激发后，不同氧气摩尔比例 η_{O_2} 和气压下时域回波信号如图 4−19 所示。由图可以观察到，随着气压的增大和 η_{O_2} 的减小，脉冲信号的幅值降低，表明 ICP 源对入射波能量的耗损增强。

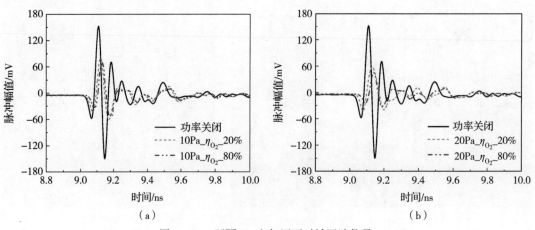

图 4−19 不同 η_{O_2} 和气压下时域回波信号

(a) 10Pa (b) 20Pa

功率为 800W，气压为 10Pa，工质气体为 O_2 和 Ar 时，TE 波垂直激励下 PC - FSS 的传输特性如图 4 - 20（a）所示，为了更直观地分析 PC - FSS 激发前、后滤波特性的变化，本节延续 4.2.2 节中的方法，仅在 PC - FSS 未激发时通带范围内对激发后通带/阻带的变化特性进行讨论。η_{O_2} 为 20% 时，由于共振衰减作用，在 8.62GHz 附近产生了峰值为 24.8dB 的衰减峰，导致传输曲线呈现单阻带特征，阻带的中心频率为 8.56GHz，－10dB 带宽为 1.48GHz（7.77 ～ 9.25GHz）。由 2.3.2 节的分析可知，随着电负性气体 O_2 的加入，主等离子体区的 ω_p 峰值急剧降低，导致阻带的中心频率由相同放电条件下纯 Ar 气时 13.26GHz 向低频大幅值偏移至 8.56GHz。增加 η_{O_2} 至 50%，阻带的中心频率继续向低频移动至 7.77GHz，－10dB 带宽变为 1.39GHz（7.08 ～ 8.47GHz）。当 η_{O_2} 升高至 80% 时，在阻带中心频率向低频移动至 6.92GHz 的同时，由于等离子体的高通特性，在高频处产生一条窄通带，此时曲线呈现单通带和单阻带特征：通带中心频率为 9.53GHz，－3dB 带宽为 1.31GHz（8.87 ～ 10.18GHz），阻带的 －10dB 带宽为 1.31GHz（6.26 ～ 7.57GHz）。随着 η_{O_2} 的增加，阻带工作带宽轻微变窄，衰减峰值减小。这是因为 η_{O_2} 的增加提升了主等离子体区域 ω_p 的均匀性，而 ω_p 梯度的降低减弱了 ICP 与入射波的相互作用；同时，ω_p 随着 η_{O_2} 的升高而降低，导致与其相互作用的 ω 也随之降低，入射波长变长，相应缩短了电磁波周期内在 ICP 中的传播距离。上述结果表明，通过改变 η_{O_2}，可以在 C ～ X 波段的宽带范围内调控 PC - FSS 的带通/带阻特性，从而实现对入射波动态调谐的功能。

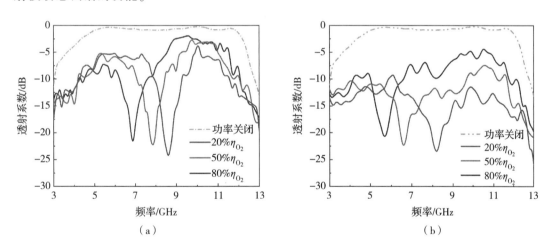

图 4 - 20　TE 垂直激励下不同放电条件 PC - FSS 的传输特性

（a）10Pa　（b）20Pa

为了进一步拓宽 PC - FSS 在 C - X 波段阻带的工作带宽，将 ICP 源的气压升高至 20Pa，不同 η_{O_2} 下 PC - FSS 传输特性的变化曲线如图 4 - 20（b）所示。升高的气压增强了 ν_c 主导的碰撞吸收作用，同时增大了 ω_p 分布的梯度，使得曲线的波动性增强。相比于 10Pa，气压为 20Pa 时阻带的 －10dB 工作带宽进一步拓宽。η_{O_2} 为 20% 时，阻带的中心频率为 8.38GHz，－8.6dB 带宽为 6.92GHz（4.92 ～ 11.84GHz），可以观察到，此时的阻带覆盖了 PC - FSS 未激发时的整条传输通带，因此，通过控制 PC - FSS 在该放电条件下的激发状态，可以在 C ～ X 波段实现 PC - FSS 信号通断的主动开关功能。η_{O_2} 为 50% 和 80%

时，阻带继续向低频移动，中心频率分别为 7.30GHz 和 7.15GHz， − 10dB 带宽分别为 4.75GHz（4.92 ~ 9.67GHz）和 2.91GHz（4.92 ~ 6.65GHz，7.93 ~ 9.11GHz）。

4.4 本章小结

本章基于 ICP 源共振衰减、碰撞吸收的宽带动态吸波特性和带通型 FSS 对信号带内传输、带外截止的滤波特性，设计并制备了具备主动开关和动态调谐功能的新型薄层等离子体复合带通型频率选择表面。通过控制 ICP 源在不同放电条件（功率、气压、气体组分和腔室轴向高度）下的激发状态，结合两种分别覆盖 C ~ X 和 X ~ Ku 波段的宽带带通型 FSS，在 C ~ Ku 的超宽频段内对入射波的带通/带阻特性进行了调控。实验结果表明，随着放电条件的不同，PC − FSS 呈现多通带和多阻带特征，工质气体为 Ar 时，随着气压和功率的升高，通带消失，阻带的 − 10dB 工作带宽拓宽，并由单阻带变为多阻带，中心频率向高频偏移。当工质气体引入 O_2 后，随着 η_{O_2} 增加，阻带的中心频率向低频偏移，工作带宽轻微缩窄，并在高频区出现传输通带；随着气压的升高，阻带向低频移动的同时，带宽大幅值拓宽。因此，通过改变放电条件实现了 PC − FSS 对电磁波动态调谐的功能。当功率为 800W，η_{O_2} 为 20%/0%，气压为 20Pa/50Pa，轴向高度为 40mm/25mm 时，PC − FSS 阻带覆盖工作频带为 C ~ X 波段/X ~ Ku 波段的 FSS 通带，因此，在上述放电条件下控制 ICP 源的激发状态，可以分别在 C ~ X 和 X ~ Ku 波段实现信号通断的主动开关功能。

ICP 源激发的响应时间为毫秒级，结合雷达天线工作的时序，通过合理设计 ICP 源的放电条件和带通型 FSS 的工作频段，可以进一步提升雷达天线罩的有源隐身效果。应用于变频和多频天线，可以通过改变 ICP 源的气压、气体组分、功率等外部放电条件将通带调谐至雷达的工作频率，而工作频带外调谐为阻带，在不影响雷达正常工作的同时，实现带外信号的屏蔽；应用于宽频天线，当雷达开机时，ICP 保持未激发状态，信号可以在带通型 FSS 的通带范围内传输，而当雷达关机时，在特定放电条件下将 ICP 激发使得 FSS 的通带变为阻带，从而减小雷达静默时被威胁方发现的概率。

第 5 章 ICP 复合蜂窝吸波结构的电磁散射特性研究

蜂窝吸波结构作为一种结构型吸波材料具备良好的承载能力以及介电性能，在一些需要轻量化设计的隐身部位应用比较广泛。参考文献［221］的测量结果表明，当蜂窝吸波结构的厚度为 9mm 时，在 - 10dB 的吸波准则下，吸波带宽可达到 13.1GHz（4.9 ~ 18GHz）。因此，蜂窝吸波结构在提高薄层等离子体的宽频吸波效果方面具有巨大的应用潜力。

本章设计了两种基于 ICP 的复合蜂窝吸波结构：第一种复合吸波结构是将蜂窝吸波结构放置在放电腔室外部，反射电磁波在经过非均匀等离子体的多次反射和折射后，斜入射进入到蜂窝孔格结构中，从而形成多次反射以充分发挥蜂窝结构的吸波性能。第二种复合吸波结构是将蜂窝吸波结构放置在可拆卸的放电腔体的内部，考虑到蜂窝吸波结构中独特的孔格结构可以为等离子体提供一定的放电空间，从而在不增加总体复合吸波结构厚度的情况下提升薄层感应耦合等离子体的宽频吸波效果，同时，通过实时调控射频功率和放电气压可以实现复合吸波结构主动可调的宽频吸波效果。

5.1 蜂窝吸波结构的电磁理论基础

本章所采用的是均匀涂层的蜂窝吸波材料，涂层是附着在由芳纶纸材料通过拉伸折叠所形成的蜂窝孔格状的周期结构上，独特的构型赋予了其良好的承载能力，并同时兼具轻量化的特点。芳纶纸形成的蜂窝周期性结构本身不具有吸波性能，蜂窝吸波结构对电磁波的衰减性能主要来源于两个方面：一是具有复电磁参数的吸波涂层对电磁波的吸收作用；二是因为蜂窝空格结构对电磁波的多次反射作用造成的额外的能量损耗，充分发挥了吸波涂层对电磁波的衰减性能。蜂窝吸波结构本身作为一种各向异性的材料，在建立理论模型的时候，为了提高设计效率，节省计算资源，通常采用近似处理的方法，不考虑蜂窝孔格之间的耦合效应，即将蜂窝吸波结构等效为一种均匀介质，因此这就需要对其等效电磁参数进行提取，进而对电磁散射特性进行分析。

5.1.1 复合材料的等效媒质理论

本章所研究的蜂窝吸波结构是由芳纶纸基体结构、吸波涂料和空气三种介质构成的一种典型的周期型复合材料，如图 5 - 1 所示，其等效电磁参数在均匀化理论下可以表示成式（5 - 1）的形式

$$\varepsilon_{\text{eff}} = \begin{bmatrix} \varepsilon_x & 0 & 0 \\ 0 & \varepsilon_y & 0 \\ 0 & 0 & \varepsilon_z \end{bmatrix}, \quad \mu_{\text{eff}} = \begin{bmatrix} \mu_x & 0 & 0 \\ 0 & \mu_y & 0 \\ 0 & 0 & \mu_z \end{bmatrix} \qquad (5-1)$$

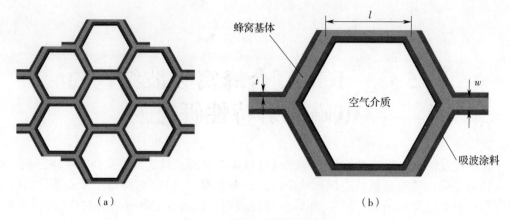

图 5 - 1　蜂窝吸波结构示意图

(a) 局部视图　(b) 单元结构

式中，ε_{eff} 为蜂窝吸波结构的等效介电常数；μ_{eff} 为等效磁导率。当蜂窝结构为标准的正六边形时，其等效电磁参数在轴向上不变，而在横向上相同，即满足单轴各向异性：$\varepsilon_x = \varepsilon_y = \varepsilon_t \neq \varepsilon_z$，$\mu_x = \mu_y = \mu_t \neq \mu_z$。蜂窝吸波结构的电磁散射特性与其几何尺寸密切相关，即六边形蜂窝结构的边长 l，蜂窝结构的有效厚度 h 以及附着在基体上的吸波涂料的厚度 t。

对于蜂窝吸波结构这种线性各向异性的介质而言，电场强度 E 和电位移矢量 D 满足

$$\begin{Bmatrix} D_x \\ D_y \\ D_z \end{Bmatrix} = \begin{bmatrix} \varepsilon_{\text{rx}} & 0 & 0 \\ 0 & \varepsilon_{\text{ry}} & 0 \\ 0 & 0 & \varepsilon_{\text{rz}} \end{bmatrix} \begin{Bmatrix} E_x \\ E_y \\ E_z \end{Bmatrix} \tag{5-2}$$

在均匀媒质中，电磁波的传播可以等同于在介电常数和磁导率分别为 ε 和 μ 的介质中均匀平面波的传播，Helmholtz 方程在均匀介质中的情形可以用式（5-3）表示

$$\nabla^2 E_s = -k^2 E_s \tag{5-3}$$

式中，$k = \omega \sqrt{\varepsilon \mu} = k_0 \sqrt{\varepsilon_r \mu_r}$ 为波数，而电场矢量对应的 Helmholtz 方程在时变电场中的形式为

$$\nabla \times [\bar{\bar{\mu}}_r^{-1} \cdot (\nabla \times E)] - k_0^2 \bar{\bar{\varepsilon}}_r \cdot E = -j\omega\mu_0 J_s \tag{5-4}$$

式中，ω 代表角频率；J_s 则代表电流源密度。

上述 Helmholtz 方程的弱电流形式可以使用 R 和 T 这样一组矢量函数表示

$$\langle R, T \rangle = \iiint\limits_{\Omega} \{ (\nabla \times T)[\bar{\bar{\mu}}_r^{-1} \cdot (\nabla \times E)] - k_0^2 \bar{\bar{\varepsilon}}_r \cdot E \} \, \text{d}\Omega +$$

$$j\omega\mu_0 \iiint\limits_{\Omega_S} T \cdot J_s \text{d}\Omega_S - j\omega\mu_0 \iint\limits_{\Gamma_0 + \Gamma_1} T \cdot (\hat{n} \times H) \text{d}\Gamma + \tag{5-5}$$

$$j\omega\mu_0 \iint\limits_{\Gamma_r} Y \cdot (\hat{n} \times T \cdot (\hat{n} \times E)) \text{d}\Gamma_r$$

式中，Y 代表单位导纳；$\hat{n}$ 为单位法矢量。

电场强度从复合材料内部结构的角度来看可以分为两组分量，分别是水平分量 E_t 和垂直分量 E_z，二者满足 $E = E_t + \hat{z}E_z$，此时式（5-5）可变换为

$$R, T = \eta^2 \iint\limits_{\Omega} [(\nabla_t W_z + W_t) \times \hat{z} \cdot \bar{\bar{\mu}}_r^{-1} \cdot (\nabla_t e_z + e_t) \times \hat{z} - k_0^2 W_z \varepsilon_{\text{r,zz}} e_z] \text{d}\Omega +$$

$$\iint_{\Omega} \left[\left(\nabla_t \times \boldsymbol{W}_t \right) \cdot \overline{\overline{\mu}}_r^{-1} \cdot \left(\nabla_t \times \boldsymbol{e}_t \right) - k_0^2 W_t \overline{\overline{\varepsilon}}_{r,t} \boldsymbol{e}_t \right] \mathrm{d}\Omega \tag{5-6}$$

有限元类型的矩阵方程形式为

$$\begin{bmatrix} k_{\max}^2 \left[\overline{S}_z \right] & k_{\max}^2 \left[G_z \right] \\ k_{\max}^2 \left[G_t \right] & k_{\max}^2 \left[Q_t \right] + \left[\overline{S}_t \right] \end{bmatrix} \begin{Bmatrix} \{E_z\} \\ \{E_t\} \end{Bmatrix} = \left(k_{\max}^2 - \eta^2 \right) \begin{bmatrix} \left[\overline{S}_z \right] & \left[G_z \right] \\ \left[G_t \right] & \left[Q_t \right] \end{bmatrix} \begin{Bmatrix} \{E_z\} \\ \{E_t\} \end{Bmatrix} \tag{5-7}$$

式中，$\left[\overline{S}_t \right] = \left[S_t \right] - k_0^2 \left[T_t \right]$；$\left[\overline{S}_z \right] = \left[S_z \right] - k_0^2 \left[T_z \right]$；$k_{\max}$ 为复合材料中最大的介质波数，上式中的单位矩阵可由式（5-8）计算得到

$$\begin{cases} S_{t,ij} = \iint_{\Omega} \left[\left(\nabla_t \times \boldsymbol{W}_{t,i} \right) \cdot \overline{\overline{\mu}}_r^{-1} \cdot \left(\nabla_t \times \boldsymbol{W}_{t,j} \right) \right] \mathrm{d}\Omega \\[2mm] Q_{t,ij} = \iint_{\Omega} \left[\left(\boldsymbol{W}_{t,i} \times \hat{z} \right) \cdot \overline{\overline{\mu}}_r^{-1} \cdot \left(\boldsymbol{W}_{t,j} \times \hat{z} \right) \right] \mathrm{d}\Omega \\[2mm] G_{t,ij} = \iint_{\Omega} \left[\left(\nabla W_{z,i} \times \hat{z} \right) \cdot \overline{\overline{\mu}}_r^{-1} \cdot \left(\boldsymbol{W}_{z,j} \times \hat{z} \right) \right] \mathrm{d}\Omega \\[2mm] T_{t,ij} = \iint_{\Omega} \boldsymbol{W}_{t,i} \cdot \overline{\overline{\varepsilon}}_{r,t} \cdot \boldsymbol{W}_{t,j} \mathrm{d}\Omega \end{cases} \tag{5-8}$$

因此通过求解式（5-7）可以得到电场强度的水平分量和垂直分量，进而求解出电磁场的值。

对于不同介质组成的复合材料的等效电磁参数，传统的方法是采用等效媒质理论中的经典公式进行计算，例如，适用于求解掺杂球形颗粒型复合材料的等效介电常数的 Maxwell – Garnett 混合公式[277]

$$\varepsilon_{\mathrm{eff}} = \varepsilon_s + 3\varepsilon_s \left[\left(\sum_{i=1}^N \alpha_i \frac{\varepsilon_i - \varepsilon_s}{\varepsilon_i + 2\varepsilon_s} \right) \bigg/ \left(1 - \sum_{i=1}^N \alpha_i \frac{\varepsilon_i - \varepsilon_s}{\varepsilon_i + 2\varepsilon_s} \right) \right] \tag{5-9}$$

式中，ε_s 为基体材料的介电常数；N 为基体内部掺杂的球形颗粒的种类数；ε_i 为第 i 种球形颗粒的介电常数；α_i 则为这种球形颗粒所占据的体积数，此公式要求球形颗粒不相互重叠且尺寸不能大于 $\pi/6$。对于仅由球形颗粒组成而不存在基体的复合材料，其等效介电常数可采用 Bruggeman 公式[278]进行求解

$$\sum_{i=1}^N \alpha_i \frac{\varepsilon_i - \varepsilon_{\mathrm{eff}}}{\varepsilon_i + 2\varepsilon_{\mathrm{eff}}} = 0 \tag{5-10}$$

Lichtenecker 公式被应用在有机复合材料的等效电磁参数的计算中，ε_r 和 ε_f 为其两种组成成分的介电常数，二者所占据的体积数分别为 α_r 和 α_f，则该有机复合材料的等效介电常数的具体表达式为

$$\ln \varepsilon_{\mathrm{eff}} = \alpha_r \ln \varepsilon_r + \alpha_f \ln \varepsilon_f \tag{5-11}$$

当混合物的组成部分的取向和形状满足随机分布时，则有适用范围更广的 Lichtenecker 混合公式[279]

$$\ln \varepsilon_{\mathrm{eff}} = \sum_{i=1}^N \alpha_i \ln \varepsilon_i = \ln \left(\prod_{i=1}^N \varepsilon_i^{\alpha_i} \right) \tag{5-12}$$

5.1.2　基于强扰动理论的参数等效法

强扰动理论最初是针对颗粒混合类型的媒质而提出的等效电磁参数计算方法，当前也

被应用在结构型复合吸波材料的等效电磁参数分析当中。

对于麦克斯韦方程组可以改写成如下的形式

$$\nabla \times \boldsymbol{F} = -\mathrm{j}\omega \overline{\overline{T}}\,\overline{\overline{C}} \cdot \boldsymbol{F} + \overline{\overline{T}}\boldsymbol{J} \qquad (5-13)$$

式中，$\boldsymbol{F}$ 为场量；$\boldsymbol{J}$ 代表源；$\overline{\overline{T}}$ 和 $\overline{\overline{C}}$ 分别表示转换矩阵和本构矩阵，具体表达式如式（5-14）所示

$$\boldsymbol{F} = \begin{bmatrix} \boldsymbol{E} \\ \boldsymbol{H} \end{bmatrix}, \quad \boldsymbol{J} = \begin{bmatrix} \boldsymbol{J}_{\mathrm{e}} \\ \boldsymbol{J}_{\mathrm{m}} \end{bmatrix}, \quad \overline{\overline{T}} = \begin{bmatrix} 0 & -\overline{\overline{I}} \\ \overline{\overline{I}} & 0 \end{bmatrix}, \quad \overline{\overline{C}} = \begin{bmatrix} \overline{\overline{\boldsymbol{\varepsilon}}} & 0 \\ 0 & \overline{\overline{\boldsymbol{\mu}}} \end{bmatrix} \qquad (5-14)$$

式中，$\overline{\overline{I}}$ 代表单位张量；$\overline{\overline{\boldsymbol{\varepsilon}}}$ 为介电常数张量；$\overline{\overline{\boldsymbol{\mu}}}$ 为磁导率张量。

图 5-2 显示了一种复合材料的介质分布的局部区域 P；区域的内部为均匀的介质体 Ω；其本构矩阵设为 $\overline{\overline{C}}_{\mathrm{i}}$；体源为 $\boldsymbol{J}(\boldsymbol{x})$；区域外部介质的本构矩阵设为 $\overline{\overline{C}}_{\mathrm{o}}$。

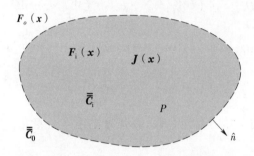

图 5-2　复合材料介质分布区域示意图

假设在区域 P 外的源在其内部介质体内产生的场为 $\boldsymbol{F}_{\mathrm{i}}^{o}(\boldsymbol{x})$，在外部介质产生的场为 $\boldsymbol{F}_{\mathrm{o}}^{o}(\boldsymbol{x})$，则式（5-13）的解具有以下形式

$$\boldsymbol{F}_{\mathrm{i}}(\boldsymbol{x}) = \boldsymbol{F}_{\mathrm{i}}^{o}(\boldsymbol{x}) + \int_{\Omega} \overline{\overline{G}}_{\mathrm{i}}(\boldsymbol{x},\boldsymbol{x}') \cdot \boldsymbol{J}(\boldsymbol{x}')\,\mathrm{d}\boldsymbol{x}'$$
$$\boldsymbol{F}_{\mathrm{o}}(\boldsymbol{x}) = \boldsymbol{F}_{\mathrm{o}}^{o}(\boldsymbol{x}) + \int_{\Omega} \overline{\overline{G}}_{\mathrm{o}}(\boldsymbol{x},\boldsymbol{x}') \cdot \boldsymbol{J}(\boldsymbol{x}')\,\mathrm{d}\boldsymbol{x}' \qquad (5-15)$$

式中，$\overline{\overline{G}}_{\mathrm{i}}(\boldsymbol{x}, \boldsymbol{x}')$ 和 $\overline{\overline{G}}_{\mathrm{o}}(\boldsymbol{x}, \boldsymbol{x}')$ 分别表示介质体 Ω 内部和外部的并矢格林函数。$\overline{\overline{G}}(\boldsymbol{x}, \boldsymbol{x}')$ 主要由奇异项和主值组成

$$\overline{\overline{G}}(\boldsymbol{x},\boldsymbol{x}') = P.\,V.\,\overline{\overline{G}}(\boldsymbol{x},\boldsymbol{x}') + \overline{\overline{S}}\delta(\boldsymbol{x}-\boldsymbol{x}') \qquad (5-16)$$

式中，$\overline{\overline{S}}$ 表示奇异矩阵，如式（5-17）所示

$$\overline{\overline{S}} = \begin{bmatrix} \mathrm{j}\omega\overline{\overline{\boldsymbol{\mu}}} \cdot \overline{\overline{S}}_{e} & 0 \\ 0 & \mathrm{j}\omega\overline{\overline{\boldsymbol{\mu}}} \cdot \overline{\overline{S}}_{\mathrm{m}} \end{bmatrix} \qquad (5-17)$$

介质体的 $\overline{\overline{\boldsymbol{\varepsilon}}}$ 和 $\overline{\overline{\boldsymbol{\mu}}}$ 在内部无源情况下是关于位置的随机函数，因此可以采用一个等效源 $\boldsymbol{J}_{\mathrm{eq}}(\boldsymbol{x})$ 来建立本构矩阵方程

$$\boldsymbol{J}_{\mathrm{eq}}(\boldsymbol{x}) = -\mathrm{j}\omega\big[\overline{\overline{C}}(\boldsymbol{x}) - \overline{\overline{C}}_{\mathrm{g}}\big] \cdot \boldsymbol{F}_{\mathrm{i}}(\boldsymbol{x}) \qquad (5-18)$$

式中，$\overline{\overline{C}}_{\mathrm{g}}$ 是一个恒定的张量，是由媒质的电磁场在多次随机扰动下的系统平均确定的值，令

$$\boldsymbol{\varphi}(\boldsymbol{x}) = \big[\overline{\overline{C}}(\boldsymbol{x}) - \overline{\overline{C}}_{\mathrm{g}}\big] \cdot \big\{\overline{\overline{E}} + \mathrm{j}\omega\overline{\overline{S}} \cdot \big[\overline{\overline{C}}(\boldsymbol{x}) - \overline{\overline{C}}_{\mathrm{g}}\big]\big\} \qquad (5-19)$$

$$\boldsymbol{\psi}(\boldsymbol{x}) = \big\{\overline{\overline{E}} + \mathrm{j}\omega\overline{\overline{S}} \cdot \big[\overline{\overline{C}}(\boldsymbol{x}) - \overline{\overline{C}}_{\mathrm{g}}\big]\big\} \cdot \boldsymbol{F}_{\mathrm{i}}(\boldsymbol{x}) \qquad (5-20)$$

式中，$\overline{\overline{E}}$ 表示单位张量，则随机媒质的内场和外场方程可以转换为

$$\boldsymbol{\psi}(\boldsymbol{x}) = \boldsymbol{F}_o^o(\boldsymbol{x}) - j\omega \int_\Omega P.\,V.\,\overline{\overline{\boldsymbol{G}}}_o(\boldsymbol{x},\boldsymbol{x}') \cdot \boldsymbol{\varphi}(\boldsymbol{x}') \cdot \boldsymbol{\psi}(\boldsymbol{x}')\,\mathrm{d}\boldsymbol{x}' \tag{5-21}$$

$$\boldsymbol{F}(\boldsymbol{x}) = \boldsymbol{F}_o^o(\boldsymbol{x}) - j\omega \int_\Omega \overline{\overline{\boldsymbol{G}}}_o(\boldsymbol{x},\boldsymbol{x}') \cdot \boldsymbol{\varphi}(\boldsymbol{x}') \cdot \boldsymbol{\psi}(\boldsymbol{x}')\,\mathrm{d}\boldsymbol{x}' \tag{5-22}$$

媒质的电磁场的系统平均值为

$$\langle \boldsymbol{\psi}(\boldsymbol{x}) \rangle = \boldsymbol{F}_i^o(\boldsymbol{x}) - j\omega \int_\Omega P.\,V.\,\overline{\overline{\boldsymbol{G}}}_o(\boldsymbol{x},\boldsymbol{x}') \cdot \langle \boldsymbol{\varphi}(\boldsymbol{x}') \cdot \boldsymbol{\psi}(\boldsymbol{x}') \rangle\,\mathrm{d}\boldsymbol{x}' \tag{5-23}$$

考虑随机扰动场 $\boldsymbol{\psi}_\mathrm{m}(\boldsymbol{x})$，则有

$$\boldsymbol{\psi}(\boldsymbol{x}) = \langle \boldsymbol{\psi}(\boldsymbol{x}) \rangle + \boldsymbol{\psi}_\mathrm{m}(\boldsymbol{x}) \tag{5-24}$$

结合上式，求解得到内场和外场的系统平均值为

$$\langle \boldsymbol{\psi}(\boldsymbol{x}) \rangle = \boldsymbol{F}_i(\boldsymbol{x}) - \omega^2 \int_\Omega P.\,V.\,\overline{\overline{\boldsymbol{G}}}_i(\boldsymbol{x},\boldsymbol{x}') \cdot \langle \boldsymbol{\tau}(\boldsymbol{x}') \cdot P.\,V.\,\overline{\overline{\boldsymbol{G}}}_i(\boldsymbol{x},\boldsymbol{x}'')\boldsymbol{\tau}(\boldsymbol{x}'') \rangle \cdot \langle \boldsymbol{\psi}(\boldsymbol{x}'') \rangle\,\mathrm{d}\boldsymbol{x}'\mathrm{d}\boldsymbol{x}'' \tag{5-25}$$

$$\langle \boldsymbol{F}(\boldsymbol{x}) \rangle = \boldsymbol{F}_o(\boldsymbol{x}) - \omega^2 \int_\Omega P.\,V.\,\overline{\overline{\boldsymbol{G}}}_o(\boldsymbol{x},\boldsymbol{x}') \cdot \langle \boldsymbol{\tau}(\boldsymbol{x}') \cdot P.\,V.\,\overline{\overline{\boldsymbol{G}}}_o(\boldsymbol{x},\boldsymbol{x}'')\boldsymbol{\tau}(\boldsymbol{x}'') \rangle \cdot \langle \boldsymbol{\psi}(\boldsymbol{x}'') \rangle\,\mathrm{d}\boldsymbol{x}'\mathrm{d}\boldsymbol{x}'' \tag{5-26}$$

根据蜂窝吸波结构的等效本构矩阵，利用强扰动理论就可以求解蜂窝吸波结构的等效电磁参数，其等效本构矩阵是在长波长且不考虑工作频率的情况下得到的静态本构矩阵，而对于内部不均匀度较大的蜂窝吸波材料来说，频率的升高会导致其出现色散特性，此时不再满足长波长条件，因此需要计算用于表示色散特性的相关项，这就增加了等效电磁参数计算的复杂度。

5.1.3　蜂窝吸波结构的等效电磁参数反演

前两节介绍了提取复合材料的等效电磁参数的经典方法，但是当电磁波的频率升高时，蜂窝吸波结构这种复合材料的色散特性凸显，不再满足上述电磁参数等效方法所要求的长波长条件，因此本节介绍一种基于电磁仿真软件 CST Microwave Studio 的 S 参数反演法用于提取蜂窝吸波结构的等效电磁参数。

最初 S 参数的获取是通过对实物进行自由空间法测试获得的，随着电磁仿真技术的发展，基于电磁仿真软件可以快速获得复合材料的透射和反射系数即 S 参数，再通过 S 参数和电磁参数之间的关系进而完成对复合材料等效电磁参数的提取，降低了复合材料的研发成本，提高了复合材料的设计效率，下面对其理论进行推导。

图 5 - 3（a）显示了一个处在自由空间中的各向同性均匀介质板，其厚度为 d，介质板两侧分别设置 port1 和 port2 两个端口的参考平面，通过仿真可以得到均匀介质板在自由空间中的 S 参数，分别为总透射系数 S_{21} 和总反射系数 S_{11}，当平面波垂直入射至介质板时，电磁波会经过多次的透射和反射，每一次的透射和反射系数变化如图 5 - 3（b）所示。

由平面波垂直入射的 S 参数变化可得

$$S_{11} = \Gamma - (1 - \Gamma^2)(\Gamma T^2 + \Gamma^3 T^4 + \Gamma^5 T^6 + \cdots) =$$
$$\Gamma - \frac{(1 - \Gamma^2)}{\Gamma}(\Gamma^2 T^2 + \Gamma^4 T^4 + \Gamma^6 T^6 + \cdots) = \tag{5-27}$$

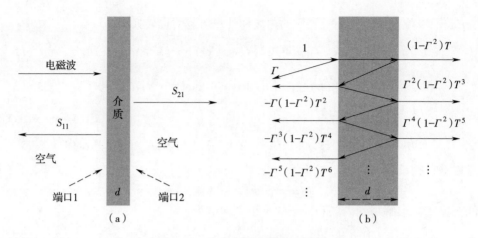

图 5 – 3 自由空间法测试示意图

（a）均匀介质板 （b）平面波垂直入射的 S 参数变化

$$S_{21} = T(1-\Gamma^2)(1+\Gamma^2 T^2+\Gamma^4 T^4+\Gamma^6 T^6+\cdots) = \begin{array}{c} \Gamma - \dfrac{(1-\Gamma^2)}{\Gamma}\displaystyle\sum_{n=1}^{\infty}\Gamma^{2n}T^{2n} \\[4mm] T(1-\Gamma^2)\displaystyle\sum_{n=0}^{\infty}\Gamma^{2n}T^{2n} \end{array} \tag{5-28}$$

式中，Γ 为平面波经过空气介质传播至均匀介质板表面的反射系数；T 为平面波经过介质板后的传输系数，二者的具体表达式为

$$\Gamma = (\sqrt{\mu_r/\varepsilon_r}-1)/(\sqrt{\mu_r/\varepsilon_r}+1) \tag{5-29}$$

$$T = e^{-jk_0\sqrt{\mu_r\varepsilon_r}d} \tag{5-30}$$

式中，ε_r 为均匀介质板的相对介电常数；μ_r 为其相对磁导率；k_0 为电磁波在自由空间中的波数。

式（5 – 31）给出了几何级数的求和公式

$$\sum_{n=0}^{\infty}x^n = \frac{1}{1-x} \qquad |x|<1 \tag{5-31}$$

则 S_{21} 和 S_{11} 的表达式可以简化为

$$S_{11} = \frac{\Gamma(1-T^2)}{1-\Gamma^2 T^2}, \quad S_{21} = \frac{T(1-\Gamma^2)}{1-\Gamma^2 T^2} \tag{5-32}$$

求解式（5 – 27）可得 Γ 和 T 的 S 参数表达式

$$\Gamma = K \pm \sqrt{K^2-1} \qquad |\Gamma|<1$$

$$K = \frac{S_{11}^2-S_{21}^2+1}{2S_{11}} \tag{5-33}$$

$$T = \frac{S_{11}+S_{21}-\Gamma}{1-(S_{11}+S_{21})\Gamma}$$

将仿真后得到的 S_{21} 和 S_{11} 代入式（5 – 33）即可求出 Γ 和 T 的值，从而反演出均匀介质板的 ε_r 和 μ_r 如式（5 – 34）所示

$$\varepsilon_r = \frac{Q^2}{\mu_r}, \quad \mu_r = \frac{(1+\Gamma)}{1-\Gamma}Q, \quad Q = \frac{j\ln T}{dk_0} \tag{5-34}$$

由式（5 – 33）和式（5 – 34）可知，通过 CST 软件仿真得到的 S 参数就可以求解介质板的电磁参数。由于蜂窝吸波结构属于周期性复合材料，因此根据 3.2 节介绍的 Floquet 定理，只需要将均匀介质板替换为蜂窝吸波单元结构，就可以反演出蜂窝吸波结构的等效电磁参数，代入到大小和厚度相同的均匀平板介质中，就可以分析有限大蜂窝吸波结构的电磁散射特性，提高了蜂窝吸波结构的设计效率。

5.1.4　基于传输线理论的反射率计算

得到蜂窝吸波结构的等效电磁参数之后，可以在 CST 软件中建立等效均匀介质板模型，通过仿真的手段来获得其反射率，另外也可以通过传输线理论计算求出等效均匀介质板的反射率[280]。

传输线指的是用于传输电磁能量的电路系统，因此传输线理论也是基于电路系统进行推导的[281]，这里对其推导过程不再赘述。基于传输线的相关理论，对于单层均匀介质结构，当自由空间中的电磁波垂直入射到该结构的表面时，其反射损耗可以用式（5 – 35）来表示

$$R = 20\lg\left|\frac{Z - Z_0}{Z + Z_0}\right| \tag{5 – 35}$$

式中，$Z_0 = \sqrt{\mu_0/\varepsilon_0}$ 表示自由空间波阻抗；ε_0 和 μ_0 为自由空间的电磁参数；Z 为均匀介质阻抗，可通过式（5 – 36）计算得到

$$Z = Z_0\sqrt{\frac{\mu}{\varepsilon}}\tanh\left(\frac{2\pi f d}{c}i\sqrt{\mu\varepsilon}\right) \tag{5 – 36}$$

式中，d 为均匀介质的厚度；μ 和 ε 为均匀介质的电磁参数；c 为电磁波在真空中传播的速度，在数值上等于光速。

对于多层介质结构，其反射率同样可以通过传输线理论进行计算，以三层介质结构为例，假设每一层的介质阻抗分别为 Z_1、Z_2 和 Z_3，当入射波为平面波时，总的传输系数 T 为

$$T = \frac{2Z_0}{Z_3 + Z_0} \times \frac{2Z_3}{Z_3 + Z_2} \times \frac{2Z_2}{Z_2 + Z_1} \times \frac{2Z_1}{Z_1 + Z_0} \tag{5 – 37}$$

因此，其反射损耗满足式（5 – 38）

$$\begin{aligned}R = -20\lg&\left|\frac{2Z_0}{Z_3 + Z_0} \times \frac{2Z_3}{Z_3 + Z_2} \times \frac{2Z_2}{Z_2 + Z_1} \times \frac{2Z_1}{Z_1 + Z_0}\right| = \\ &20\lg\left(\frac{1}{2}\left|1 + \frac{Z_1}{Z_0}\right|\right) + 20\lg\left(\frac{1}{2}\left|1 + \frac{Z_2}{Z_1}\right|\right) + \\ &20\lg\left(\frac{1}{2}\left|1 + \frac{Z_3}{Z_2}\right|\right) + 20\lg\left(\frac{1}{2}\left|1 + \frac{Z_0}{Z_3}\right|\right)\end{aligned} \tag{5 – 38}$$

5.2　蜂窝吸波结构的设计

5.2.1　蜂窝吸波结构单元的设计

本章所采用的蜂窝吸波结构是由芳纶纸通过浸渍吸波涂料制成，其中，芳纶纸构成了蜂窝吸波结构的基底材料，相对介电常数为 $\varepsilon_{r1} = 1.6$，相对磁导率为 $\mu_{r1} = 1$，采用两种吸波涂料，二者的电磁参数分别如图 5 – 4（a）、（b）所示。

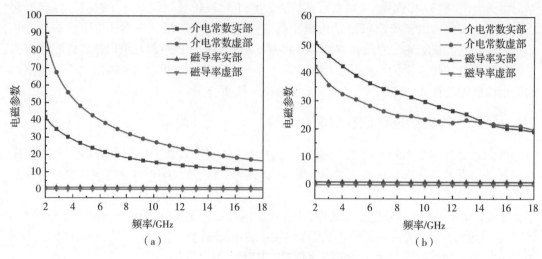

图 5-4　吸波涂层的电磁参数曲线

（a）吸波涂料 1　（b）吸波涂料 2

　　采用 CST 商业软件对蜂窝吸波单元结构进行建模和等效电磁参数的提取，图 5-5 给出了蜂窝吸波结构（honeycomb absorbing structure，HAS）的整体视图以及蜂窝单元模型。蜂窝单元模型是由蜂窝芯以及吸波涂层结构组成，整个蜂窝单元的大小为 $2\sqrt{3}r \times 2r$，其中，对于蜂窝吸波结构 1（HAS1）：$r = 2.75\text{mm}$，蜂窝芯的壁厚为 $h_1 = 0.1\text{mm}$，吸波涂层采用吸波涂料 1 制成，厚度为 $t = 0.088\text{mm}$，蜂窝芯的高度为 $h_2 = 6\text{mm}$。

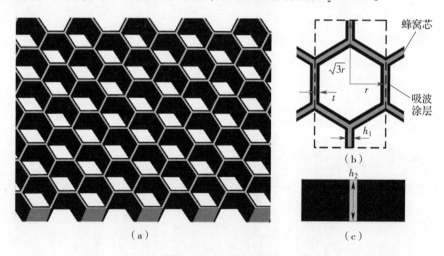

图 5-5　HAS1 示意图

（a）整体视图　（b）单元结构俯视图　（c）单元结构侧视图

　　蜂窝吸波结构 2（HAS2）的单元模型同样由蜂窝芯以及吸波涂层结构组成，整个蜂窝单元的大小为 $2\sqrt{3}r \times 2r$，其中，$r = 2.75\text{mm}$，蜂窝芯的壁厚为 $h_1 = 0.02\text{mm}$，吸波涂层采用吸波涂料 2 制成，厚度为 $t = 0.055\text{mm}$，蜂窝芯的高度为 $h_2 = 17\text{mm}$。将上述两种蜂窝单元模型按照 x 轴和 y 轴方向周期排列，组成本章所采用的蜂窝吸波结构。

　　为了探究蜂窝吸波结构的电磁散射特性，基于 S 参数反演了两种蜂窝吸波单元结构的等效电磁参数，具体步骤如下：

（1）基于 CST 电磁仿真软件建立蜂窝吸波单元结构，蜂窝孔格的开口方向为 z 方向，电磁波沿 $-z$ 方向垂直入射。

（2）设置边界条件：x 和 y 方向均设为 unit cell，z 方向为 open（add space），定义两端的波端口 Z_{max} 和 Z_{min}，并将其参考平面移至蜂窝吸波单元结构的上、下表面，如图 5-6 所示。

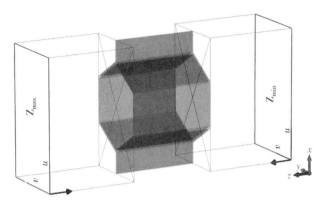

图 5-6　边界条件设置示意图

（3）仿真后进行后处理，进入 S 参数，选择 Extract Material Properties from S – Parameters，设置 S 参数如下：$S_{11} = S$ – Parameters $\backslash SZ_{max}(1)$，$Z_{max}(1)$，$S_{21} = S$ – Parameters $\backslash SZ_{min}(1)$，$Z_{max}(1)$，最后输入蜂窝吸波单元结构的有效厚度。

通过上述步骤反演得到了 HAS1 和 HAS2 单元结构的等效电磁参数，分别如图 5-7（a）、（b）所示。

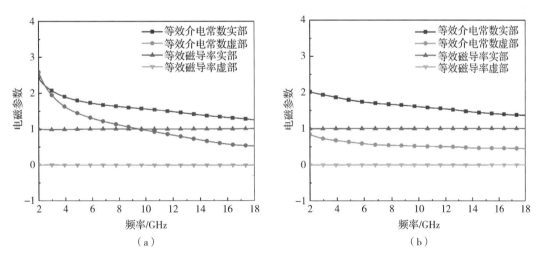

图 5-7　蜂窝吸波单元结构的等效电磁参数曲线

（a）HAS1　（b）HAS2

在 CST 中建立厚度分别为 6mm 和 17mm 的均匀介质平板仿真模型，并将蜂窝吸波结构的等效电磁参数分别代入到两个介质平板中，通过对比均匀介质平板以及蜂窝吸波单元结构的反射率来验证所提取的等效电磁参数的准确性，在仿真条件设置中，电磁波沿 z 轴垂直入射，仿真频率范围为 2~18 GHz。另外，通过传输线理论计算介质平板的反射率对仿真结果进行辅助验证。

图 5-8 显示了两种蜂窝吸波单元结构与各自等效均匀介质平板的反射率对比曲线。从图中可以看出，两种蜂窝吸波结构与其等效均匀介质平板的反射率仿真以及理论计算结果较为吻合，验证了 S 参数反演法得到的等效电磁参数的准确性，其中，HAS1 等效平板的反射率的仿真结果在 12GHz 附近达到最小为 -14dB，-10dB 吸波带宽为 8.7GHz（9.3~18GHz）。HAS2 在 4GHz 和 11GHz 附近出现了两个反射率谷值，分别为 -9.5dB 和 -19.7dB，-10dB 吸波带宽为 8.8GHz（9.2~18GHz）。

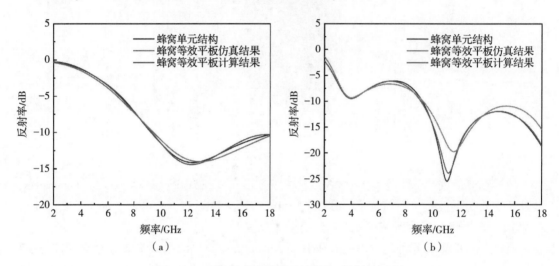

图 5-8　两种蜂窝吸波单元结构的反射率对比图

（a）HAS1　（b）HAS2

5.2.2　蜂窝吸波结构的制备

本章所设计的蜂窝吸波结构是通过将芳纶纸材质的蜂窝芯基体浸渍在吸波涂料浆液中制备而成的，具体制备流程如图 5-9 所示。

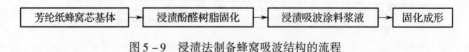

图 5-9　浸渍法制备蜂窝吸波结构的流程

（1）对 6mm 和 17mm 厚度的蜂窝芯基体进行去尘处理以便更好地固化和浸渍，浸渍之前对蜂窝芯称重并记录。

（2）将蜂窝芯放入装有酚醛树脂材料的浸渍池中进行固化处理，此步骤需要注意控制蜂窝芯基体进行固化处理后的密度。

（3）将 6mm 厚度的蜂窝芯基体浸入到装有吸波涂料 1 浆液的浸渍池中，而 17mm 厚度的蜂窝芯基体则被浸入到装有吸波涂料 2 浆液的浸渍池中，在浸渍过程中需要不断地翻转蜂窝芯基体以防止出现吸波涂料浸渍不均匀的情况，浸渍的时长和所需要的吸波涂层厚度呈正相关，每次浸渍完成后，对其进行烘干并称重，通过重复浸渍和烘干直到达到期望的吸波涂层厚度所需要的增重量。

吸波涂层的厚度一般采用增加重量的百分比来进行量化，吸收剂厚度 t 与增重 A 之间的关系式为

$$t = \frac{\sqrt{3}}{2}l\left[1 - \sqrt{1 - \frac{\rho_\mathrm{H}}{\rho_\mathrm{a}}A}\right] \tag{5-39}$$

式中，l 为蜂窝结构的边长；ρ_H 为蜂窝芯固化之后的密度；ρ_a 为吸波涂料浆液的密度。

5.2.3　蜂窝吸波结构的反射率测试

5.2.3.1　弓形架反射率测试系统

采用弓形测试法对制备的蜂窝吸波结构样品进行反射率测量，如图 5-10 所示，一对收发喇叭天线安装在拱形架上，待测样件放置于喇叭天线的正下方，在待测样件周围放置锥形吸波材料以减少测量环境的干扰，提高测量精度。收发喇叭天线与矢量网络分析仪相连，微波信号由矢量网络分析仪产生，并且由喇叭天线 1 发射后，依次经过待测样件、金属背板，经金属背板反射后由喇叭天线 2 接收，经过矢量网络分析仪计算得到反射率测试结果。

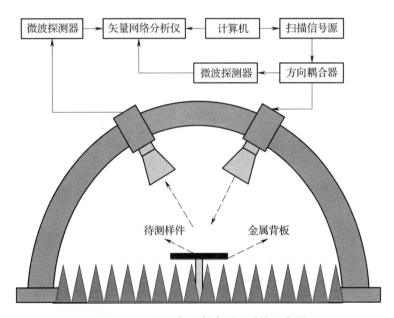

图 5-10　弓形架反射率测试系统示意图

需要注意的是，在垂直入射的情况下要保证收发喇叭天线尽可能地靠近，通过改变喇叭天线在拱形架上的位置，就可以测量待测样件在斜入射情况下的反射率。另外测量时在距离上要满足远场条件，即 $d > 2D^2/\lambda$，这里 d 为天线与待测样件之间的距离，D 为待测样品边长和天线口径中的较大值。

5.2.3.2　反射率测试结果分析

测量标准依据《雷达吸波材料反射率测试方法》，采用的宽带喇叭天线的测量频段范围为 2~18GHz，采用的矢量网络分析仪型号为 Anritsu-MS4644B，实验室蜂窝吸波结构的测试环境如图 5-11 所示。

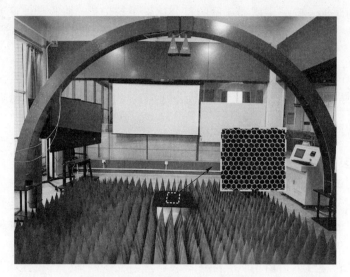

图 5-11　蜂窝吸波结构反射率测试

图 5-12 对比了 HAS1 和 HAS2 等效介质平板的反射率仿真结果和制备样件的反射率测试结果，可以看出，两种蜂窝吸波结构的仿真和实测结果比较吻合，而反射率谷值的位置有所偏移。

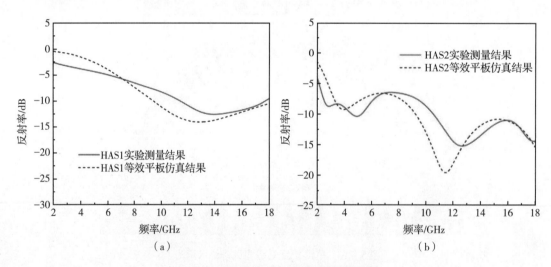

图 5-12　蜂窝吸波结构反射率测量结果

(a) HAS1　(b) HAS2

从反射率的实验测量结果可以看出，制备的 HAS1 的 -10dB 吸波带宽为 6.4GHz（11.4 ~ 17.8GHz），反射率谷值出现在 13.75GHz 频点处为 -12.5dB。制备的 HAS2 的 -10dB 吸波带宽为 8.3GHz（4.5 ~ 5.3GHz，10.5 ~ 18GHz），在 4.9GHz 和 12.63GHz 附近出现了两个反射率谷值，分别为 -10.5dB 和 -15.3dB。考虑到在蜂窝芯的制备以及浸渍吸收剂的过程中，难以保证蜂窝孔格尺寸的一致性以及正反两面吸收涂料的均匀性，因此仿真和实测结果的偏差在能够接受的范围内。

5.3 ICP 叠加蜂窝吸波结构的散射特性分析

本节通过仿真和实验的手段对 ICP 叠加蜂窝复合吸波结构的电磁散射特性进行探究，将蜂窝吸波结构叠放在 ICP 外部不仅可以增加一种吸波机制，而且还可以利用非均匀等离子体的多重反射和折射作用，使得反射电磁波可以斜入射进入到蜂窝孔格结构中形成多次反射，从而充分发挥该复合吸波结构的 RCS 缩减性能，产生"1 + 1 > 2"的效果。

5.3.1 全波仿真分析

选取 2cm 厚度的 Ar – ICP 与两种蜂窝吸波结构进行叠加，如图 5 – 13 所示，通过 CST 软件建立 ICP 叠加蜂窝复合吸波结构（ICP – HAS）的有限大仿真模型并对其 RCS 缩减性能进行仿真分析，同时建立 ICP 叠加 HAS 等效介质平板的模型进行仿真对比验证。

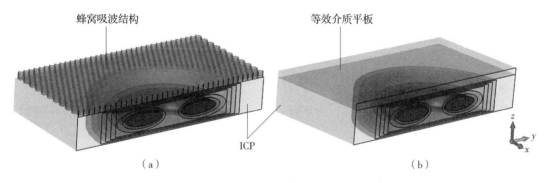

图 5 – 13　CST 仿真模型

（a）ICP – HAS　（b）ICP 叠加蜂窝吸波结构等效介质平板

图 5 – 14（a）对比了功率为 300W，气压分别为 5Pa 以及 25Pa 条件下 ICP – HAS1 和 ICP 叠加 HAS1 等效介质平板的 RCS 缩减仿真结果，可以看出，二者的差异较小，再次证明了通过 S 参数反演法所得到的蜂窝吸波结构的等效电磁参数的准确性，因此，为了提高仿真计算的效率，将复合吸波结构模型中的 HAS 替换为等效介质平板进行仿真计算。

图 5 – 14（b）显示了 ICP – HAS1 在不同气压和功率下的 RCS 缩减曲线，从图中可以看出，相比于同等放电条件下单纯 ICP 的 RCS 缩减曲线（见图 2 – 27），叠加 HAS1 之后，低频段和高频段的 RCS 缩减性能均得到了明显的提升，并且通过增大功率和气压也可以进一步提升复合吸波结构对电磁波的衰减效果。

图 5 – 15 显示了 ICP – HAS2 在不同放电条件下的 RCS 缩减曲线，可以看出，由于蜂窝吸波结构厚度的增大，该复合结构实现了对电磁波在更宽频带范围内的衰减效果，并且，此时改变射频功率和气压对复合结构的 RCS 缩减带宽及缩减峰值的调控作用不明显。

5.3.2 实验测量验证

选用厚度为 2cm 的石英放电腔室，平面尺寸为 200mm × 200 mm，将制备的蜂窝吸波结构和放电线圈紧贴放置在 ICP 放电腔室两侧构成本章所研究的 ICP – HAS 复合吸波结构，实物图如图 5 – 16 所示。

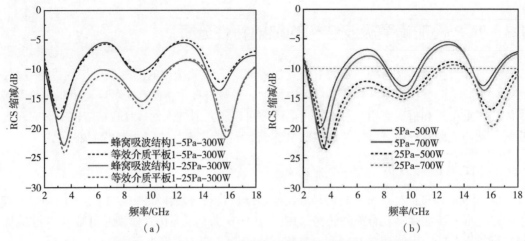

图 5 - 14 ICP - HAS1 在不同气压和功率下的 RCS 缩减曲线

(a) 300W   (b) 500~700W

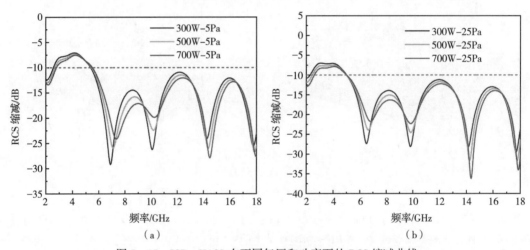

图 5 - 15 ICP - HAS2 在不同气压和功率下的 RCS 缩减曲线

(a) 5Pa   (b) 25Pa

图 5 - 16 ICP - HAS 的实物图

(a) ICP 未激发前   (b) ICP 激发后

采用自由空间法对 ICP - HAS1 的 RCS 缩减性能进行测量，图 5 - 17（a）、(b) 显示了 ICP - HAS1 在不同气压和功率下的 RCS 缩减曲线，从图中可以看出测量结果和仿真结果的变化趋势大致相同，二者的差异主要来源于测量环境干扰、样件的制备误差以及建立的仿真模型误差。

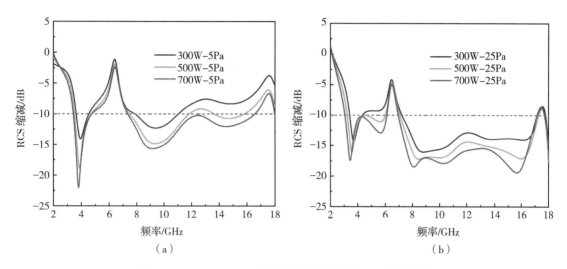

图 5 - 17　ICP - HAS1 在不同功率和气压下 RCS 缩减曲线

(a) 5Pa　(b) 25Pa

当气压为 5Pa，功率为 300W 时，ICP - HAS1 的 -10dB 缩减带宽为 4.13GHz（3.65 ~ 4.57GHz，7.85 ~ 11.06GHz），最大的 RCS 缩减峰值为 -14dB，当功率增加到 500W 和 700W 时，ICP - HAS1 的 -10dB 缩减带宽分别为 7.78GHz（3.49 ~ 4.74GHz，7.42 ~ 11.78GHz，13.62 ~ 15.79GHz）以及 10.63GHz（3.4 ~ 4.72GHz，7.32 ~ 16.63GHz），最大的 RCS 缩减峰值分别为 -18dB 和 -22dB，可见，ICP - HAS1 的 RCS 缩减带宽随着功率的增加而增大。当气压增加至 25Pa 时，从图 5 - 17（b）中可以看出，ICP - HAS1 的 RCS 缩减频带被进一步地拓宽，这主要是由于气压的增加导致 ν_c 升高，因此在一定程度上提高了 ICP 对电磁波的碰撞衰减性能。综上所述，相较于 2cm 厚度的 Ar - ICP，ICP - HAS1 可以实现更宽频带范围内的 RCS 缩减，并且可以通过改变气压和功率动态调控其 RCS 缩减性能。

当 ICP 与 HAS2 叠加时，实验测量结果如图 5 - 18 所示，与仿真结果一致，ICP - HAS2 的 RCS 缩减有了明显的提升，在 2 ~ 18GHz 范围内几乎实现了全频带 RCS 的 -10dB 缩减，此时继续增大气压和功率对 RCS 缩减的提升效果不明显，因此，ICP - HAS2 对电磁波衰减的主动调控性能不佳。

为了体现 ICP - HAS 复合结构的优势并且进一步验证在经过等离子体的多重反射和折射后的电磁波，斜入射进入到蜂窝孔格结构中，可以形成多次反射以充分发挥蜂窝结构的吸波性能，将 HAS2 的 RCS 缩减测量数据和功率为 500W，气压分别为 5Pa、25Pa 时 ICP 的 RCS 缩减测量数据进行叠加处理，并与相同实验条件下的 ICP - HAS2 整体的 RCS 缩减测量结果进行对比，如图 5 - 19 所示。从对比曲线可以明显地看出，在宽频范围内，ICP - HAS2 复合结构整体的 RCS 缩减值要比二者的 RCS 缩减测量结果叠加后的数值大，分析认

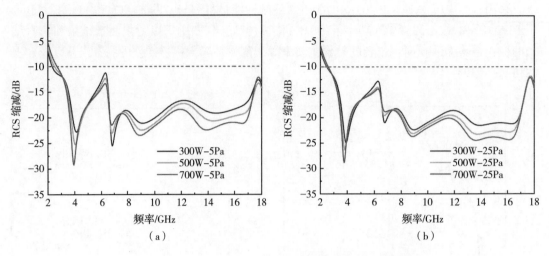

图 5 – 18 ICP – HAS2 在不同功率和气压下 RCS 缩减曲线

(a) 5Pa (b) 25Pa

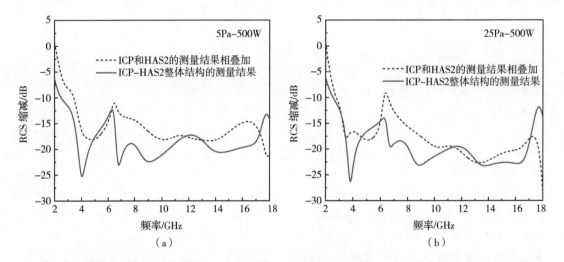

图 5 – 19 ICP 和 HAS2 的 RCS 缩减测量结果叠加与 ICP – HAS2 整体结构的 RCS 缩减测量结果对比图

(a) 5Pa – 500W (b) 25Pa – 500W

为所设计的 ICP – HAS2 复合结构不仅仅是增加了一种吸波机制，此外，由于 ICP 对电磁波的多重反射和折射作用，使得进入蜂窝吸波结构的反射电磁波能够被充分地衰减，从而实现更佳的 RCS 缩减效果。

5.4 ICP 内嵌蜂窝吸波结构的散射特性探究

为了降低 ICP – HAS 的整体厚度，考虑到蜂窝吸波结构中的独特的孔格结构可以为等离子体提供一定的放电空间，将蜂窝吸波结构放置在可拆卸的等离子体放电闭式腔体内部，在蜂窝吸波结构的孔格内激发等离子体，从而在不增加总体复合吸波结构厚度的情况下提升薄层感应耦合等离子体的宽频吸波效果。

5.4.1　全波仿真分析

在 CST 软件中建立 ICP 内嵌蜂窝吸波结构的仿真模型，如图 5 - 20 所示，ICP 厚度为 2cm，蜂窝吸波结构选取 17mm 厚度的 HAS2，建模时忽略蜂窝吸波结构对 ICP 的参数分布的影响，激励选取垂直入射的平面波。基于 CST 仿真软件的时域有限积分法对该复合吸波在不同放电条件（不同 ω_p 和 ν_c 空间分布）下的 RCS 缩减特性进行仿真分析。

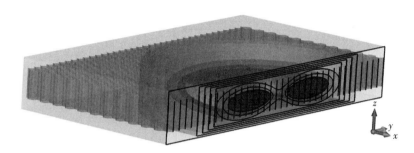

图 5 - 20　ICP 内嵌 HAS2 的 CST 仿真模型

图 5 - 21 显示了不同放电气压和功率条件下 ICP 内嵌 HAS2 的 RCS 缩减曲线，从图中可以看出，与 ICP - HAS2 结构的仿真结果相比，ICP 内嵌 HAS2 的 RCS 缩减性能虽然有所降低，但是可以在不增加整体结构厚度的情况下有效地拓宽 Ar - ICP 的 RCS 缩减频带，并且通过改变放电气压和射频功率可以实现 RCS 缩减性能的主动调控功能。

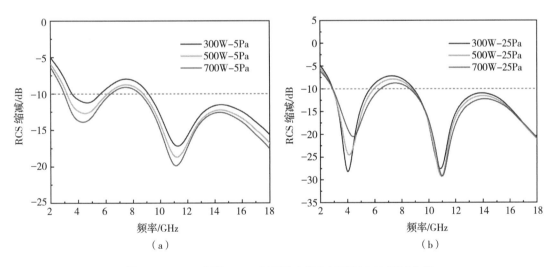

图 5 - 21　ICP 内嵌 HAS2 在不同功率和气压下 RCS 缩减曲线

(a) 5Pa　(b) 25Pa

5.4.2　实验测量验证

可拆卸式的石英放电腔室如图 5 - 22（a）所示，内部尺寸为 200mm × 200mm × 20mm，正面可拆卸的石英盖板通过环氧树脂材质的法兰与主腔室固定密封，主腔室设有进气管和抽气管，分别连接氩气瓶和抽气泵，为放电提供一定气压的工质气体 Ar。如

图 5 − 22（b）所示，主腔室内部放置 17mm 厚度的蜂窝吸波结构，放电线圈紧贴腔体外侧放置，为 ICP 的激发提供能量。

 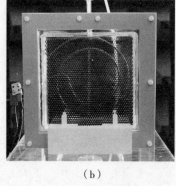 

（a）　　　　　　　　　　（b）　　　　　　　　　　（c）

图 5 − 22　实物图

（a）可拆卸石英放电腔室　（b）未激发 ICP 内嵌 HAS2 复合吸波结构　（c）激发态 ICP 内嵌 HAS2 复合吸波结构

采用自由空间法对 ICP 内嵌 HAS2 的 RCS 缩减性能进行测量验证，图 5 − 23（a）、（b）显示了其在不同放电条件下的 RCS 缩减曲线，从图中可以看出，与 ICP 叠加 HAS2 复合吸波结构相比，ICP 内嵌 HAS2 的 RCS 缩减效果有所降低，分析认为是由于内部放置的蜂窝吸波结构对 ICP 的电磁参数的大小和分布产生了一定的影响。当气压为 5Pa，功率为 300W时，ICP 内嵌 HAS2 的 −10dB 缩减带宽为 5.8GHz（3.4～6.7GHz，10.2～12.7GHz），当功率增加到 500W 和 700W 时，ICP 内嵌 HAS2 的 −10dB 缩减带宽分别为 9.16GHz（3.35～6.65GHz，10.06～15.92GHz）以及 11.7GHz（2.86～6.38GHz，8.89～17.07GHz），当增大气压至 25Pa 时，ICP 内嵌 HAS2 的 RCS 缩减频带进一步拓宽，功率为 500W 时，−10dB缩减带宽达到了 12.67GHz（2.48～6.69GHz，8.51～16.97GHz）。综上所述，相比于 2cm厚度的 Ar − ICP，通过内嵌蜂窝吸波结构使得其整体的 RCS 缩减性能有了较大的提升，并且改变放电气压和功率同样可以实现其 RCS 缩减性能的动态调控。

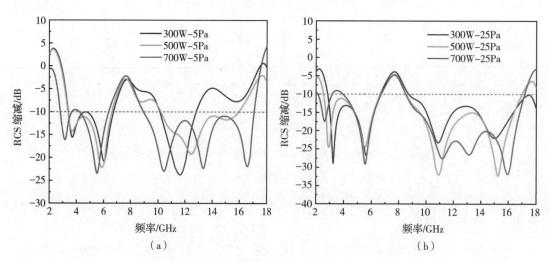

（a）　　　　　　　　　　　　　　　　（b）

图 5 − 23　ICP 内嵌 HAS2 复合吸波结构在不同功率和气压下 RCS 缩减曲线

（a）5Pa　（b）25Pa

5.5　本章小结

针对薄层 ICP 对电磁波衰减效果不佳的问题，本章设计了两种不同构型的基于 ICP 的复合蜂窝吸波结构，并通过仿真和实验验证的手段探究了其电磁散射特性。首先介绍了蜂窝吸波结构的电磁理论基础并采用 S 参数法对所设计的 HAS1 和 HAS2 的等效电磁参数进行了反演，将反演得到的等效电磁参数代入到对应的等效介质平板中进行仿真计算，提高了蜂窝吸波结构的设计效率。然后，通过浸渍法制备了两种蜂窝吸波结构，并采取与 ICP 叠加以及内嵌于 ICP 两种形式构成了本章所研究的复合吸波结构。最后，基于 CST 电磁仿真软件搭建了两种复合吸波结构的全波仿真模型对其电磁散射特性进行了分析，并通过实验测量进行了对比验证。仿真和实验结果表明，设计的 ICP – HAS 以及 ICP 内嵌 HAS 复合结构均能够有效地拓宽薄层 ICP 的 RCS 缩减带宽，并且通过改变 ICP 的放电功率以及放电腔室内的气压，可以实现对复合吸波结构的 RCS 缩减性能的动态调控。

第6章 薄层等离子体复合共振相位超表面的极化独立散射特性研究

飞行器雷达罩、进气道等典型强散射部位的低散射设计是多个系统综合权衡的过程，引入赋形、吸波材料等技术提高飞行器生存力的同时，不可避免地带来机动性、可靠性和经济性下降等问题。作为一种新型主动有源隐身技术，ICP源可与飞行器的典型强散射部位共形设计，但部件的几何构型和重量限制对ICP源的规格提出了更高的要求，轻薄化是提高其结构适应性的关键一环。然而，第3章的研究结果表明，过薄的构型限制了ICP源与入射波相互作用的范围，导致动态衰减效果并不理想。此外，传统散射型超表面为无源结构，一经加工制备后，其响应频带将无法改变，且超表面的特征尺度与S~C波段的波长接近，RCS处于"谐振区"剧烈振荡，导致散射型超表面隐身机制失效，无法在较低频段取得理想的低散射效果。

为了提升薄层等离子体的衰减效果，并赋予超表面频率响应动态可调的特性，本章提出了薄层等离子体复合共振相位超表面结构，利用ICP源作为主要的动态吸波介质，通过改变外部放电条件动态调控复合结构对电磁波的衰减频带和幅值；利用基于共振相位的多重漫散射超表面为入射电磁波提供额外的"人工波矢"，并根据极化状态的不同，将漫散射波束定向偏转/散射至偏离镜面反射方向的不同方位，在降低半空间散射峰强度的同时，提升电磁波与ICP相互作用的范围，从而实现了复合结构RCS缩减效果的动态、独立调控。

6.1 基于阵列原理的编码超表面原理分析

6.1.1 广义斯涅耳定律

斯涅耳于1621年提出了经典斯涅耳定理，指出斜入射的光波在介质分界处会产生折射效应，折射角度由不同介质间介电常数与磁导率乘积的比值决定[105]。因此，要实现光的调控需要制备参数不均匀分布的介质或将介质衬底设计为曲面构型。然而，不均匀的介质往往存在色散的现象，现阶段传统透镜或棱镜等光学器件主要通过特殊的曲面设计使得光波相位在远大于波长的传播路径上发生累加变化，从而实现对光波束的调控。但这也引发了器件笨重复杂、制备工艺要求高、信息损耗大等问题。2011年，Capasso团队[106]基于费马原理将经典斯涅耳定理延伸为广义斯涅耳定律，通过亚波长谐振单元的梯度设计引入附加相位，实现对入射波束的奇异反射和奇异折射效果。下面基于边界条件推导广义斯涅耳定律，原理示意如图6-1所示。

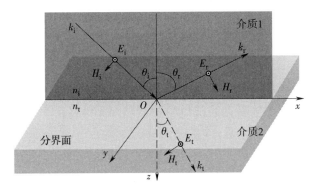

图 6-1 广义斯涅耳定律原理示意图

假定入射电磁波以角度 θ_i 沿入射面 xoz 斜入射至反射型超表面，并以角度 $\theta_r\theta_r$ 发生异常发射，超表面沿 x 轴的相位突变为 $\varphi(x)$，则入射电磁波波矢 k_i 和反射波波矢 k_r 为

$$
\begin{aligned}
\boldsymbol{k}_i &= \boldsymbol{e}_x k_{ix} + \boldsymbol{e}_y k_{iy} + \boldsymbol{e}_z k_{iz} = \\
&\quad \boldsymbol{e}_x k_i \cos\alpha_i + \boldsymbol{e}_y k_i \cos\beta_i + \boldsymbol{e}_z k_i \cos\gamma_i = \\
&\quad \boldsymbol{e}_x k_i \sin\theta_i + \boldsymbol{e}_z k_i \cos\theta_i
\end{aligned}
\tag{6-1}
$$

$$
\begin{aligned}
\boldsymbol{k}_r &= \boldsymbol{e}_x k_{rx} + \boldsymbol{e}_y k_{ry} + \boldsymbol{e}_z k_{rz} = \\
&\quad \boldsymbol{e}_x k_r \cos\alpha_r + \boldsymbol{e}_y k_r \cos\beta_r + \boldsymbol{e}_z k_r \cos\gamma_r = \\
&\quad \boldsymbol{e}_x k_r \sin\theta_r - \boldsymbol{e}_z k_r \cos\theta_r
\end{aligned}
\tag{6-2}
$$

式中，α_i，β_i，γ_i 分别为 k_i 与 x、y 和 z 轴的夹角；α_r，β_r，γ_r 分别为 k_r 与 x、y 和 z 轴的夹角。

设空间任意一点 r 的坐标为 $r(x, y, z)$，则

$$
\boldsymbol{r} = \boldsymbol{e}_x x + \boldsymbol{e}_y y + \boldsymbol{e}_z z
\tag{6-3}
$$

则入射电磁波电场 E_i 和反射波的电场 E_r 为

$$
\begin{aligned}
\boldsymbol{E}_i &= \boldsymbol{e}_y E_{i0} \mathrm{e}^{\mathrm{j}(\omega t - \boldsymbol{k}_i \cdot \boldsymbol{r})} = \\
&\quad \boldsymbol{e}_y E_{i0} \mathrm{e}^{\mathrm{j}[\omega t - \boldsymbol{k}_i(\sin\theta_i x + \cos\theta_i z)]}
\end{aligned}
\tag{6-4}
$$

$$
\begin{aligned}
\boldsymbol{E}_r &= \boldsymbol{e}_y E_{r0} \mathrm{e}^{\mathrm{j}(\omega t - \boldsymbol{k}_r \cdot \boldsymbol{r})} = \\
&\quad \boldsymbol{e}_y E_{r0} \mathrm{e}^{\mathrm{j}[\omega t - \boldsymbol{k}_r(\sin\theta_r x - \cos\theta_r z)]}
\end{aligned}
\tag{6-5}
$$

由阵列边界条件可知，在 $z=0$ 处 $E_i = E_r$，将式（6-4）和式（6-5）代入可得

$$
E_{i0} \mathrm{e}^{\mathrm{j}(\omega t - k_i \sin\theta_i x)} = E_{t0} \mathrm{e}^{\mathrm{j}[\omega t - k_t \sin\theta_t x + \varphi(x)]}
\tag{6-6}
$$

将式（6-6）简化为

$$
k_i \sin\theta_i x = k_r \sin\theta_r x - \varphi_a(x)
\tag{6-7}
$$

将 $k_i = k_r = \dfrac{\omega}{c} n_i$，$k_t = \dfrac{\omega}{c} n_t$ 代入式（6-7）可得

$$
\frac{\omega}{c} n_i \sin\theta_i x = \frac{\omega}{c} n_i \sin\theta_r x - \varphi_a(x)
\tag{6-8}
$$

假定位移 $\mathrm{d}x$ 内相位突变量 $\mathrm{d}\varphi$ 为常数，则可得到广义反射定律的方程为

$$
\sin(\theta_r) - \sin(\theta_i) = \frac{\lambda_0}{2\pi n_i} \frac{\mathrm{d}\varphi}{\mathrm{d}x}
\tag{6-9}
$$

同理，若入射电磁波以角度 θ_t 产生奇异折射现象，则折射波波矢 k_t 为

$$
\begin{aligned}
\boldsymbol{k}_t &= \boldsymbol{e}_x k_{tx} + \boldsymbol{e}_y k_{ty} + \boldsymbol{e}_z k_{tz} = \\
&\boldsymbol{e}_x k_t \cos\alpha_t + \boldsymbol{e}_y k_t \cos\beta_t + \boldsymbol{e}_z k_t \cos\gamma_t = \\
&\boldsymbol{e}_x k_t \sin\theta_t + \boldsymbol{e}_z k_t \cos\theta_t
\end{aligned}
\tag{6-10}
$$

式中，α_i、β_i、γ_i 分别为 k_t 与 x、y 和 z 轴的夹角。

折射波的电场 E_t 为

$$
\begin{aligned}
\boldsymbol{E}_t &= \boldsymbol{e}_y E_{t0} e^{j(\omega t - \boldsymbol{k}_t \cdot \boldsymbol{r})} = \\
&\boldsymbol{e}_y E_{t0} e^{j[\omega t - k_t(\sin\theta_t x + \cos\theta_t z)]}
\end{aligned}
\tag{6-11}
$$

在 $z=0$ 处 $E_i = E_t$，将式（6-4）和式（6-11）代入可得

$$
k_i \sin\theta_i x = k_t \sin\theta_t x - \varphi_a(x)
\tag{6-12}
$$

式（6-12）可简化为

$$
\frac{\omega}{c} n_i \sin\theta_i x = \frac{\omega}{c} n_t \sin\theta_t x - \varphi_a(x)
\tag{6-13}
$$

则广义折射定律的方程为

$$
\sin(\theta_t) n_t - \sin(\theta_i) n_i = \frac{\lambda_0}{2\pi n_i} \frac{d\varphi}{dx}
\tag{6-14}
$$

由式（6-9）和式（6-14）可知，折射/反射波束的传播方向由入射波角度、波长和相位突变决定。通过合理设计超表面谐振单元的尺寸、几何构型或旋转方式，可以在电磁波传播路径中引入相位梯度，从而实现对折射/反射波束的灵活调控。

6.1.2 编码超表面工作原理

数字编码超表面的相位或幅值等响应信息均使用二进制数字表征，1bit（比特）编码超表面中，数字"0"和"1"分别代表谐振单元的相对相位为"0"和"180"，按照特定规则将编码排布为复杂序，即可实现波束整形、极化转换、完美透镜等多种奇异功能[114]。1bit 的二进制编码仅涵盖两种相位状态，而更高比特的编码序列由相位间隔更为紧密的谐振单元组成，相位信息更加丰富，意味着对散射波更灵活的调控能力。将 1bit 编码拓展为"00""01""10"和"11"的 2bit 编码，分别代表谐振单元的相对相位为"0°""90°""180°"和"270°"。为了更直观地定量分析编码超表面的工作机制，本节以 2bit 反射型编码超表面为例，基于阵列理论对电磁波垂直激励下远场散射方向函数进行推导。

假设 2bit 编码超表面由 $M \times N$ 个编码单元组成，编码单元分别沿 x 轴和 y 轴以周期 D_x 和 D_y 延拓，如图 6-2 所示，则四种编码对应的反射系数为

$$
R_{m,n} = \left\{
\begin{array}{l}
A_0 e^{j\phi_0} \\
A_1 e^{j(\phi_0 + \pi/2)} \\
A_2 e^{j(\phi_0 + \pi)} \\
A_3 e^{j(\phi_0 + 3\pi/2)}
\end{array}
\right\}
\quad m \in [1, M]; n \in [1, N]
\tag{6-15}
$$

式中，A_0、A_1、A_2、A_3 分别为各编码单元的反射幅值；ϕ_0 为编码"00"的反射相位。

根据天线阵列理论，电磁波垂直照射下远场辐射方向图为单元因子方向图 $f_{m,n}(\theta, \varphi)$ 和阵列因子方向图 $S_a(\theta, \varphi)$ 的乘积

$$
F(\theta, \varphi) = f_{m,n}(\theta, \varphi) S_a(\theta, \varphi)
\tag{6-16}
$$

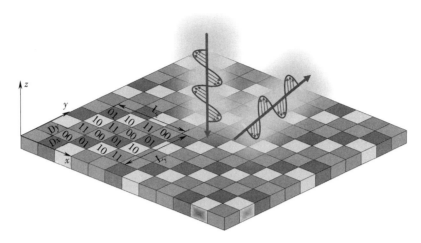

图 6-2　比特编码超表面工作机制示意图

式中，θ 和 φ 分别为反射波的俯仰角和方位角。

假定组成编码单元的子单元相位响应一致，则 $f_{m,n}(\theta,\varphi)$ 可以视为常数，式（6-16）可表达为

$$k_0 F(\theta,\varphi) = S_a(\theta,\varphi) =$$
$$\sum_{m=1}^{M}\sum_{n=1}^{N}|R_{m,n}|e^{jk_0[p_x(m-1/2)\sin\theta\cos\varphi+p_y(n-1/2)\sin\theta\sin\varphi]+j\phi(m,n)} \tag{6-17}$$

式中，k_0 为自由空间波数；p_x 和 p_y 分别为单个编码单元沿 x 和 y 方向的周期长度；$\varphi(m,n)$ 为编码单元相对的反射相位。

为了简化推导过程，将初始相位 φ_0 定为 0，式（6-17）可以转化为

$$F(\theta,\varphi) = \sum_{m=1}^{M} e^{jk_0[p_x(m-1/2)\sin\theta\cos\varphi+m\pi/2]} \sum_{n=1}^{N} e^{jk_0[p_y(n-1/2)\sin\theta\sin\varphi+n\pi/2]} \tag{6-18}$$

将各编码单元对观察点的远场散射求和，获得远场方向图的幅值为

$$|F(\theta,\varphi)| = MN\text{Sinc}\left\{m\pi\left(p+\frac{1}{2}\right)-\frac{m}{2}k_0 D_x\sin\theta\cos\varphi\right\}\text{Sinc}\left\{n\pi\left(q+\frac{1}{2}\right)-\frac{n}{2}k_0 D_y\sin\theta\sin\varphi\right\} \tag{6-19}$$

式中，p 和 q 均为整数。

由式（6-19）可知，达到第一个极值的充要条件为 θ 和 φ 必须满足

$$\varphi = \pm\tan^{-1}\frac{D_x}{D_y}, \quad \varphi = \pi\pm\tan^{-1}\frac{D_x}{D_y} \tag{6-20}$$

$$\theta = \sin^{-1}\left(\frac{\pi}{k_0}\sqrt{\frac{1}{D_x^2}+\frac{1}{D_y^2}}\right) \tag{6-21}$$

将 $L_x = 4D_x$，$L_y = 4D_y$，$k_0 = 2\pi/\lambda$ 代入式（6-21）得

$$\theta = \sin^{-1}\left(2\lambda_0\sqrt{\frac{1}{L_x^2}+\frac{1}{L_y^2}}\right) \tag{6-22}$$

通过式（6-20）和式（6-22）能够获得电磁波垂直激励下波束奇异反射的角度 θ 和 φ。通过上述推导可知，通过改变编码单元的周期及相位布局，可以调控编码阵列因子的方向图函数，实现不同远场散射效果。在谐振单元参数确定的前提下，根据式（6-18）

可快速高效计算电磁波垂直激励下编码超表面的散射场分布情况，检验编码单元及布局的设计效果，从而在满足要求的前提下再进行全波仿真，有效地提高了设计效率。

6.2 基于自适应遗传算法的漫散射超表面优化

由参考文献［282］~［283］可知，将表征不同相位分布的编码序列排布为随机分布的复杂序，可以获得反射波束的漫散射效果。然而，由于相位分布的不确定性和随机性，漫散射波束在半空间的分布并不均匀，在个别角域内仍存在较强的散射峰。若通过重复性的理论计算或全波仿真对不同随机编码序列的漫散射效果进行择优，将耗费大量时间成本，提高了超表面的设计门槛。编码超表面将抽象的电磁响应表征为更为直观的离散化数字序列，为计算科学中优化算法的引入提供了条件。本节基于自适应遗传算法（adaptive genetic algorithm，AGA）优化编码单元的相位布局，从而在半空间范围内获得理想的漫散射效果。

6.2.1 遗传算法理论

遗传算法（genetic algorithm，GA）是效仿生物进化论和遗传学机制演变而来的随机搜索算法[284]。通过借鉴进化理论中物竞天择的机制，选择性将部分个体进化，反复迭代直到满足收敛条件，模拟生物优胜劣汰的进化流程。相比于梯度下降法等连续优化算法，GA 从全局寻优，具有高效、快速、鲁棒性强的特点，且不存在发散的问题[285]。GA 优化的基本步骤如图 6-3 所示，下面结合编码超表面的应用背景对 GA 优化流程进行阐述。

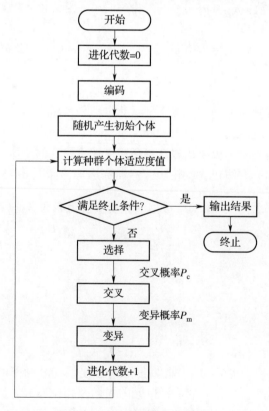

图 6-3　遗传算法基本流程

（1）编码

编码是遗传算法优化中首先需要考虑的问题，即根据问题的特点将不同个体蕴含的基因编译为计算机可以处理的信息语言，再将优化结果解码为个体基因。基于编码超表面的编码机制，二进制编码方式具有简易快捷、利于交叉、变异的特点，可以避免重复性的编码和解码过程，提高了计算效率。

假定超表面由 6×6 个 1bit 编码单元组成，阵列中每个编码单元对应两个变量维度，因此，6×6 阵列形成的个体中包含 72 个二进制基因。将 N 个不同编码序列生成的个体聚集为初代种群，如图 6-4 所示。作为遗传算法迭代的基本单位，初代种群经历基因重组、交叉变异等多重遗传效应后获得最终优化结果。

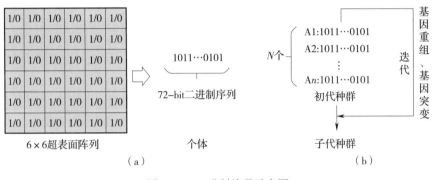

图 6-4　二进制编码示意图

（a）个体编码　（b）种群迭代

（2）选择

通过优化的目标确定适应度函数，基于 6.1.2 节的式（6-18）评估每个个体的远场散射效果，并根据不同的选择策略将适应度较优的个体作为父代进行遗传。为了在半空间角域范围内获得均匀的散射效果，将适应度函数设置为

$$\text{Fitness} = \max(F(\theta, \varphi)) \qquad (6-23)$$

当式（6-23）结果达到最小时，散射场的空间分布相对均匀。为了避免种群过早地局部成熟，制定选择策略时不仅要优先选择适应度评估较好的个体，还需要保留部分评估一般的个体，常用的选择方法包含旋轮法、锦标赛法等，如图 6-5 所示。旋轮法中，父

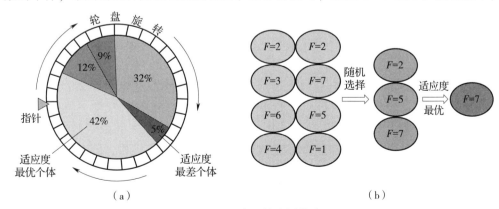

图 6-5　常用的选择策略

（a）旋轮法　（b）锦标赛法

代所有个体按照适应度的值在轮盘上进行扇形分区，分区面积和个体适应度的优劣程度正相关。旋轮法虽然能够大概率挑选出优势个体，但易陷入局部最优解。锦标赛法从父代种群的个体中随机择选个体参加适应度竞赛，将适应度最优个体筛入候选池，重复 n 次（n 为个体数量）获得新的子代种群，从而避免陷入生物早熟的困境。此外，为了提高进化效率和精度，在选择中引入精英保留策略，即将适应度评估靠前的个体无须经过选择而直接进入子代种群中，规避因选择的随机性导致优秀个体的漏失。

（3）交叉

交叉操作即模仿生物交配后基因重组的过程，在算法的全局寻优中起着至关重要的作用，是种群进化产生新个体的主要手段。将父代中个体两两配对经交叉算子遍历后生成子代的两个个体，子代个体中包含父代个体中的部分编码序列，但与父代个体又不完全相同。二进制编码中常用的交叉算子包含单点、两点、多点和启发式交叉等，交叉点的位置及频率由交叉概率 P_c 来控制[235]，两点交叉的示意图如图 6–6 所示。

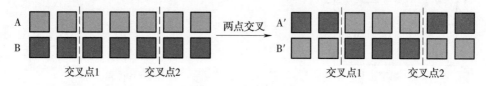

图 6–6　两点交叉示意图

（4）变异

变异操作即模仿生物繁衍过程中基因突变和染色体变异引发的细胞异常增殖的现象。通过变异算子对种群中随机择选个体的编码进行交错替换，从而提升种群中个体分布的层次，增加算法局部寻优能力。二进制编码中常见的变异算子包含基本位变异、均匀变异和自适应变异等，变异频率由变异概率 P_m 决定，作为生物进化产生新个体的辅助手段，变异概率不宜过高，一般小于 0.1。

（5）终止准则

通常算法迭代的次数和耗时与编码超表面编码序列的规模呈正相关，为了减少不必要的迭代次数，提升优化的效率，将终止准则设置为

$$F_{\min}(X) - F_{\min}(X+25) \leq 0.3\% \left[F_{\min}(X-1) - F_{\min}(X) \right] \tag{6–24}$$

式中，$F_{\min}(X)$ 代表第 X 代的最优适应度值。

6.2.2　基于 Sigmoid 函数的自适应遗传算法

通过上节的遗传算法的基本原理可知，交叉和变异操作在进化中相辅相成、优势互补，协同完成了不同超表面排列布局中最佳散射效果的寻优搜索。P_c 和 P_m 为控制交叉、变异操作的关键参数，参数取值的合理程度决定了算法寻优的效率和精度。传统遗传算法中 P_c 和 P_m 均为预设定值，然而，参数寻优是一个动态变化的过程，若在进化中出现过多个体早熟的现象，则需要增大 P_c 和 P_m，脱离局部最优解困境；若进化末期个体仍未成熟，则需要调低 P_c 和 P_m，将优势个体保留下来，拓宽全局寻优渠道[286]。为了提高漫散射超表面的设计效率，本节基于 Sigmoid 函数将传统 GA 改进为自适应遗传算法（adaptive genetic algorithm，AGA），在求解最优漫散射效果时，P_c 和 P_m 根据平均适应度函数平均

值 f_a 进行非线性的自适应动态调整，如式（6-25）和式（6-26）所示

$$P_c = \begin{cases} P_{c2} - \dfrac{P_{c2} - P_{c3}}{1 + \exp\left(A\left(1 - 2\dfrac{f_a - f_c}{f_a - f_{min}}\right)\right)} & f_{min} < f_c \leqslant f_a \\[4mm] P_{c2} + \dfrac{P_{c1} - P_{c2}}{1 + \exp\left(A\left(1 - 2\dfrac{f_c - f_a}{f_{max} - f_a}\right)\right)}, & f_a < f_c \leqslant f_{max} \end{cases} \tag{6-25}$$

$$P_m = \begin{cases} P_{m2} - \dfrac{P_{m2} - P_{m3}}{1 + \exp\left(A\left(1 - 2\dfrac{f_a - f_m}{f_a - f_{min}}\right)\right)}, & f_{min} < f_m \leqslant f_a \\[4mm] P_{m2} + \dfrac{P_{m1} - P_{m2}}{1 + \exp\left(A\left(1 - 2\dfrac{f_m - f_a}{f_{max} - f_a}\right)\right)}, & f_a < f_m \leqslant f_{max} \end{cases} \tag{6-26}$$

式中，f_{max} 和 f_{min} 分别为远场方向函数最大及最小值；f_c 为交叉操作中远场方向函数较大的值；P_{c1}、P_{c2} 和 P_{c3} 分别为 f_{max}、f_a 和 f_{min} 对应的交叉概率；f_m 为变异操作中变异个体的远场方向图值；P_{m1}、P_{m2} 和 P_{m3} 分别为 f_{max}、f_a 和 f_{min} 对应的变异概率；A 为比例因子。

　　根据式（6-25）和式（6-26）可得到 P_c 和 P_m 的自适应调整曲线，如图 6-7 所示。从图中可以观察到，和线性调整相比，自适应调整可以根据种群中适应度值的趋势自适应变化：当适应度值接近 f_a 时，P_c 和 P_m 在概率中位数附近缓慢变化，保证个体以较高的概率持续进化，使得种群中个体的适应度值始终与平均适应度值拉开差距，避免种群进化停滞而过早陷入未成熟收敛的困境；当适应度值接近 f_{min} 时，即接近最优漫散射效果时，P_c 和 P_m 在概率的低位数附近缓慢变化，使得优秀个体尽可能地被保留；当适应度值接近 f_{max} 时，P_c 和 P_m 被拉高到概率高位数，使得漫散射效果较差的个体尽快通过交叉和变异操作完成进化突围。

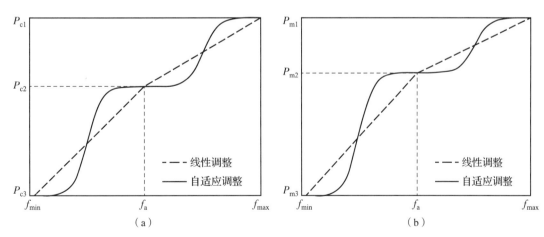

图 6-7　P_c 和 P_m 的自适应变化曲线

（a）P_c　（b）P_m

为了检验改进后遗传算法的优越性，以 2bit 编码超表面为例，基于电尺度为 $\lambda/4$ 的谐振单元生成 8×8、16×16、32×32、48×48 四种规模的单元阵列，对比分析 GA 和

AGA 对四种规模超表面远场散射方向图的优化效果，参数设置如表 6 – 1 所示。经 10 次优化后两种算法远场方向图的平均最优值如表 6 – 2 所示。

表 6 – 1　遗传算法参数设置

参数	取值	参数	取值
最大进化代数	1000	A	12
P_c（GA）	0.85	P_m（GA）	0.05
P_{c1}（AGA）	0.9	P_{m1}（AGA）	0.1
P_{c2}（AGA）	0.65	P_{m2}（AGA）	0.06
P_{c3}（AGA）	0.3	P_{m3}（AGA）	0.01

表 6 – 2　不同阵列下 GA 和 AGA 优化情况

阵列大小	个体	耗时/s（GA）	平均最优值（GA）	耗时/s（AGA）	平均最优值（AGA）
8×8	128	260	7.98	178	7.51
16×16	512	1030	18.98	720	17.41
32×32	2048	3120	50.23	2011	48.62
48×48	4608	9520	74.74	6653	72.51

由结果可知，引入非线性自适应函数对 GA 进行改进后，在获得最优解的同时，提升了全局收敛的速度。因此，AGA 有效改善了传统 GA 的求解速度和精度。

6.3　漫散射波束散射效果调制

6.3.1　漫散射范围调控

由于编码单元的电尺寸通常介于 $\lambda/8$ 和 $\lambda/4$ 之间，入射波激励时其携带的相位信息容易被弱化；此外，相邻单元之间的耦合效应扰乱了单元正常的相位响应，导致无法获得预期的远场散射效果。参考文献［282］提出了子单元的概念，将每个编码表示为 $N \times N$ 个相位相同的谐振单元组成的子单元，则子单元的周期可与波长比拟，并降低了单元间耦合带来的偏差。假定 2bit 编码超表面由 32×32 个横向尺寸为 $\lambda/4$ 的谐振单元组成，当子单元中基本单元的个数 N 分别为 2、4 和 8 时，其周期分别为 $\lambda/2$、λ 和 2λ，基于 6.1.2 节阵列理论计算的不同子单元周期下超表面二维散射场的归一化分布值，如图 6 – 8 所示。从图中可以观察到，超表面尺寸确定的前提下，子单元的周期和基本单元的数量决定了随机编码超表面的漫散射范围，子单元数量越少，随机相位产生的漫散射的空间分布越广。但受限于单元之间的耦合影响和编码周期的电尺度，子单元中数量不能过少，在设计中需要综合权衡考虑。

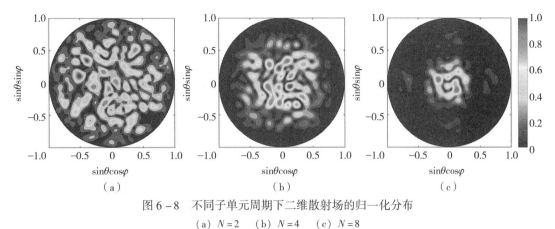

图 6-8　不同子单元周期下二维散射场的归一化分布

(a) $N=2$　　(b) $N=4$　　(c) $N=8$

6.3.2　基于卷积定理的漫散射方向和数量调控

有限波束超表面单站 RCS 缩减效果较好，但双站 RCS 缩减不够理想；随机漫散射超表面能够对入射波束形成漫散射效果，从而有效降低反射波束的电平值，提高双站 RCS 的缩减效果，但散射波束分布在以镜面反射方向为中心的半空间范围内，导致其单站 RCS 缩减效果不如有限波束超表面。此外，随机相位的分布特点决定了散射波束中仍有部分强散射峰的存在，且无法预测和控制其出现的位置及方向。若通过特殊调制手段使得漫散射的主体散射波束分散并偏转至远离镜面反射的方向，则能进一步提升单站和双站 RCS 缩减效果。本节基于相位的卷积定理对漫散射波束的散射方向和分散数量进行调控，通过不同编码阵列相位信息的卷积运算，实现了方向可控的单簇、两簇和多簇漫散射效果。

由时域卷积定理可知，信号在时域相乘等效于频域卷积，即

$$f(t) \cdot g(t) \rightarrow f(\omega) * g(\omega) \tag{6-27}$$

基于频移定理加入时移信号，则式（6-27）转换为

$$f(t) \cdot e^{j\omega_0 t} \rightarrow f(\omega) * \delta(\omega - \omega_0) = f(\omega - \omega_0) \tag{6-28}$$

式中，ω_0 为中心频率；ω 为频率。

由参考文献 [173] 可知，超表面的近场和远场分布可进行傅里叶变换，若将反射波束在原方向 θ 的基础上继续偏转 θ_0，式（6-28）可转化为

$$f(x_\lambda) \cdot e^{jx\lambda \cdot \sin\theta_0} \rightarrow E(\sin\theta) * \delta(\sin\theta - \sin\theta_0) = E(\sin\theta - \sin\theta_0) \tag{6-29}$$

式中，x_λ 为编码单元相对于波长的电尺度。

根据编码超表面理论，不同超表面远场分布的乘积等价于其编码序列相位的叠加[233]。

下面以 2bit 的编码超表面为例，基于卷积定理分析随机编码超表面（random coding metasurface，RCM）叠加三种相位梯度超表面（phase gradient metasurface，PGM）后漫散射波束的偏转效果。RCM 和三种相位梯度编码超表面（PGM$_1$、PGM$_2$ 和 PGM$_3$）均由 32×32 个周期为 10mm 的基本单元周期排布而成，其中 RCM 的子单元由 4×4 个相位相同的编码单元组成，并基于 6.2.2 节 AGA 对阵列排布进行优化；PGM$_1$~PGM$_3$ 子单元由 2×2 个相位相同的基本单元组成，其中，PGM$_1$ 沿 x 方向和 y 方向分别由相位响应相同和相位响应为 $[0\ \pi\ 0\ \pi\cdots]$ 的子单元组成，PGM$_2$ 沿 x 和 y 方向分别由相位响应相同和相位响应为 $[0\ \pi/2\ \pi\ 3\pi/2\cdots]$ 的子单元组成，PGM$_3$ 沿 x 和 y 方向子单元的相位响应呈现 $[0\ \pi\ 0\ \pi\cdots]$ 的棋盘分布特征。四种编码序列相位分布及其相应的远场散射方向图如图 6-9 所示。

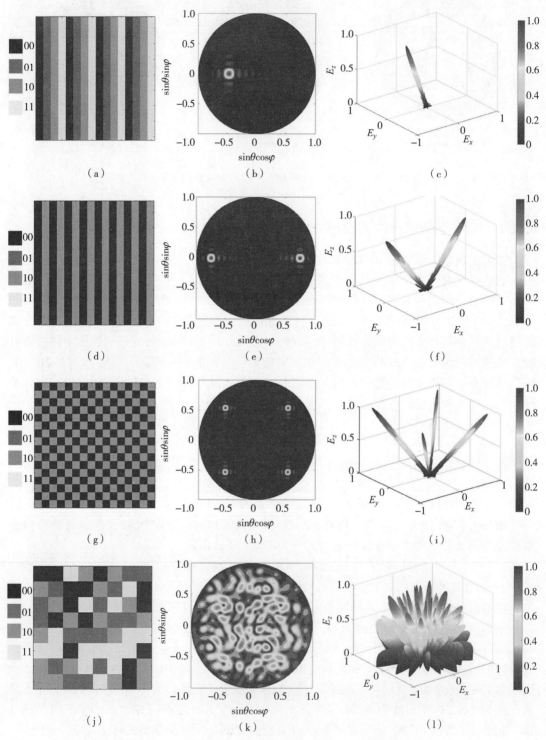

图 6-9　不同编码序列相位分布及其二维、三维散射场分布

（a）～（c）PGM₁　　（d）～（f）PGM₂　　（g）～（i）PGM₃　　（j）～（l）RCP

　　基于卷积定理，将 RCM 与 PGM₁ 相位叠加生成随机编码 – 相位梯度超表面（random coding – phase gradient metasurface，RPM）RPM₁，若叠加后单元相位响应超过 2π，则对 $2^{n-1}\pi$ 取余数，其中 n 为编码比特数，使 RPM₁ 单元的相位响应保持在 2π 范围内。8GHz 处 RPM₁ 的相位响应及其二维远场散射如图 6 – 10（a）、（b）所示。由图可知，原 RCM 沿镜像方向分布的一簇漫散射波束被分散、偏折为对称分布的两簇漫反射波束，且散射波束分布在以 PGM₁ 反射峰方向为中心的半空间范围内。为了将漫散射波束定向偏转，将 RCM 与具有线性梯度的 PGM₂ 叠加生成复合表面 RPM₂，8GHz 处 RPM₂ 的相位响应和二维散射场如图 6 – 10（c）、（d）所示。此时主体漫散射波束由原方向定向偏转至 PGM₂ 的传播方向上。为了将漫反射波束进一步分散，将 RCM 与具有棋盘相位分布的 PGM₃ 叠加生成 RPM₃，8GHz 处 RPM₃ 的相位响应和散射场分布如图 6 – 10（e）、（f）所示。由图可知，漫反射波束由一簇分散为沿对角线的四簇，同样分布在以 PGM₃ 主体反射方向为中心的范围内。

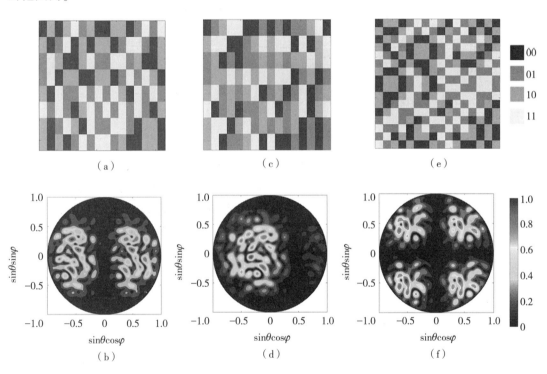

图 6 – 10　相位叠加后不同编码序列相位分布及其在 8GHz 处二维散射场分布

（a）、（b）RPM₁　　（c）、（d）RPM₂　　（e）、（f）RPM₃

　　通过上述分析可知，叠加后复合表面的远场散射方向图表现为两种表面散射特性的叠加，虽然整体上仍呈现漫散射特征，但散射波束分布在以梯度相位反射峰方向为中心的角域范围内。当隐身飞行器面对单/多基雷达的威胁时，若已知雷达接收机方位，应用上述方法对强散射部位进行低散射设计，则能够在降低反射波束电平值的同时，将能量定向偏转至远离威胁接收机的方向，从而减小被威胁探测的概率。

6.4　基于共振相位的各向异性漫散射编码超表面设计

为了验证 6.3 节理论分析的结果，基于共振相位的各向异性微单元设计了一种极化独立的多重漫散射超表面，可以根据入射波极化状态的不同，调控漫散射波束的分散数量和传播方向，从而提升单站和双站 RCS 缩减效果。

6.4.1　各向异性的编码单元设计

谐振单元相位突变的范围取决于单元的构型和介质衬底的性质。利用等效电路法分析超表面，可以将超表面单元等效为感应电容和感应电感组成的等效电路，各元器件之间的谐振特性决定了单元的谐振频率和响应相位；介质衬底内等效阻抗取决于衬底材料的属性和厚度，进一步影响了单元的响应相位。因此，要获得覆盖大于 2π 的相移范围，需要对单元的构型、尺寸和介质衬底进行优化设计。此外，要实现超表面在不同极化状态下的独立响应，谐振单元结构应该为各向异性，即针对不同极化的激励源，谐振单元可以产生不同的相位响应。

为了拓宽单元反射相位的覆盖范围，本节设计了一种改进型耶路撒冷十字单元：在十字的末端增加了 C 形金属线结构，并将十字中心位置替换为方形谐振环。通过 CST 对单元在 8GHz 处的响应特性进行仿真及优化，x、y 方向边界条件均为 unit cell，z 方向为 open（add space），线极化波由 $+z$ 方向的 Floquet 端口垂直激励。优化后谐振微单元示意如图 6-11 所示，顶层和底层厚度为 0.018mm 的金属贴片，中间介质衬底为厚度 $h = 2$mm 的 F4B（介电常数 2.65，损耗虚部 0.001）。单元的周期 $p = 10$mm，C 字枝节中 $a = 4$mm，$b = 0.9$mm，金属线宽 $w = 0.4$mm，通过改变十字枝节的长度 l_x 和 l_y 可以分别调控单元沿 x 和 y 方向的相位响应。

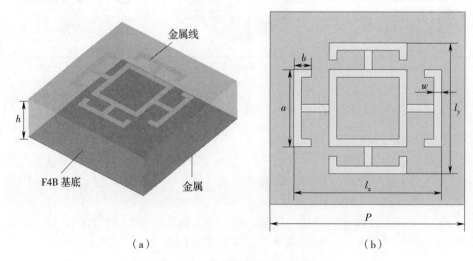

（a）　　　　　　　　　　　　　　（b）

图 6-11　谐振微单元结构示意图

（a）整体结构　　（b）正视图

为了检验单元结构的极化独立性，固定 $l_y = 6.30\mathrm{mm}$ 不变，利用 CST 对 l_x 从 6.3mm 至 9.5mm 的相位变化进行扫参，获得了不同极化波垂直激励下单元在 8GHz 处相移 φ_{xx} 和 φ_{yy}，如图 6-12（a）所示。由图可知，随着 l_x 的变化，x 极化波的相移由 $-71.1°$ 变为 $-343.8°$，而 y 极化波的反射相位在 $-71.1°$ 保持不变。结果表明，谐振单元在正交方向上耦合效应较弱，通过分别调控单元十字枝节 l_x 和 l_y 的长度，能够实现不同极化波照射下相移量的独立控制。此外，为了检验改进型耶路撒冷十字单元对相位响应的增加效果，固定 l_y 不变，仿真了 8GHz 处传统耶路撒冷十字单元相移随 l_x 的变化，如图 6-12（a）所示。从图中可以观察到，l_x 由 6.30mm 延长至 9.50mm 后，传统耶路撒冷十字单元的相移范围仅有 240.8°，而改进型的单元相移范围为 273.1°。分析认为方形谐振环和 C 形金属线延伸了感应电流的位移，相应缩短了谐振时 l_y 的等效长度，从而扩大了单元相移的范围。

由图 6-12（b）可以观察到，当 l_x 分别为 6.30mm、6.79mm、7.17mm 和 9.3mm 时，x 极化波的反射相位分别为 71.1°、160.1°、250.6° 和 341.2°，相位差接近 90°，相移覆盖 2π。同理，保持 $l_x = 6.30\mathrm{mm}$ 不变，仿真了 y 极化波入射下 l_y 从 6.3mm 延长至 9.5mm 的相移特征，同样得出 l_y 分别为 6.30mm、6.79mm、7.17mm 和 9.30mm 时，反射相位差为 90°，表明该各项异性微单元具备良好的极化不敏感性。将上述四种尺寸对应的谐振单元作为超表面的 2bit 编码单元，则生成的超表面具备极化不敏感特征，从而实现对不同线极化波的独立调控。

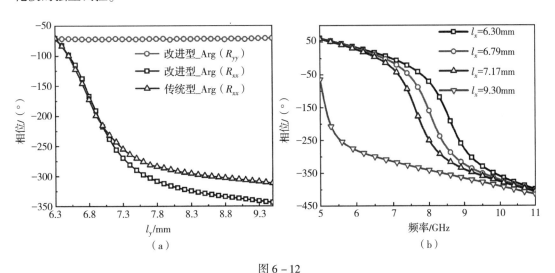

图 6-12

（a）8GHz 处线极化波激励下不同单元相位响应随 l_y 变化　（b）y 极化下单元相位响应

6.4.2　极化独立的多重漫散射超表面设计和分析

基于 6.4.1 节设计的各向异性单元结构，本节设计一款极化独立的多重漫散射编码超表面（multiple diffuse coding metasurface，MDCM），整个表面由 32×32 个谐振单元组成，横向尺寸为 320mm×320mm，其中，沿 x 方向单元的相位响应基于复合表面 RPM$_1$ 进行设计，沿 y 方向单元的相位响应基于复合相位 RPM$_2$ 设计，基于 CST 中 VBA 宏编程快速生成 MDCM 的局部示意如图 6-13（a）所示。同时，为了对比 MDCM 的散射效果，基于随机漫散射超表面 RCM 的相位分布生成了由各向同性单元构成的超表面（即谐振单元中十字枝节的长度 $l_x = l_y$），局部示意如图 6 – 13（b）所示。

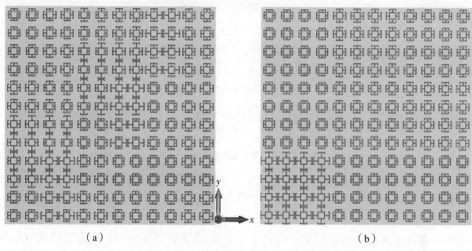

（a）　　　　　　　　　　　　　　（b）

图 6 – 13　MDCM 和 RCM 局部示意图
（a）MDCM　　（b）RCM

　　基于 CST 中 TDFIT 方法对金属板、RCM 和 MDCM 的散射频谱进行仿真，三种表面的横向尺寸和仿真条件完全一致，各方向的边界条件均设为 open（add sapce）。图 6 – 14 展示了 x 和 y 极化波垂直照射下 RCM 和 MDCM 单站 RCS 及其相对于金属板的 RCS 缩减值。由于 RCM 为各项同性结构，在 x 和 y 极化波照射下频率响应一致。从图中可以观察到，由于超表面产生的漫散射效果整体降低了反射波束的电平值，使得 RCM 和 MDCM 在 8GHz 附近的后向 RCS 大幅值降低。RCM 中 RCS 的 – 10dB 缩减带宽为 7. 18 ~ 9. 08GHz，缩减峰值为 25. 8dB；MDCM 在 x 和 y 极化激励下 RCS 的 – 10dB 缩减带宽分别为 2. 10GHz（7. 08 ~ 9. 18GHz）和 2. 29GHz（6. 94 ~ 9. 23GHz），缩减峰值分别为 35. 5dB 和 29. 9dB，x 极化下 RCS 缩减比 y 极化下 RCS 缩减增高了 5. 6dB，同时，两种极化状态下 RCS 缩减峰值均比 RCM 升高 4. 1dB 以上。

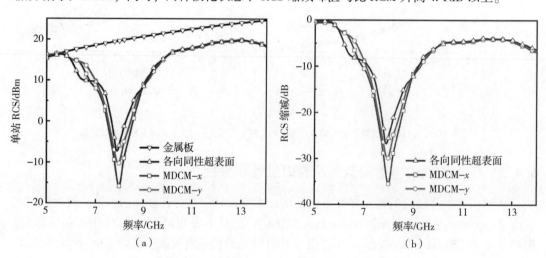

（a）　　　　　　　　　　　　　　（b）

图 6 – 14　不同表面单站 RCS 及 RCS 缩减对比
（a）单站 RCS　　（b）相对于金属板单站 RCS 缩减

为进一步分析 RCS 缩减的原理，数值仿真了不同线极化波垂直激励下三种表面在 8GHz 处的三维散射场分布，如图 6-15 所示。由图可知，不同超表面漫散射波束的主体传播方向和图 6-10 中理论计算结果高度一致。相比于金属板的强后向散射，RCM 将入射波较为均匀的散射至以镜面反射方向为中心的半空间范围内，而 MDCM 在发生漫散射的同时，散射波束被定向偏转和能量分散，且传播方向与叠加前 PGM 反射波束的 θ 和 φ 一致：y 极化波照射下散射场定向偏转为沿 $-y$ 方向分布的单簇漫散射波束，而 x 极化波照射下散射场定向分散为沿入射面法线对称分布的双簇漫散射波束。由于两种极化状态下漫散射波束均偏离了后向散射区，使得 MDCM 的单站 RCS 缩减效果优于 RCM。

为了更为直观地对比不同表面双站 RCS 缩减效果的优劣，图 6-16 展示了线极化波垂直激励下不同表面在 8GHz 处的二维散射场分布，图中色块采用相同的刻度和量值，颜色深度与能量强度正相关。从图中可以观察到，金属板的散射场能量集中在法线方向，RCM 的散射场能量则分布在沿法线方向的一定范围内，未随着电磁波极化状态而改变。MDCM 的散射场能量在 x 极化下分布在沿方位角 φ 为 0° 和 180° 的范围内，y 极化下则分布在 φ 为 270° 的范围内。因此，主体漫散射波束数量的增加，降低了散射波束平均能量，使得半空间内远场方向图颜色变浅，意味着更理想的双站 RCS 缩减效果。

图 6-17 展示了不同极化波斜入射下 MDCM 相对于金属板的后向 RCS 缩减情况。由图可知，x 极化波照射下，入射角分别为 15°、30° 和 40° 时，8GHz 处 RCS 缩减值分别为 28.9dB、22.5dB 和 14.2dB，-10dB 缩减带宽分别为 1.88GHz（7.20~9.08GHz），1.4GHz（7.40~8.80GHz）和 0.6GHz（7.70~8.30GHz）；y 极化激励下，随着入射角度的增加，8GHz 处 RCS 缩减值分别为 25.7dB、17.9dB 和 11.9dB，-10dB 缩减带宽分别为 1.75GHz（7.30~9.05GHz）、1.10GHz（7.60~8.70GHz）和 0.29GHz（7.87~8.16GHz）。由上述分析可得，8GHz 处超表面的 RCS 缩减值随着入射角度的增大而变小，但整体上缩减值仍保持在较高的范围。分析认为，超表面漫反射的效果取决于单元的相位响应特性，而本节单元相位响应均是在电磁波垂直入射下获得的。随着线极化波入射角的增大，单元谐振特性的变化改变了相位响应，导致漫反射效果变差，降低了 RCS 缩减效果。

图 6-18 展示了 8GHz 斜入射对 MDCM 三维远场散射特性的影响。由图可知，随着入射角度的增大，不同极化状态下超表面的散射峰值均越来越大，但漫散射波束的整体散射方向仍与入射角度为 0° 时保持一致，x 极化和 y 极化波入射下散射场依然分别呈现明显的两簇和单簇漫散射特征，说明 MDCM 具有较好的角度不敏感性。表 6-3 对比了 MDCM 与文献中漫反射超表面 RCS 缩减特性，可以清楚地看到，与其他 RCS 缩减超表面相比，MDCM 同时具备多重漫散射、极化独立、角度不敏感以及较高的 RCS 缩减峰值。

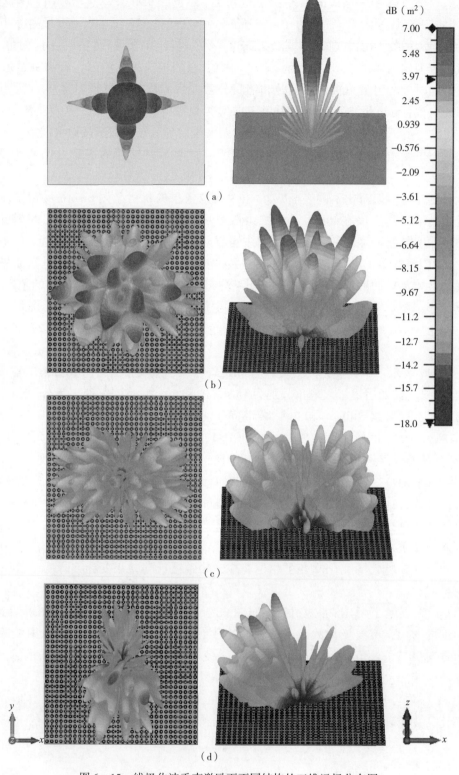

图 6-15　线极化波垂直激励下不同结构的三维远场分布图

（a）金属板　　（b）RCM　　（c）x 极化波激励下 MDCM　　（d）y 极化波激励下 MDCM

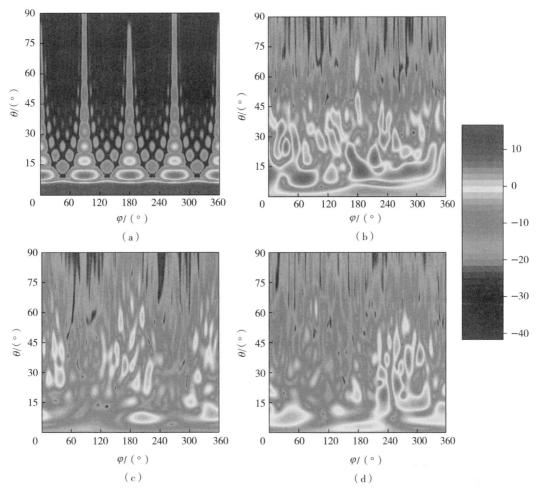

图 6 – 16　线极化波垂直激励下不同表面在 8 GHz 处的二维散射场分布图

（a）金属板　　（b）RCM　　（c）x 极化波激励下 MDCM　　（d）y 极化波激励下 MDCM

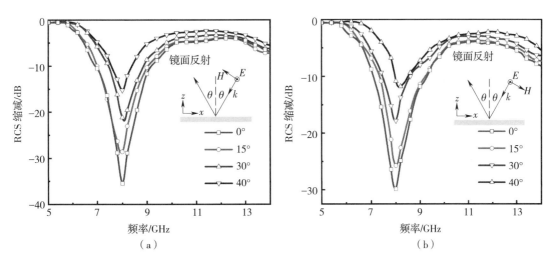

图 6 – 17　不同极化波斜入射下 MDCM 的后向 RCS 缩减

（a）x 极化　　（b）y 极化

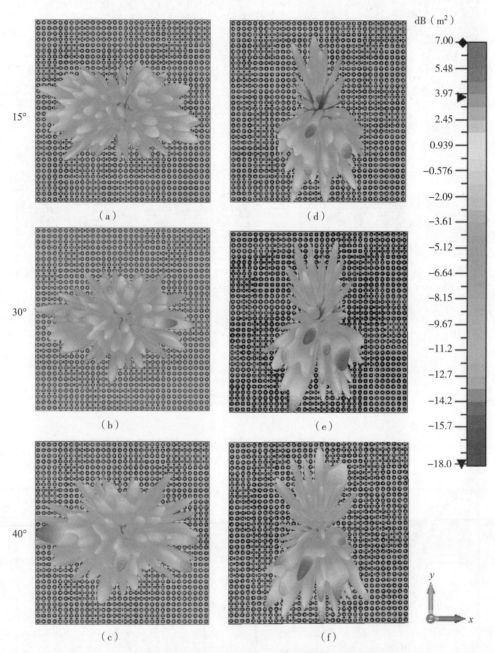

图 6-18　线极化波斜入射下 MDCM 的三维远场散射场分布

（a）~（c） x 极化　　（d）~（f） y 极化

表6-3 MDCM 与各类漫反射超表面性能对比

参考文献	−10dB 带宽/GHz	缩减峰值/dB	多重漫散射	极化独立	角度稳定性
[177]	3.88~4.07	−18	无	有	未研究
[238]	8.8~11	−26	有	有	未研究
[175]	9.70~18.12	−27	有	无	未研究
[239]	11.95~18.36	−19	有	无	未研究
[240]	8.6~9.5	−13	无	有	良好
MDCM	6.94~9.23	−35.5	有	有	良好

6.4.3 样件加工与实验验证

为验证 MDCM 的 RCS 缩减性能，根据仿真参数制备了横向尺寸为 320mm × 320mm 的样品，如图6-19（a）所示。样品分为三层，顶层和底层厚度为 0.018mm 的镀锡铜，中间介质衬底为厚度 2mm 的 F4B。整个实验平台基于 3.4.1 节宽带时域测量系统搭建，如图6-19（b）所示。在测量过程中，首先测量金属板的反射率并作归一化处理，然后将金属板替换为超表面，获得超表面相对于金属板的反射率缩减值，即为单站 RCS 缩减值。

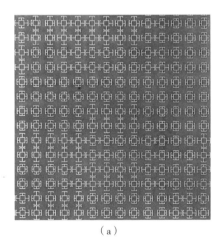 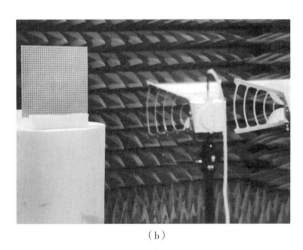

（a） （b）

图6-19
（a）MDCM 样品 （b）实验测量示意图

图6-20 展示了不同线极化波斜入射下 MDCM 样品的 RCS 缩减实测值。由图可知，随着角度的增加，RCS 缩减峰值降低，但 40° 以内的入射范围内，超表面在工作频点 8GHz 附近仍具备 10dB 以上的缩减。此外，由于样品加工和测量过程中的误差，实验与图6-17 的仿真结果稍有偏差，但在 5~14GHz 的范围内 RCS 缩减的趋势是一致的。结果表明制备的 MDCM 具有较好的低散射性、极化独立性和角度不敏感性。

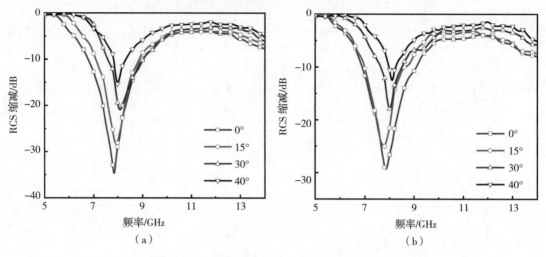

图 6 – 20　不同线极化波斜入射下 MDCM 的 RCS 缩减实测值

（a）x 极化　（b）y 极化

6.5　薄层等离子体复合多重漫散射超表面的散射特性

6.5.1　仿真分析

　　为了增强薄层 ICP 源 RCS 的动态缩减效果，本节将 6.4 节设计的 MDCM 与 ICP 源联合作用组成薄层等离子体复合多重漫散射超表面（plasma composited multiple diffuse coding metasurface，PC – MDCM），电磁波传播模型如图 6 – 21 所示。其中 ICP 源的整体尺寸为 200mm × 200mm × 20mm，不同放电条件下的 ω_p 和 ν_c 等参数空间分布由第 2 章耦合模型提供，基于 CST 的 TDFIT 方法对提供的数据进行模型构建和全波分析。

图 6 – 21　PC – MDCM 的电磁波传播模型示意图

　　工质气体为 Ar，气压为 10Pa，功率为 800W，x 和 y 极化波垂直激励下 PC – MDCM 的 RCS 缩减如图 6 – 22 所示。从图中可以观察到，在 ICP 源和 MDCM 的共同作用下，x 和 y 极化下 PC – MDCM 中 RCS 缩减的 –10dB 工作带宽分别为 3.64GHz（6.98 ~ 8.41GHz，9.04 ~ 11.25GHz）和 3.35GHz（7.32 ~ 10.67GHz）。和相同放电条件下 ICP 源相比，

−10dB 工作带宽和缩减峰值小幅值增加。但和 MDCM 相比，工作频点 8GHz 附近的 RCS 缩减峰值和工作带宽明显减小。这是由于一是气压为 10Pa 时，Ar − ICP 源 ω_p 的分布呈现较强的不均匀性，导致电磁波入射后相位特性发生改变；二是 MDCM 漫散射的响应频点位于 8GHz，而 ICP 源的截止频率 ω_c 位于 10GHz 附近，导致 10GHz 以下入射波的部分能量因 ICP 源的截止效应发生反射，上述原因影响了 MDCM 的漫散射性能。因此，若要最大限度发挥 PC − MDCM 中 MDCM 单站和双站 RCS 缩减效果，需满足：①ICP 源 ω_c 需低于 MDCM 的工作频带；②ICP 源 ω_p 的空间分布应相对均匀。

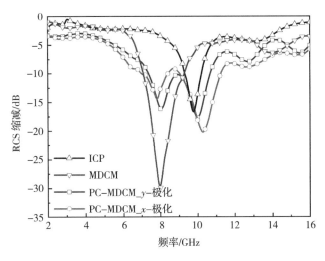

图 6 − 22　x 和 y 极化波垂直激励下 PC − MDCM 的 RCS 缩减曲线

为了满足上述要求，并将 RCS 动态缩减的工作频带向低频偏移，本节将电负性气体 O_2 引入至 ICP 源气体组分的调制中。气压为 10Pa，功率为 800W，η_{O_2} 为 20% 和 80% 时，x 和 y 极化波垂直激励下 PC − MDCM 的 RCS 缩减如图 6 − 23 所示。由图可知，$\eta_{O_2} = 20\%$ 时，和相同放电条件下 ICP 源相比，在 ICP 源和 MDCM 的联合作用下，PC − MDCM 的

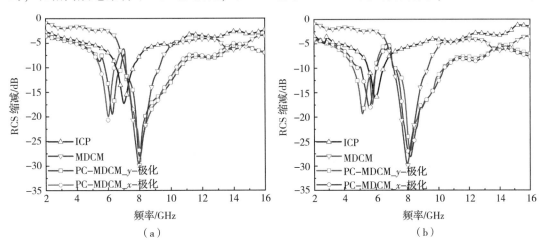

图 6 − 23　x 和 y 极化波垂直激励时，不同 η_{O_2} 下 PC − MDCM 的 RCS 缩减曲线

（a）$\eta_{O_2} = 20\%$　　（b）$\eta_{O_2} = 80\%$

RCS 缩减效果明显提升，且工作带宽向低频拓展：x 和 y 极化下工作带宽由 1.02GHz 分别拓宽至 4.59GHz（5.73 ~ 6.84GHz，7.13 ~ 10.61GHz）和 4.39GHz（5.39 ~ 6.56GHz，7.12 ~ 10.34GHz），缩减峰值由 16.6dB 分别升高至 39.8dB 和 38.6dB。$\eta_{O_2} = 80\%$ 时，工作频带继续向低频方向移动，x 和 y 极化下工作带宽分别为 4.57GHz（4.53 ~ 5.97GHz，7.18 ~ 10.31GHz）、4.13GHz（5.08 ~ 6.01GHz，7.10 ~ 10.30GHz），缩减峰值由 16.6dB 分别升高至 38.2dB 和 39.8dB。

图 6 - 24 展示了 η_{O_2} 为 80% 时，不同线极化波垂直激励下 PC - MDCM 两处缩减峰对应频点 5GHz 和 8GHz 的远场分布图。从图中可以观察到，两个频点处电磁波散射场分布呈现截然不同的特性。ω 为 8GHz 时，由于 ICP 源的参数分布相对均匀，且 ω_c 小于 MDCM 的工作频点，ICP 源对 MDCM 的漫散射机制影响较小。与未复合 ICP 源的图 6 - 15 对比，反射波经 PC - MDCM 作用后仍然呈现较好的多重漫散射特征，x 极化波入射后被分散、偏转为两簇沿 $\varphi = 0°$ 和 180° 分布的漫散射波束，y 极化波经 MDCM 作用后形成的漫散射波束被定向偏转至 $\varphi = 270°$ 的方向。此时，RCS 缩减以 ICP 源碰撞吸收和 MDCM 的漫散射效应为主：漫散射超表面为入射电磁波提供额外的"人工波矢"，在降低散射峰强度的同时，提高了电磁波在薄层等离子体中作用的范围，从而增强了 ICP 源

（a）

（b）

图 6 - 24　不同线极化波垂直激励下 PC - MDCM 的远场方向图

（a）5GHz　（b）8GHz

对波束能量的碰撞吸收。入射波频率 ω 为 5GHz 时，超出了 MDCM 的工作频带，漫散射效果较差，但在 ω 接近 ω_p 产生共振衰减效应的作用下，电磁波能量明显耗散。因此，在 ICP 源共振衰减、碰撞吸收和 MDCM 多重漫散射效应的联合作用下，PC – MDCM 缩减频带得到有效拓宽，散射峰强度明显降低，提升了单站和双站 RCS 的缩减效果。

6.5.2　实验验证

为了验证 PC – MDCM 的性能，基于宽带时域测量法对样件的 RCS 缩减进行测量，测量流程与第 6.4.3 节相同，PC – MDCM 样件及搭建平台示意图如图 6 – 25 所示。结构整体分为两层，顶层为放电腔室，由高透波、高真空的石英材料高温熔制而成，尺寸为 200mm × 200mm × 20mm，ICP 源激发相关的放电、真空系统具体细节见 3.1 节；底层为 MDCM。在测量过程中，首先测量与样件横向尺寸相同金属板的 RCS，并作归一化处理；然后将金属板替换为 PC – MDCM 样件，测量不同外部放电条件下 PC – MDCM 的反射率，即可获得 RCS 缩减情况。

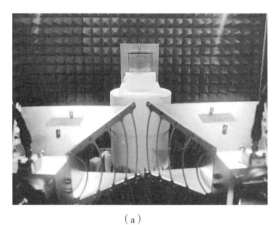 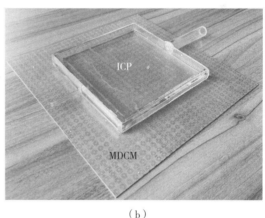

（a）　　　　　　　　　　　　　　　（b）

图 6 – 25

（a）实验平台　（b）复合结构样件示意图

图 6 – 26（a）展示了功率为 800W，气体为 Ar，x 和 y 极化波垂直激励下 PC – MDCM 的 RCS 缩减实测值。由图可知，x 和 y 极化波入射下 PC – MDCM 的工作带宽分别为 3.09GHz（7.95 ~ 9.11GHz，9.72 ~ 11.65GHz）和 2.56GHz（8.09 ~ 9.12GHz，9.42 ~ 10.95GHz）。x 极化波垂直激励时，不同 η_{O_2} 下 PC – MDCM 的 RCS 缩减的实测结果如图 6 – 26（b）所示。η_{O_2} 为 20% 和 80% 时，PC – MDCM 的工作带宽分别为 5.07GHz（4.06 ~ 6.02GHz 和 7.06 ~ 10.17GHz）和 4.5GHz（4.02 ~ 5.53GHz 和 7.02 ~ 10.01GHz）。上述分析可知，实测值和模拟结果趋势相符，但由于实验测量中环境干扰的影响以及实验条件下 ICP 源参数分布与仿真模型存在差异，导致两者的 RCS 缩减效果存在偏差。

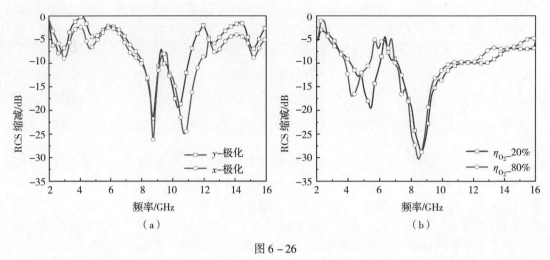

图 6 - 26

（a）气体为 Ar，不同线极化波垂直激励下 RCS 缩减实测值　　（b）x 极化波垂直激励时，不同 η_{O_2} 下 RCS 缩减实测值

6.6　本章小结

　　本章基于 ICP 源的吸波效果主动可调和共振相位超表面极化独立的多重漫散射特性，提出了一种薄层等离子体复合共振相位超表面，实现了不同线极化下 RCS 缩减效果的动态调控。首先，基于阵列原理分析了编码超表面的漫散射机制，并引入 AGA 对随机编码超表面的漫散射效果进行优化，使得漫散射波束在半空间的分布更加均匀；其次，基于卷积定理将随机相位分别与不同周期分布的梯度相位叠加，使得反射波束分散为偏离镜面反射方向的单簇、双簇和四簇漫反射波束，实现了漫散射波束定向偏转及能量分散的调控；再次，基于改进型耶路撒冷冷十字各向异性结构设计并制备了极化独立的 MDCM，x 和 y 极化波经 MDCM 作用后分别散射为远离镜面反射方向的两簇和单簇漫散射波束，具备良好的极化和角度稳定性；最后，将薄层 ICP 源与 MDCM 组成复合结构，在不同放电条件和极化状态下研究了 PC - MDCM 的散射特性。仿真和实验结果表明，在 ICP 源共振衰减、碰撞吸收和 MDCM 漫散射效应的联合作用下，PC - MDCM 的单站 RCS 和双站 RCS 均获得有效缩减，-10dB 缩减带宽在拓宽的同时向低频延拓，并随着极化状态的不同呈现不同的散射特性，x 极化下带宽为 4.57GHz（4.53 ~ 5.97GHz，7.18 ~ 10.31GHz），y 极化下带宽为 4.13GHz（5.08 ~ 6.01GHz，7.10 ~ 10.30GHz），从而实现了 RCS 缩减效果的独立、动态调控。

第 7 章　薄层等离子体复合几何相位超表面的宽带散射特性研究

在第 6 章的研究中，针对薄层等离子体对电磁波衰减效果不佳及超表面缩减效果无法主动调控的问题，设计了极化独立的薄层等离子体复合共振相位超表面，有效增强了两者对电磁波的动态缩减效果。然而，该结构中超表面提供的附加波矢源于谐振单元尺寸渐变引发的结构共振效应，工作带宽较窄，只能在窄带范围内调控电磁波的散射特性，使得复合结构的 RCS 缩减带宽无法满足宽带应用需求。

为了将 RCS 缩减频带进一步拓宽，本章基于几何相位（pancharatnam - berry，PB）的宽带非色散特性设计并制备了两种不同工作机制的超表面：多重漫散射超表面和反射 - 透射一体的编码梯度超表面。结合两种超表面的波束调控特点和等离子体的动态吸波特性，分别设计了薄层等离子体复合宽带多重漫散射超表面和蜂窝吸波结构 - 编码梯度超表面 - 等离子体复合结构，并研究了两种复合结构的散射特性和 RCS 缩减机理。虽然两种结构不再具备 PC - MDCM 极化独立的特性，但在更宽的频率范围内实现了 RCS 的动态缩减，缩减效果更为理想。

7.1　基于 PB 相位的反射和透射机理

假定左旋圆极化（left circularly polarized，LCP）波入射至基于 PB 相位设计的超表面，由 5.1.1 节推导可知

$$\begin{pmatrix} k_{\mathrm{rLL/tLL}} \\ k_{\mathrm{rLR/tLR}} \end{pmatrix} = k_0 + \begin{pmatrix} \xi_{\mathrm{rLL/tLL}} \\ \xi_{\mathrm{rLR/tLR}} \end{pmatrix} \tag{7-1}$$

式中，$k_{\mathrm{rLL/tLL}}$、$k_{\mathrm{rLR/tLR}}$ 分别为 LCP 波入射下同极化反射/透射波矢和交叉极化反射/透射波矢；k_0 为 LCP 入射波波矢；$\xi_{\mathrm{rLL/tLL}}$、$\xi_{\mathrm{rLR/tLR}}$ 分别为散射型超表面相位突变引入的同极化反射/透射附加波矢和交叉极化反射/透射附加波矢。

由式（7-1）可知，LCP 波入射后出射波由四种不同状态的波束组成。同理，右旋圆极化（right circularly polarized，RCP），以及不同线极化波经超表面作用后同样可生成四种不同类型的波束。为了深入分析不同极化的电磁波入射至 PB 相位超表面的响应特性，下面基于相对坐标系分别对 PB 单元反射和透射的机理进行推演。

7.1.1　基于 PB 相位的反射原理

假定 LCP 波在 $O-xyz$ 坐标系下沿 z 轴负方向垂直激励至基于 PB 相位的反射型微单元，此时入射波和反射波电场可分别由式（7-2）和式（7-3）表示

$$\boldsymbol{E}_{\mathrm{i}} = E_0(\boldsymbol{x} - \mathrm{j}\boldsymbol{y})\,\mathrm{e}^{\mathrm{j}kz} \qquad (7-2)$$

$$\boldsymbol{E}_{\mathrm{r}} = E_0(R_x\boldsymbol{x}\mathrm{e}^{\mathrm{j}\varphi_x} - \mathrm{j}R_y\boldsymbol{y}\mathrm{e}^{\mathrm{j}\varphi_y})\,\mathrm{e}^{-\mathrm{j}kz} \qquad (7-3)$$

式中，φ_x 和 φ_y 分别为 LCP 电磁波激励下谐振单元沿 x 方向和 y 方向的相位突变；R_x 和 R_y 分别为沿 x 方向和 y 方向的反射系数幅值。

将单元逆时针旋转角度 φ，此时的正交坐标系由 $O-xyz$ 变为 $O-uvz$

$$\begin{aligned} \boldsymbol{x} &= \boldsymbol{u}\cos\varphi - \boldsymbol{v}\sin\varphi \\ \boldsymbol{y} &= \boldsymbol{u}\sin\varphi + \boldsymbol{v}\cos\varphi \end{aligned} \qquad (7-4)$$

则入射波在旋转后可以转化为

$$\begin{aligned} \boldsymbol{E}_{\mathrm{i}} &= E_0\big[\,(\boldsymbol{u}\cos\varphi - \boldsymbol{v}\sin\varphi) - \mathrm{j}(\boldsymbol{u}\sin\varphi + \boldsymbol{v}\cos\varphi)\,\big]\mathrm{e}^{\mathrm{j}kz} = \\ &\quad E_0(\boldsymbol{u} - \mathrm{j}\boldsymbol{v})\,\mathrm{e}^{\mathrm{j}kz}\mathrm{e}^{-\mathrm{j}\varphi} \end{aligned} \qquad (7-5)$$

同理，反射波可转化为

$$\boldsymbol{E}_{\mathrm{r}} = E_0(R_u\boldsymbol{u}\mathrm{e}^{\mathrm{j}\varphi_x} - \mathrm{j}R_v\boldsymbol{v}\mathrm{e}^{\mathrm{j}\varphi_y})\,\mathrm{e}^{-\mathrm{j}kz}\mathrm{e}^{-\mathrm{j}\varphi} \qquad (7-6)$$

由于微单元旋转前、后的 $R_x = R_u$，$R_y = R_v$，$\varphi_x = \varphi_u$ 及 $\varphi_y = \varphi_v$，则式（7-6）可转换为

$$\begin{aligned} \boldsymbol{E}_{\mathrm{r}} &= E_0\big[\,R_x(\boldsymbol{x}\cos\mathrm{j} + \boldsymbol{y}\sin\mathrm{j})\,\mathrm{e}^{\mathrm{j}\mathrm{j}_x} - \mathrm{j}R_y(\boldsymbol{x}\sin\mathrm{j} + \boldsymbol{y}\cos\mathrm{j})\,\mathrm{e}^{\mathrm{j}\mathrm{j}_y}\big]\mathrm{e}^{\mathrm{j}kz}\mathrm{e}^{-\mathrm{j}\mathrm{j}} = \\ &\quad E_0\big[\,(R_x\boldsymbol{x}\cos\mathrm{j}\mathrm{e}^{\mathrm{j}\mathrm{j}_x} + \mathrm{j}R_y\boldsymbol{x}\sin\mathrm{j}\mathrm{e}^{\mathrm{j}\mathrm{j}_y}) + (R_x\boldsymbol{y}\sin\mathrm{j}\mathrm{e}^{\mathrm{j}\mathrm{j}_x} - \mathrm{j}R_y\boldsymbol{y}\cos\mathrm{j}\boldsymbol{x}\sin\mathrm{j}\mathrm{e}^{\mathrm{j}\mathrm{j}_y})\big]\mathrm{e}^{-\mathrm{j}kz}\mathrm{e}^{-\mathrm{j}\mathrm{j}} = \\ &\quad \frac{E_0}{2}\big[\,(\boldsymbol{x} + \mathrm{j}\boldsymbol{y})(R_x\mathrm{e}^{\mathrm{j}\mathrm{j}_x} - R_y\mathrm{e}^{\mathrm{j}\mathrm{j}_y})\big]\mathrm{e}^{-\mathrm{j}2\mathrm{j}} + (\boldsymbol{x} - \mathrm{j}\boldsymbol{y})(R_x\mathrm{e}^{\mathrm{j}\mathrm{j}_x} + R_y\mathrm{e}^{\mathrm{j}\mathrm{j}_y})\big]\mathrm{e}^{-\mathrm{j}kz} \end{aligned} \qquad (7-7)$$

从式（7-7）可以观察到，反射波由左旋波 $E_{\mathrm{r(LCP)}}$ 和右旋波 $E_{\mathrm{r(RCP)}}$ 构成

$$\boldsymbol{E}_{\mathrm{r(LCP)}} = \frac{E_0}{2}(\boldsymbol{x} + \mathrm{j}\boldsymbol{y}\boldsymbol{y})(R_x\mathrm{e}^{\mathrm{j}\varphi_x} - R_y\mathrm{e}^{\mathrm{j}\varphi_y})\,\mathrm{e}^{-\mathrm{j}2\varphi}\mathrm{e}^{-\mathrm{j}kz}$$

$$\boldsymbol{E}_{\mathrm{r(RCP)}} = \frac{E_0}{2}(\boldsymbol{x} - \mathrm{j}\boldsymbol{y})(R_x\mathrm{e}^{\mathrm{j}\varphi_x} + R_y\mathrm{e}^{\mathrm{j}\varphi_y})\,\mathrm{e}^{-\mathrm{j}kz} \qquad (7-8)$$

由式（7-8）可得，反射波和入射波之间存在 -2φ 的相移，相移量恰好 2 倍于谐振单元旋转角度 φ。

当 LCP 波沿 x 和 y 方向的相位突变 $|\varphi_x - \varphi_y| = 1$ 时，反射波可表示为

$$\begin{aligned} E_{\mathrm{r(LCP)}} &= E_0(\boldsymbol{x} + \mathrm{j}\boldsymbol{y})R_x\mathrm{e}^{\mathrm{j}\varphi_x}\mathrm{e}^{-\mathrm{j}2\varphi}\mathrm{e}^{\mathrm{j}kz} \\ E_{\mathrm{r(RCP)}} &= 0 \end{aligned} \qquad (7-9)$$

此时入射前、后的极化状态均为 LCP 波，实现了同极化反射。同理，可推导出当 RCP 波沿 z 轴负方向垂直激励时，反射波同样也由左旋波 $E_{\mathrm{r(LCP)}}$ 和右旋波 $E_{\mathrm{r(RCP)}}$ 构成

$$\boldsymbol{E}_{\mathrm{r(RCP)}} = \frac{E_0}{2}(\boldsymbol{x} + \mathrm{j}\boldsymbol{y})(R_x\mathrm{e}^{\mathrm{j}\varphi_x} + R_y\mathrm{e}^{\mathrm{j}\varphi_y})\,\mathrm{e}^{-\mathrm{j}kz}$$

$$\boldsymbol{E}_{\mathrm{r(RCP)}} = \frac{E_0}{2}(\boldsymbol{x} - \mathrm{j}\boldsymbol{y})(R_x\mathrm{e}^{\mathrm{j}\varphi_x} - R_y\mathrm{e}^{\mathrm{j}\varphi_y})\,\mathrm{e}^{\mathrm{j}2\varphi}\mathrm{e}^{-\mathrm{j}kz} \qquad (7-10)$$

由式（7-10）可知，RCP 反射波的相移量与 LCP 均为 2φ，但突变方向相反。

7.1.2　基于 PB 相位的透射原理

假定 LCP 波在 $O-xyz$ 坐标系下沿 z 轴负方向垂直激励至基于 PB 相位的透射型谐振单元，此时透射波为

$$\boldsymbol{E}_t = E_0 (T_x \boldsymbol{x} e^{j\varphi_x} - j T_y \boldsymbol{y} e^{j\varphi_y}) e^{jkz} \tag{7-11}$$

式中，T_x 和 T_y 分别为沿 x 和 y 方向的透射系数幅值。

将微单元旋转 φ，则在旋转后正交坐标系 $O-uvz$ 中透射波可以表示为

$$\boldsymbol{E}_t = E_0 (T_u \boldsymbol{u} e^{j\varphi_u} - j T_v \boldsymbol{v} e^{j\varphi_v}) e^{jkz} e^{-j\varphi} \tag{7-12}$$

将 $T_x = T_u$，$T_y = T_v$，$\varphi_x = \varphi_u$ 及 $\varphi_y = \varphi_v$ 代入，则式（7-12）变为

$$
\begin{aligned}
\boldsymbol{E}_r &= E_0 [T_x (\boldsymbol{x}\cos\varphi + \boldsymbol{y}\sin\varphi) e^{j\varphi_x} - j T_y (-\boldsymbol{x}\sin\varphi + \boldsymbol{y}\cos\varphi) e^{j\varphi_y}] e^{jkz} e^{-j\varphi} = \\
&\quad E_0 [(T_x \boldsymbol{x}\cos\varphi e^{j\varphi_x} + j T_y \boldsymbol{x}\boldsymbol{x}\sin\varphi e^{j\varphi_y}) + (T_x \boldsymbol{y}\sin\varphi e^{j\varphi_x} - j T_y \boldsymbol{y}\cos\varphi e^{j\varphi_y})] e^{jkz} e^{-j\varphi} = \\
&\quad \frac{E_0}{2} [(\boldsymbol{x} + j\boldsymbol{y})(T_x e^{j\varphi_x} - T_y e^{j\varphi_y})] e^{-j2\varphi} + (\boldsymbol{x} - j\boldsymbol{y})(T_x e^{j\varphi_x} + T_y e^{j\varphi_y})] e^{jkz}
\end{aligned}
$$

$$\tag{7-13}$$

由式（7-13）可知，透射波由左旋波及右旋波两部分组成

$$
\begin{aligned}
\boldsymbol{E}_{t(LCP)} &= \frac{E_0}{2} (\boldsymbol{x} + j\boldsymbol{y})(T_x e^{j\varphi_x} + T_u e^{j\varphi_y}) e^{jkz} \\
\boldsymbol{E}_{t(RCP)} &= \frac{E_0}{2} (\boldsymbol{x} - j\boldsymbol{y})(T_x e^{j\varphi_x} - R_y e^{j\varphi_y}) e^{j2\varphi} e^{jkz}
\end{aligned}
\tag{7-14}
$$

此时透射波与入射波之间相移量为微单元旋转角度 φ 的 2 倍 -2φ。同理，可推演出 RCP 波垂直激励下的透射波同样可分为两部分

$$
\begin{aligned}
\boldsymbol{E}_{t(LCP)} &= \frac{E_0}{2} (\boldsymbol{x} - j\boldsymbol{y})(T_x e^{j\varphi_x} - T_y e^{j\varphi_y}) e^{j2\varphi} e^{jkz} \\
\boldsymbol{E}_{t(RCP)} &= \frac{E_0}{2} (\boldsymbol{x} + j\boldsymbol{y})(T_x e^{j\varphi_x} + T_y e^{j\varphi_y}) e^{jkz}
\end{aligned}
\tag{7-15}
$$

此时透射波的相位突变量与 LCP 波相同，但突变方向相反。

7.2　薄层等离子体复合宽带多重漫散射超表面研究

7.2.1　基于 PB 相位的宽带多重漫散射超表面设计与分析

7.2.1.1　基于 PB 相位的单元设计

本节基于 PB 相位原理设计了一种改进双弧型开口谐振环微单元，如图 7-1 所示。在圆极化波的照射下可以实现宽带、非色散的同极化反射特性，且具有良好的极化和角度稳定性。

微单元顶层为改进的双弧型开口谐振环金属贴片，中间层为 F4B 构成的介质衬底（介电常数 2.65，损耗虚部 0.001），底层为金属背板。利用 CST 的 Floquet 端口对微单

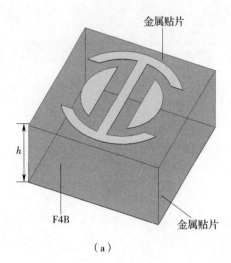
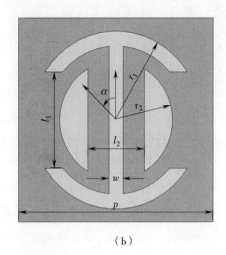

（a）　　　　　　　　　　　　　（b）

图 7 - 1　单元结构示意图

（a）整体结构　　（b）正视图

元进行全波分析，单元沿 x 和 y 方向的边界条件为 unit cell，z 轴方向边界条件为 open（add space）。经频域求解器优化设计后谐振单元的尺寸为：周期 $p = 5.5\text{mm}$，$r_1 = 2.4\text{mm}$，$r_2 = 2.4\text{mm}$，$l_1 = 2.6\text{mm}$，$l_2 = 1.6\text{mm}$，$h = 2.95\text{mm}$，金属贴片和底板的厚度 $t = 0.018\text{mm}$。

图 7 - 2 展示了不同圆极化波垂直照射下 PB 单元的同极化和交叉极化反射系数，其中 LCP/RCP 的同极化和交叉极化反射系数分别为 r_{RL}/r_{LR} 和 r_{LL}/r_{RR}。从图中可以观察到，不同极化下的圆极化波频率响应完全相同，呈现良好的极化稳定性。在 r_{LR} 和 r_{RL} 中存在三个谐振点，分别为 9.20GHz、12.37GHz 和 16.21GHz，谐振点之间的耦合作用使得谐振单元在宽带范围内实现了高效的同极化反射特性，反射系数的幅值均大于 0.98。

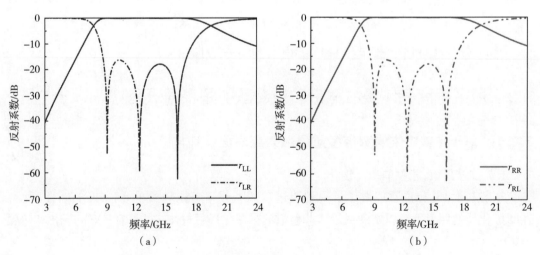

（a）　　　　　　　　　　　　　（b）

图 7 - 2　不同圆极化波垂直照射下 PB 单元的频率响应特性

（a）LCP　　（b）RCP

图 7-3 展示了不同圆极化波斜入射下 PB 单元的同极化反射系数。由图可知，随着入射角度的增大，不同极化下同极化反射系数的带宽均得到拓宽，且反射系数幅值均大于 0.93，表现出良好的角度稳定性。

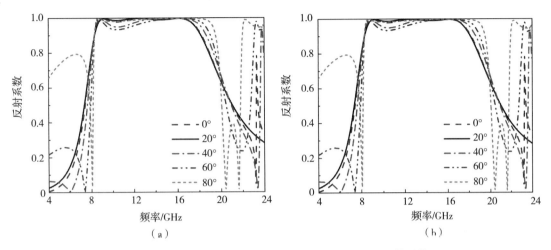

图 7-3　不同圆极化波斜入射下 PB 单元的同极化反射系数

(a) LCP　　(b) RCP

为了检验 PB 单元同极化下的相位响应特性，仿真了 x 和 y 极化波垂直激励下 PB 单元同极化反射系数的幅值和相位，如图 7-4 所示。其中，为了降低单元设计难度，提高参数优化效率，此处放宽式（7-9）中单元实现同极化反射的条件，将单元频率响应中满足 $|R_x| = |R_y|$ 和 $|\varphi_x - \varphi_y| = \pi \pm \pi/6$ 的频带定义为单元可以实现同极化反射的有效带宽。从图中可以观察到，单元在 8.75～17.14GHz 的宽带范围内相位差接近于 π，且反射系数相等，满足有效带宽的要求。在图 7-2 三个谐振点 9.20GHz、12.37GHz 和 16.21GHz 处，反射系数的相位差均为 π。

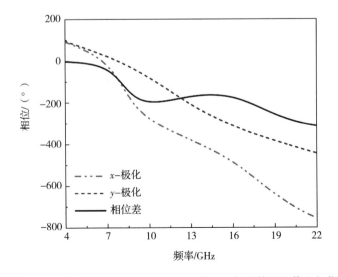

图 7-4　x 和 y 极化波垂直激励下 PB 单元反射系数的幅值和相位

为了验证设计单元旋转角度 α 与相位突变的关系，仿真了 LCP 和 RCP 波垂直激励下不同微单元反射系数的幅值及相位响应，如图 7-5 所示，其中相邻微单元的旋转角度 $\alpha=45°$。由图可知，在 8.75~17.14GHz 的宽带范围内，LCP 和 RCP 照射下相邻微单元同极化反射的相移均达到 90°，且反射系数的幅值均大于 0.98，因此，基于 PB 相位原理设计的谐振单元具有宽带非色散特性，通过旋转单元能够实现 2 倍于 α 的相移量，从而在宽带范围内灵活调控编码阵列的响应特性；此外，不同极化状态下相邻单元的反射相移量相反，与 7.1.1 节中理论分析相同。

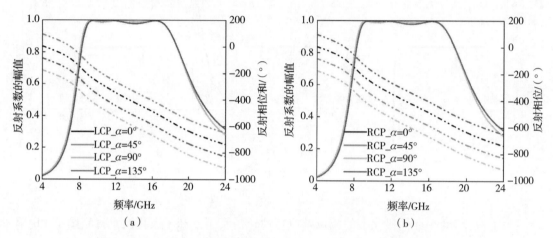

图 7-5 LCP 和 RCP 波垂直激励下微单元的反射系数幅值及相位响应

(a) LCP (b) RCP

7.2.1.2 宽带多重漫散射超表面设计及分析

基于上节设计的双弧开口谐振环微单元，本节设计了一种宽带多重漫散射超表面（broadband multiple diffuse metasurface，BMDM），由 36×36 个微单元组成，横向尺寸为 198mm×198mm。

BMDM 相位排布由随机编码超表面（random coding metasurface，RCM）和棋盘型梯度超表面（chessboard gradient metasurface，CGM）叠加而成，若叠加后的相移量超过 2π，则对 2π 取余数，使得编码的相位突变量控制在 2π 范围内：其中 RCM 由 6×6 个子单元构成，每个子单元包括 6×6 个相位响应相同的微单元，并利用 5.2 节中 AGA 算法对随机相位的排布进行优化设计，使反射波束获得最佳的漫散射效果；CGM 由 12×12 个子单元构成，沿 x 和 y 方向子单元的相位响应呈现 $[0\ \pi\ 0\ \pi\cdots\cdots]$ 的棋盘型分布特征，每个子单元包括 3×3 个相位响应相同的微单元。三种表面在 15GHz 处相位分布及其二维、三维远场散射方向图的理论计算值如图 7-6 所示。从图中可以观察到，BMDM 的反射波束兼备了 RCM 及 CGM 的特点，在半空间范围内沿对角线分散为四簇漫散射波束，且四簇散射波束的主体传播方向与 CGM 四束反射波的方向一致。

利用 CST 中 TDFIT 算法数值分析了 BMDM 的散射频谱，以验证上述理论计算的正确性，模型中 x、y 和 z 方向的边界条件均设置为 open（add space）。为了对比分析 BMDM 的性能，求解了同尺寸下 RCM 及金属板的散射频谱。RCP 垂直激励下三种超表面在

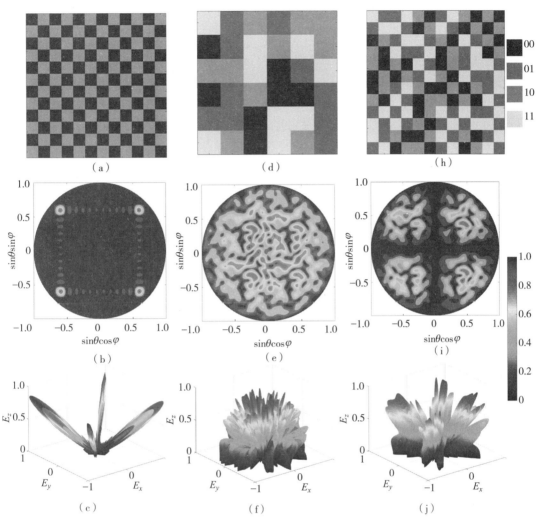

图 7 - 6　15GHz 处不同超表面的相位布局及其二维、三维远场方向图

(a) ~ (c) RCM　　(d) ~ (f) CGM　　(h) ~ (j) BMDM

15GHz 处的三维远场方向图如图 7 - 7 所示。从图中可观察到，不同超表面的远场散射效果与理论计算结果相符。RCP 经金属板反射后能量主要集中于镜面反射方向；RCP 入射至 RCM 后沿镜面反射方向较为均匀地散射至半空间范围，而入射电磁波经 BMDM 反射后形成了偏离镜面反射方向的四簇漫反射波束。为了更直观地分析不同表面能量分布，图 7 - 8 给出了 RCP 垂直照射下不同表面在 15GHz 处的二维远场方向图。从图中可以明显观察到 RCM 散射波的能量分布在沿镜面反射方向的一定范围内，而 BMDM 散射波能量主要沿 $\varphi = 45°$、135°、225°、315°的方向呈漫散射分布，且携带能量进一步降低。因此，随着漫反射波束的增加，波束的电平值逐渐减小，使得 BMDM 的单站和双站 RCS 缩减效果均得到提升。

图 7 - 9 展示了 x 和 y 极化波垂直照射下超表面的单站 RCS 及其相对于金属板的 RCS 缩减情况。由图可知，RCM 和 BMDM 在局部窄带内均存在多个缩减峰，多个缩减峰的耦

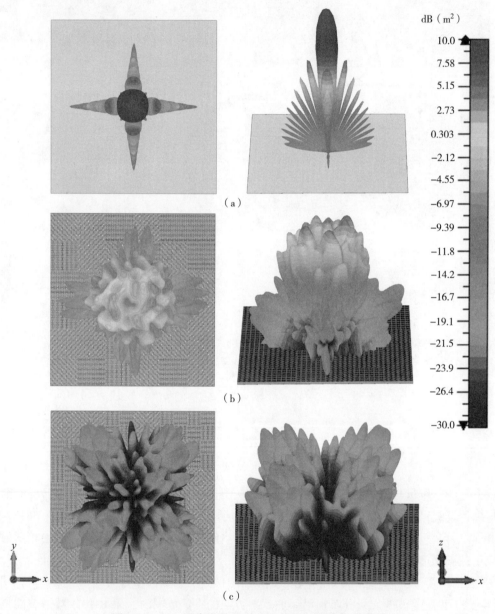

图 7-7　RCP 垂直激励下 15GHz 处的三维远场方向图

(a) 金属板　　(b) RCM　　(c) BMDM

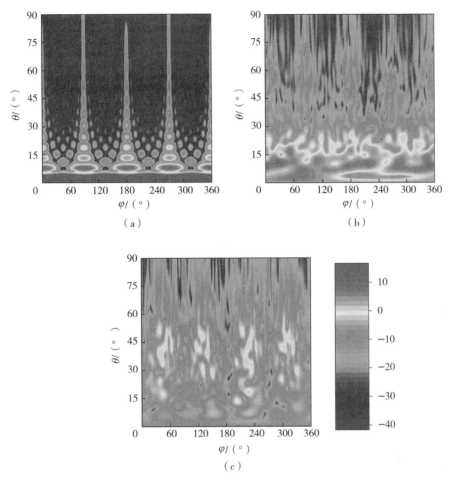

图 7 - 8　RCP 垂直激励下 15GHz 处的二维远场方向图

（a）金属板　（b）RCM　（c）BMDM

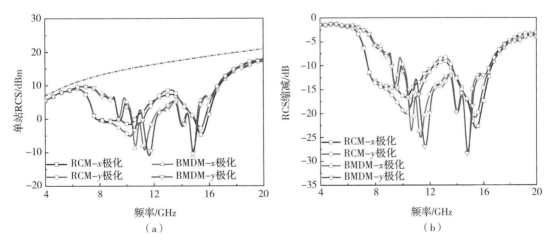

图 7 - 9　线极化波垂直照射下超表面的单站 RCS 及其 RCS 缩减

（a）单站 RCS　（b）RCS 缩减

合作用实现了宽带缩减效果，x 和 y 极化波照射下 BMDM 中 RCS 缩减的 -10dB 的带宽分别为 6.51GHz（10.05~16.56GHz）和 7.26GHz（9.18~16.44GHz），相对带宽分别为 50.8% 和 56.7%，而 RCM 在 11.8~13.7GHz 缩减效果较差；BMDM 在 14.9GHz 附近达到缩减峰值，x 和 y 极化下峰值分别为 29.2dB 和 28.3dB，RCM 的缩减峰值位于 15.5GHz 处，x 和 y 极化下峰值分别为 23.8dB 和 20.8dB。结果表明，不同线极化波照射下 BMDM 均能在宽带范围内实现单站 RCS 的缩减，不同极化下的缩减峰值比 RCM 均高 4.5dB 以上。

7.2.1.3　实验测量

利用印刷电路板技术制备了 BMDM 样品，横向尺寸为 198mm×198mm，如图 7-10（a）所示。样品分为三层，顶层和底层均为厚度为 0.018mm 的镀锡铜，中间层介质衬底为 F4B（介电常数 2.65，损耗虚部 0.001）。整个实验通过自由空间法在微波暗室进行，测量方法和第 5 章类似，此处不再详述。测量的实验平台如图 7-10（b）所示。

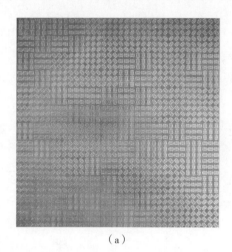 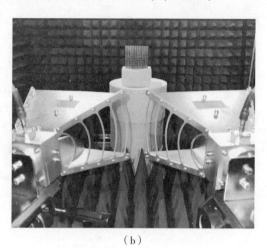

（a）　　　　　　　　　　　　　（b）

图 7-10

（a）样品示意图　　（b）实验平台示意图

x 和 y 极化波垂直激励下样品 RCS 缩减的实测值如图 7-11 所示。从曲线可以观察到，x 极化波照射下样品 RCS 缩减的 -10dB 带宽为 6.12GHz（10.54~16.66GHz），缩减峰值为 25.73dB；y 极化波照射下样品的 -10dB 带宽为 6.56GHz（10.25~16.81GHz），缩减峰值为 28.98dB。测试和仿真结果吻合较好，但由于样品制备及测试环境杂波的影响，两者存在微小偏差。

7.2.2　薄层等离子体复合宽带多重漫反射超表面的散射特性研究

上节设计的 BMDM 在 9.18~16.44GHz 的宽带范围内实现了 RCS 的缩减，但在小于 9GHz 的低频段内 RCS 的缩减效果较差，且 BMDM 一经制备后其工作频带将无法改变；ICP 对电磁波具备动态衰减的能力，但薄层 ICP 源由于轴向高度过小导致对电磁波衰减效果不佳。本节将 BMDM 与薄层 ICP 源联合作用，组成薄层等离子体复合宽带多重漫反射超表面（plasma composited broadband multiple diffuse metasurface，PC-BMDM），超表面可以在宽带范围内为入射电磁波提供多重附加波矢，拓宽波束与 ICP 源相互作用的范围，增

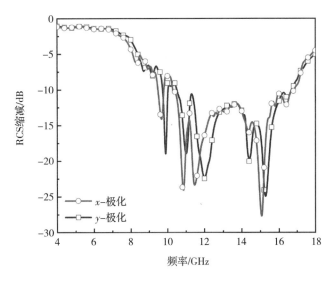

图 7 - 11　x 和 y 极化波垂直激励下 BMDM 样品的 RCS 缩减实测值

强 PC - BMDM 源对入射波能量的损耗；而 ICP 源通过改变外部放电条件，可以动态调控 RCS 缩减效果，从而将两者特性相结合，在宽带范围内实现 RCS 缩减的动态可调。

7.2.2.1　仿真分析

基于 CST 中 TDFIT 方法构建了 PC - BMDM 的电磁模型，如图 7 - 12 所示。ICP 源的整体尺寸为 $200mm \times 100mm \times 20mm$，不同放电条件下 ω_p 及 ν_c 等参数的空间分布特征由第 2 章耦合模型求解获得。为了提高计算效率，仿真中放电线圈及石英透波腔室对散射特性的影响忽略不计。

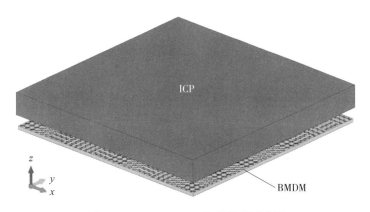

图 7 - 12　PC - BMDM 电磁模型示意图

通过第 5 章复合结构散射特性的研究可知，ICP 源的非均匀性和截止特性会不同程度地影响超表面的性能，为了减少 ICP 源对超表面的干扰，同时将工作频带向低频拓展，本节继续沿用 5.5.1 节 ICP 源的放电设置，将 O_2 引入至气体组分的调控中，在改善 ICP 源均匀性的同时降低 ω_p。气压为 10Pa，功率为 800W，x 极化波垂直激励时，不同 η_{O_2} 下 PC - BMDM 的 RCS 缩减曲线如图 7 - 13 所示。从图中可以观察到，和 ICP 源和 BMDM 相比，PC - BMDM 的 RCS 缩减 - 10dB 工作带宽进一步拓展，缩减峰值增大。当 $\eta_{O_2} = 20\%$ 时，在 4.95 ~ 16.65GHz 的超宽带范围内实现了 RCS 缩减，工作带宽为 11.70GHz，相对带宽 108.3%，缩减峰值为 35.2dB。当 $\eta_{O_2} = 80\%$ 时，PC – BMDM 的工作带宽为 9.38GHz（4.41 ~ 5.78GHz，8.63 ~ 16.64GHz），缩减峰值为 34.1dB。因此，通过调制 η_{O_2}，PC – BMDM 在更宽、更低的频率范围内实现了 RCS 缩减的动态调控。

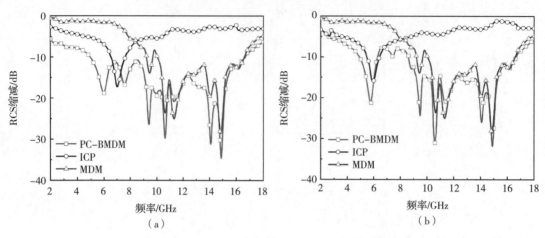

图 7 – 13　气压为 10Pa，功率为 800W，不同 η_{O_2} 下 PC – BMDM 的 RCS 缩减

(a) 20%　　(b) 80%

为了进一步分析 PC – BMDM 的缩减机理及 RCS 缩减效果，数值模拟了 $\eta_{O_2} = 80\%$ 时，PC – BMDM 两处缩减峰对应频点的三维远场方向图，如图 7 – 14 所示。ω 为 15GHz 时，由于 ICP 源主等离子体区参数分布较为均匀且截止频率 ω_c 小于入射波频率，使得入射波经 ICP 源作用后到达 BMDM 时相位特性变化较小，在 BMDM 作用下被散射为偏离镜面反射方向的四簇漫散射波束，呈现出良好的多重漫散射特性；漫散射波束进一步增大了反射波与 ICP 相互作用的范围，提升了等离子体对电磁波的碰撞吸收效应，漫散射和碰撞吸收效应的联合作用提升了 PC – BMDM 单站和双站 RCS 的缩减效果。ω 为 5.9GHz 时，BMDM 漫散射机制失效，尽管波束能量集中于镜面反射方向，但在 ICP 源共振衰减的作用下，波束的电平值大幅值降低，使得单站和双站 RCS 均获得缩减。

7.2.2.2　实验验证

为了验证 PC – BMDM 复合结构在宽带范围内的 RCS 缩减性能，基于宽带时域测量系统测量了 PC – BMDM 样件的 RCS 缩减特性，测量步骤与 5.5 节中方法类似。样件及实验平台示意如图 7 – 15 所示。整个样件分为两层，顶层为 ICP 源放电腔室，尺寸为 200mm × 200mm × 20mm，ICP 源放电系统的具体设置参照 2.2 节；样件底层为 PCB 工艺制备的 BMDM。

气压为 10Pa，功率为 800W，不同 η_{O_2} 下 PC – BMDM 的 RCS 缩减实测值如图 7 – 16 所示。$\eta_{O_2} = 20\%$ 时，PC – BMDM 的工作带宽为 9.43GHz（4.94 ~ 5.63GHz、6.93 ~ 7.61GHz 和 8.55 ~ 16.61GHz）；$\eta_{O_2} = 80\%$ 时，PC – BMDM 的工作带宽为 9.28GHz（3.42 ~ 4.71GHz 和 8.61 ~ 16.60GHz）。实验和仿真结果的变化趋势相符，但由于实验和仿真中 ICP 源参数分布的差异和实验中放电系统附件等干扰因素的影响，工作带宽存在偏差。

（a）

（b）

图 7 - 14 $\eta_{O_2} = 80\%$ 时，PC - BMDM 的三维远场方向图

（a）5.8GHz （b）15GHz

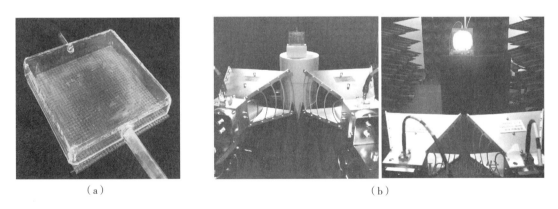

（a）   （b）

图 7 - 15

（a）PC - BMDM 样件 （b）实验平台示意图

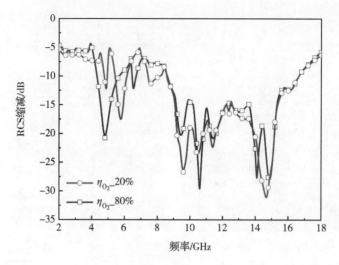

图 7 – 16　气压为 10Pa，功率为 800W，不同 η_{O_2} 下 RCS 缩减实测值

7.3　蜂窝吸波结构 – 编码梯度超表面 – 等离子体复合结构的宽带散射特性研究

通过第 6 章和 7.2 节的研究可知，散射型超表面 RCS 缩减机制和外形隐身类似，仅是将电磁波偏转/散射至远离威胁接收机的方向，并不能吸收电磁波能量；此外，由于波束先经 ICP 源作用再入射至超表面，ICP 源参数分布的非均匀性及截止特性会制约超表面漫散射性能的发挥。为了提高对电磁波能量的吸收效果，降低 ICP 源参数分布对超表面性能的制约，本节设计了一款蜂窝吸波结构 – 编码梯度超表面 – 等离子体（honeycomb absorbing structure – coding gradient metasurface – plasma，HCP）复合结构，利用梯度超表面的宽带奇异反射/折射功能，提高入射波在蜂窝吸波结构及薄层 ICP 中等效传播距离，提升 HCP 对电磁波能量的耗散。

7.3.1　复合结构设计原理

HCP 复合结构的工作机制示意如图 7 – 17 所示。整个结构分为四层，顶层为结构性蜂窝吸波结构（honeycomb absorbing structure，HAS），第二层为透射/反射一体的编码梯度超表面（coding gradiebt metasurface，CGM），第三层为薄层 ICP 源，底层为金属背板。垂直入射的线极化波部分能量经蜂窝吸波结构吸收后，通过 CGM 提供的附加波矢被偏折、转化为四束对称分布的圆极化波束，其中两束被奇异反射回蜂窝吸波结构，另外两束被奇异折射至 ICP 源。假定奇异反射的角度为 θ，ICP 源厚度为 d，则入射波经超表面作用后，奇异折射波在 ICP 源中传播距离由 d 增加至 $d_a = d/\cos\theta$，且随着频率的降低，传播距离逐渐增大。增大的传播距离提升了 ICP 源共振衰减和碰撞吸收效应对折射波束能量的损耗。同理，CGM 对入射波产生的奇异反射效应也相应地提高了反射波束在 HAS 的等效传播距离，从而增强了 HAS 对电磁波的吸收效果。当 k_0 减小至小于附加波矢 ξ 时，反射波束被耦合为贴近 CGM 传播的表面等离激元，传播距离进一步增大。此外，部分达到金属底板的电磁波经反射后重新入射至 HCP 复合结构，在 HCP 中发生的吸收、多重反射/折射、表面波耦合等效应，进一步提升了 HCP 的 RCS 缩减性能。若基于 PB 相位原理设计 CGM，拓宽 CGM 奇异反射/折射的响应频带，则 HCP 在能量吸收、偏折和表面波耦合等多种衰减机制的联合作用下，将实现良好的宽带 RCS 缩减效果。

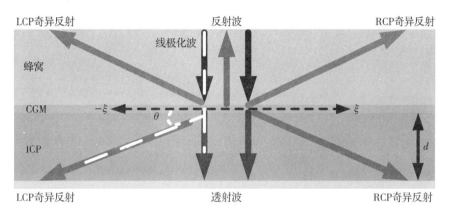

图 7-17　HCP 复合结构设计原理示意图

7.3.2　基于 PB 相位的反射/透射一体的相位梯度超表面

本节基于 PB 相位原理设计了一种改进双弧开口谐振环型微单元构成的折射/反射一体的编码梯度超表面，在 X~Ku 波段的宽频范围内实现了奇异折射和奇异反射的功能，透射/反射效率均接近无限薄超表面理论效率极限值 25%。

7.3.2.1　单元结构设计

由 7.1 节的分析可知，入射波经超表面作用后可分解为四种不同类型的波束。假定 LCP/RCP 入射至无损耗超表面，则

$$r_{RR/LL}^2 + r_{RL/LR}^2 + t_{RL/LR}^2 + t_{RR/LL}^2 = 1 \qquad (7-16)$$

式中，$r_{RL/LR}$ 和 $t_{RL/LR}$ 分别为 LCP/RCP 入射下交叉极化反射和透射系数的幅值；$r_{LL/RR}$ 和 $t_{LL/RR}$ 分别为 LCP/RCP 入射下同极化反射和透射系数的幅值。

由式（7-16）可知，可通过调制 $r_{RL/LR}$、$t_{RL/LR}$、$r_{LL/RR}$ 和 $t_{LL/RR}$ 来实现不同的反射/透射特性。

参考 7.2 节设计的微单元结构，本节设计了具备透射/反射功能的微单元，可以将入射波分解为同极化反射/透射及交叉极化反射/透射四种极化状态，单元结构示意图如图 7-18 所示。整个结构分为两层，顶层为两个双弧开口谐振环和一根细线组成的金属贴片结构，底层为厚度 $h=0.25\text{mm}$ 的 F4B 介质衬底（介电常数 2.65，损耗正切 0.001），基于 CST 的 Floquet 模式对微单元参数开展优化设计，x 和 y 方向边界条件为周期边界 unit cell，z 方向为 open（add space），经优化后微单元的周期 $p = 8.5\mathrm{mm}$，外侧谐振环外径 $r_1 = 4.1\mathrm{mm}$，开口宽度 $l_1 = 1\mathrm{mm}$，内侧谐振环外径 $r_2 = 2.3\mathrm{mm}$，开口宽度 $l_2 = 2.6\mathrm{mm}$，内外两侧的谐振环宽度均为 $w_1 = 0.45\mathrm{mm}$，细线宽度 $w_2 = 0.55\mathrm{mm}$，如图 7 – 18（b）所示。

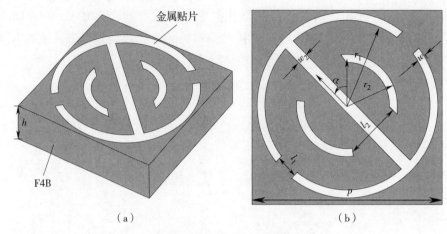

图 7 – 18　单元结构示意图

（a）整体结构　　（b）正视图

图 7 – 19 展示了不同圆极化波照射下微单元的反射系数和透射系数幅值。从图中可以观察到，入射波照射至超表面后，被转化为同极化反射/透射、交叉极化反射/透射四种状态，且在 8 ~ 18GHz 的宽频范围内，不同状态波束的幅值均在 0.5 附近，说明入射波较为均匀地分散为四种极化状态不同的波束。

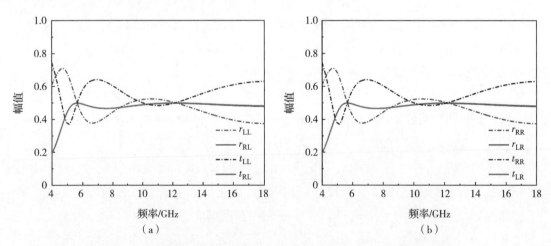

图 7 – 19　不同圆极化波垂直照射下超表面反射系数和透射系数的幅值

（a）LCP　　（b）RCP

为了进一步分析入射波极化状态的改变，根据式（7 – 17）求得不同极化状态的圆极化波入射后反射波及透射波的交叉极化转换率，如图 7 – 20 所示。

$$\mathrm{PCR_r} = \mathrm{r}_{\mathrm{LR/RL}}^2 / (\mathrm{r}_{\mathrm{RR/LL}}^2 + \mathrm{r}_{\mathrm{RL/LR}}^2 + \mathrm{t}_{\mathrm{RL/LR}}^2 + \mathrm{t}_{\mathrm{RR/LL}}^2)$$

$$\mathrm{PCR_t} = \mathrm{t}_{\mathrm{LR/RL}}^2 / (\mathrm{r}_{\mathrm{RR/LL}}^2 + \mathrm{r}_{\mathrm{RL/LR}}^2 + \mathrm{t}_{\mathrm{RL/LR}}^2 + \mathrm{t}_{\mathrm{RR/LL}}^2)$$

$$(7 – 17)$$

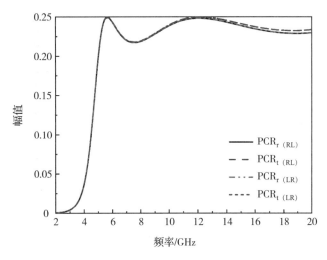

图 7-20　不同圆极化波激励下微单元的交叉极化转换率

由图可知，在 9.11～20.00GHz 的宽频范围内，不同极化的圆极化波入射后的透射/反射交叉极化转换率的变化趋势一致，在工作频带内透射/反射效率均接近无限薄超表面理论效率极限值 25%，进一步说明了经微单元耦合后入射波总能量被分为相对均匀的四份。

由 7.1 节推论可知，PB 相位微单元的相移量是其旋转角度 α 的 2 倍，因此，将上节设计的双弧开口谐振环型微单元旋转 $\pi/2$ 即可获得相位突变量 π。利用 CST 仿真了 $\alpha=\pi/2$ 时，LCP 垂直激励下微单元频率响应的幅值，如图 7-21 所示。可以观察到，$\alpha=\pi/2$ 时频率响应幅值与图 7-19（a）中 $\alpha=0$ 时变化趋势高度一致。图 7-22 展示了 LCP 垂直激励时，不同 α 下微单元交叉极化系数的相移量。从图中可观察到，在 6～18GHz 宽频范围内，相邻单元的相移量均接近 180°，和理论分析一致，呈现良好的宽带非色散特性。因此，当微单元 α 分别为 0 和 $\pi/2$ 时，可组成 1bit 的编码单元。

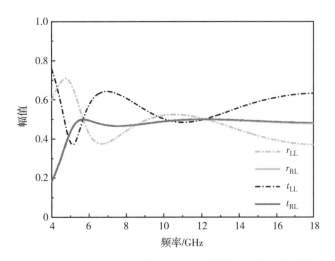

图 7-21　LCP 垂直激励下 $\alpha=\pi/2$ 时微单元频率响应幅值

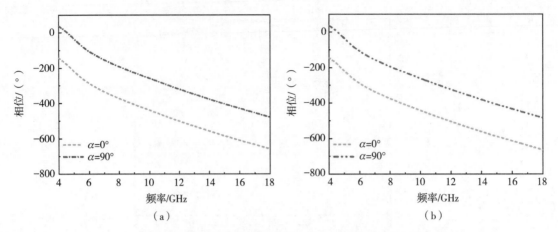

（a）　　　　　　　　　　　　（b）

图 7 - 22　LCP 垂直激励时不同 α 下交叉极化系数的相移

（a）反射系数　　（b）透射系数

7.3.2.2　透射－反射一体的编码梯度超表面设计与分析

　　基于上节设计的 1bit 编码单元构造了透射－反射一体的编码梯度超表面 GGM，横向尺寸为 204mm×204mm，由 8×8 个子单元沿 x 和 y 方向依次排布而成，每个子单元包括 3×3 个相位分布相同的编码单元，其中沿 x 方向子单元的相位为 0 π 0 π…的线性排布，沿 y 方向子单元相位相同，局部示意图如图 7 - 23 所示。

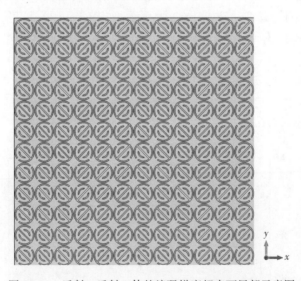

图 7 - 23　透射－反射一体的编码梯度超表面局部示意图

　　由 7.1 节的推导可知，本节设计的 GGM 可以为不同极化的圆极化波提供相移相同、方向相反的附加波矢，而由电磁学理论可知，线极化波矢由 LCP 和 RCP 波矢叠加而成，因此，当线极化波垂直照射 GGM 时，会被分解并偏折为四束幅值相等、分布对称的 LCP 波和 RCP 波。为了检验 GGM 对入射波奇异反射/折射的效果，基于 CST 仿真了 x 极化波照射下 4GHz、7GHz、8.5GHz 和 10.5GHz 处的电场分布情况，如图 7 - 24 所示。

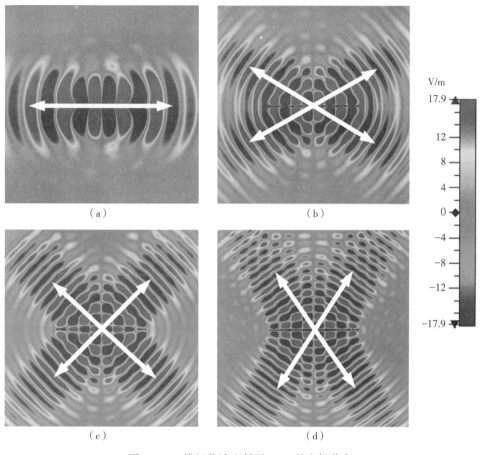

图 7 - 24　线极化波入射下 CGM 的电场分布

(a) 4GHz　(b) 7GHz　(c) 8.5GHz　(d) 10.5GHz

由式 (7 - 22) 可知，垂直照射的线极化波经 CGM 作用后形成奇异反射/折射的角度 $\theta_r = \arcsin(\xi/k_0)$，其中 ξ 为 CGM 提供的附加波矢，当入射波频率 $f = 4\text{GHz}$ 时，CGM 在该频点处提供的附加波矢大于入射波波矢，入射波在 CGM 的作用下被耦合为表面等离激元，沿近表面传播。当 $f > 6\text{GHz}$ 时，CGM 提供的附加波矢小于入射波波矢，从图 7 - 22 (b ~ d) 中可以明显观察到，入射波在 CGM 的作用下产生了奇异反射/折射现象，波束被分解为沿法线方向对称的 LCP/RCP 反射波以及 LCP/RCP 透射波四束波束。当 f 为 7GHz、8.5GHz 和 10.5GHz 时，偏折角度分别为 56.8°、43.2° 和 33.5°，随着 f 的增大而逐渐减小。根据 $\theta_r = \arcsin(\xi/k_0)$ 理论计算三个频点处的偏折角度分别为 57.2°、43.8° 和 34.1°，仿真结果和理论计算较为契合。

7.3.3　蜂窝吸波结构

蜂窝吸波结构 HAS 是基于仿生学设计的一种典型结构性吸波材料，和传统的涂覆性吸波材料相比，其具备类似于自然蜂窝的多种优势：重量轻、强度高、承载能力强，被广泛地应用于飞行器天线罩、翼面等典型强散射部位的隐身设计中。但作为一种吸波介质，蜂窝吸波结构和等离子体源面临同样的问题：当 HAS 的轴向高度过低时，对入射波能量的耗损明显下降。此外，HAS 一经设计制备后，其材料属性将无法改变，只能在特定频段完成对电磁波能量的吸收。

7.3.3.1 蜂窝吸波结构设计及分析

本节设计的 HAS 以自然蜂巢的六边形环作为主体，轴向高度 $h = 8mm$，蜂窝单元由外到内分为三层，如图 7 - 25 所示。外层和内层均为各向同性的基材材料，介电常数 ε_1 和磁导率 u_1 分别为 1.6 和 1，壁厚 $s = 0.06mm$，六边形的边长 $r = 2.75mm$，中间层为涂覆在基材上的吸波涂层，宽度 $t = 0.1mm$，$u_2 = 1$，ε_2 的实部 ε_2' 和虚部 ε_2'' 的色散特性如图 7 - 26 所示。

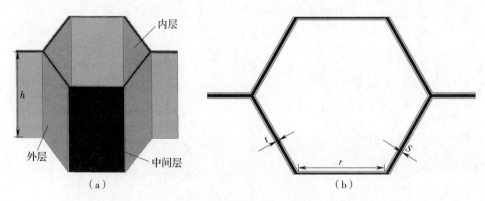

图 7 - 25　蜂窝结构示意图

(a) 整体视图　(b) 正视图

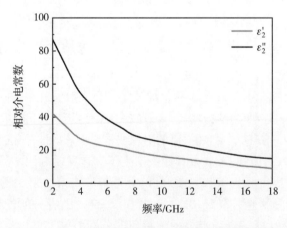

图 7 - 26　介电常数 ε_2 实部和虚部的色散曲线

利用 CST 中 Floquet 模求解了不同线极化波垂直激励下 HAS 的反射率，如图 7 - 27 所示。x 和 y 方向上边界条件为周期边界 unit cell，$-z$ 轴方向为 open（sdd space），$+z$ 方向为 eletric（$E_t = 0$）。从图中可知，不同极化下蜂窝单元的反射率完全吻合，吸波的 $-10dB$ 工作带宽为 4.25GHz（8.01 ~ 12.26GHz），在 9.68GHz 处吸收峰值达到 12.14dB。因此，设计的 HAS 具有良好的极化稳定性，但吸波峰值和带宽有待提高。

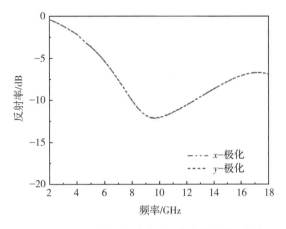

图 7 - 27　不同线极化波激励下蜂窝单元的反射率

7. 3. 3. 2　实验测量

为验证设计 HAS 的吸波性能，基于浸渍工艺制备了 HAS 样品，如图 7 - 28（a）所示。整个样品尺寸为 198mm × 198mm × 8mm，由 36 × 36 个蜂窝单元依次排列而成。外层基材材料为芳纶纸，介电常数和磁导率分别为 1.6 和 1；中间层吸波涂层的色散参数与图 7 - 26 一致。采用弓形架法测量样品的反射率，测量平台如图 7 - 28（b）所示。整个系统包括弓形架、安立 MS4644B 矢量网络分析仪、一对宽频双脊喇叭天线及附属线路。在样品测量过程中，接收天线与发射天线悬挂于弓形架上并沿弓形架法线方向呈对称分布。蜂窝吸波样品置于弓形架弧顶中心 2.8m 的正下方，以满足远场测量条件。此外，为了降低背景环境噪声及天线之间耦合的影响，在样品及样品架周边放置吸波尖劈材料。具体测量步骤如下：首先测量与 HAS 样品尺寸相同金属板的反射率并作归一化处理，以消除背景干扰，进一步提高结果的精度；然后在金属板上放置待测的 HAS 样品，获得样品的反射率。

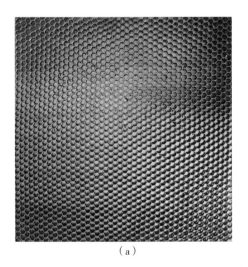

（a）

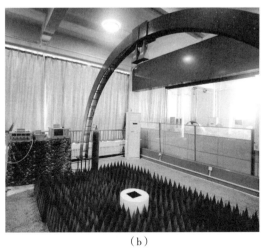

（b）

图 7 - 28

（a）蜂窝吸波结构样品　（b）弓形架测量平台

图 7 – 29 展示了 x 极化波垂直激励下 HAS 样品反射率的仿真和实测值。从图中可知，样品的 – 10dB 吸波带宽的测量值为 3.56GHz（8.42 ~ 11.98GHz），吸收峰值为 11.09dB，与仿真结果较为吻合。由于样品浸渍过程中吸波浆料分布不均以及测量误差，导致实测和仿真存在轻微偏差。

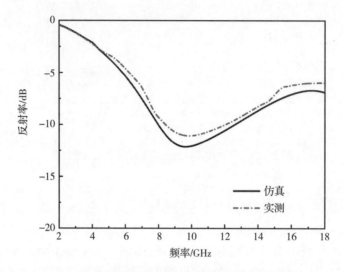

图 7 – 29　蜂窝吸波样品反射率的仿真和实测值

7.3.4　蜂窝吸波结构 – 编码梯度超表面 – 等离子体复合结构的宽带散射特性研究

7.3.4.1　仿真分析

基于 TDFIT 方法对 HCP 的 RCS 缩减特性进行仿真，边界条件沿 x、y 和 z 方向均设置为 open（sdd space），电磁模型示意如图 7 – 30 所示。

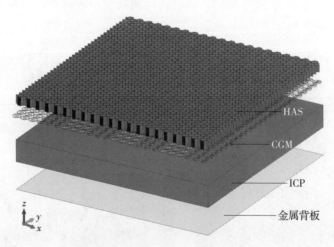

图 7 – 30　HCP 电磁仿真模型示意图

模型顶层为按照蜂窝样品设计的有限大 HAS，尺寸为 198mm × 198mm × 8mm；第二层为 CGM，尺寸为 204mm × 204mm；第三层为 ICP 源，模型构建中 ω_p 和 ν_c 等参数的数据交互方法与 7.2.2 节相同；底层为金属背板。

当 ICP 源气压为 10Pa，功率为 800W，x 极化波垂直照射下不同 η_{O_2} 的 RCS 缩减如图 7-31 所示。从图中可以观察到，由于电磁波入射后 HCP 产生的多重反射/折射、表面波耦合、碰撞吸收、共振衰减、蜂窝吸收等多重电磁效应，HCP 呈现出超宽带的 RCS 动态缩减特性。相比于 ICP 和 HAS，不同 η_{O_2} 下 HCP 的 RCS 缩减效果均显著增强，且随着 η_{O_2} 的增大，工作频带向低频移动。η_{O_2} 为 20% 时，RCS 缩减的 -10dB 工作带宽为 11.95GHz（4.98～15.72GHz 和 16.79～18.00GHz），缩减峰值为 26.8dB；η_{O_2} 为 50% 时，RCS 缩减的 -10dB 工作带宽为 12.44GHz（4.28～14.91GHz 和 16.08～17.89GHz），缩减峰值为 24.0dB；η_{O_2} 为 80% 时，RCS 缩减的 -10dB 工作带宽为 11.39GHz（3.61～7.12GHz、8.08～14.31GHz 和 15.80-17.45GHz），缩减峰值为 23.9dB。

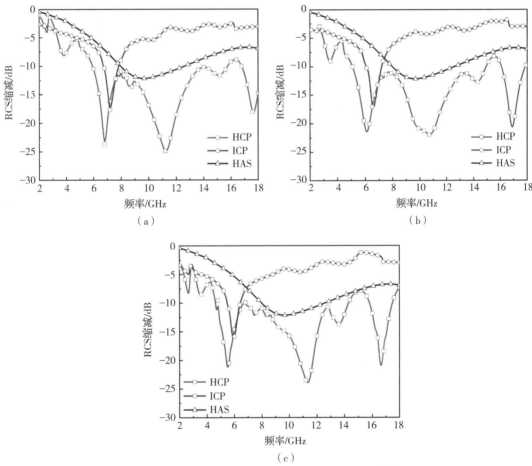

图 7-31　x 极化波垂直照射下不同 η_{O_2} 的 RCS 缩减特性
（a）20%　　（b）50%　　（c）80%

为分析 HCP 的 RCS 缩减机制，仿真了 η_{O_2} 为 80% 时，两个缩减峰对应频点 5.4GHz 和 11.1GHz 处 HCP 的三维散射场分布，如图 7-32 所示。从图中可以观察到，CGM 产生奇异反射/折射现象有效增加了电磁波在 HAS 和 ICP 的等效传播距离，增强了 ICP 源和 HAS 对电磁波能量的吸收，波束散射峰强度明显降低。结合图 7-31（c）可知，ω 为 5.4GHz 时，HCP 对电磁波能量耗散以 ICP 源共振衰减为主，HAS 的吸波作用并不明显，仅小幅值增强了 RCS 的缩减效果；ω 为 11.1GHz 时，电磁波能量的消耗以 HAS 吸波和 ICP 的碰撞吸收效应为主。综上所述，在 ICP、HAS 和 CGM 的联合作用下，电磁波能量被 ICP 和 HAS 耗散的同时，被 CGM 奇异反射/折射至偏离镜面反射的方向，从而进一步降低了单站和双站 RCS。

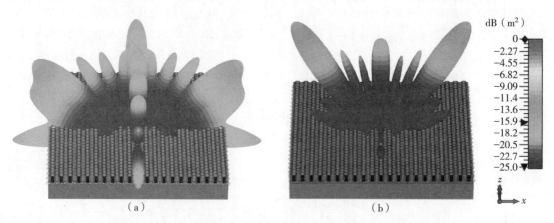

图 7 – 32　η_{O_2} 为 80% 时，不同入射波频率下 HCP 的三维散射场分布

（a）5.4GHz　（b）11.1GHz

7.3.4.2　实验测量

为了验证复合结构在不同放电条件下的 RCS 缩减性能，采用宽带时域测量系统测量了 HCP 样件的 RCS 缩减特性，测量步骤与 5.5.2 节一致，测量平台示意图如图 7 – 33（a）所示。

HCP 样件分为四层，从顶层到底层分别为 HAS、CGM、ICP 和金属板，如图 7 – 33（b）所示。其中，CGM 采用印刷电路板技术制备，将镀锡铜构成的谐振单元刻蚀到厚度为 0.25mm 的 F4B 介质衬底上；蜂窝结构样品和 7.3.2 节中制备样品一致；ICP 源选用尺寸为 200mm × 200mm × 20mm 的放电腔室，由石英材料高温熔制而成。

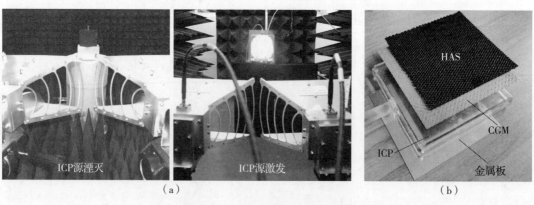

图 7 – 33　HCP 测量平台及示意图

（a）实验测量平台　（b）HCP 复合结构样件示意图

气压为 10Pa，功率为 800W 时，x 极化波激励下不同 η_{O_2} 的 RCS 缩减如图 7 – 34 所示。由图可知，实验和仿真结果的变化趋势相同，曲线整体上均呈现宽带 RCS 缩减特性，且随着 η_{O_2} 的升高工作频带向低频偏移。但由于实际 ICP 源参数分布与模型之间存在差异、

测试中环境杂波以及样品加工误差等原因，实测的工作带宽和衰减峰值均小于仿真结果。η_{O_2} 为 20% 、50% 和 80% 时，RCS 缩减的 -10dB 工作带宽分别为 9.20GHz、8.81GHz 和 8.92GHz，缩减峰值分别为 23.1dB、24.2dB 和 22.8dB。

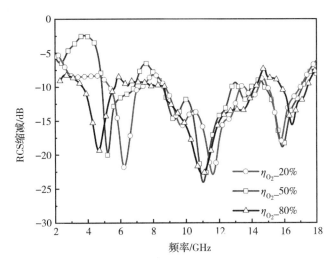

图 7-34　x 极化波激励下不同 η_{O_2} 的 RCS 缩减实测值

7.4　本章小结

本章在分析 PB 相位反射和透射工作机理的基础上，设计了两种不同 RCS 缩减机制的超表面，并分别与薄层 ICP 源组成复合结构，在宽带范围内实现了 RCS 缩减效果的动态调控。

第一种结构为薄层等离子体复合宽带多重漫散射超表面。首先，基于改进的双口谐振环微单元设计了宽带非色散的漫散射超表面，并将其相位与棋盘相位叠加使得散射波束分散为偏离镜面反射方向的四簇漫散射波束，x 和 y 极化波激励下均呈现出良好的宽带缩减特性，-10dB 工作带宽分别为 6.51GHz（10.05~16.56GHz）和 7.26GHz（9.18~16.44GHz）；然后将超表面与薄层 ICP 组成复合结构 PC-BMDM，研究了不同 η_{O_2} 下复合结构的散射特性。结果表明，BMDM 的多重漫散射效应拓宽了 ICP 源与电磁波相互作用的范围，不同 η_{O_2} 下的 ICP 源赋予 PC-BMDM 动态吸波的特性，使得 PC-BMDM 在 BMDM 和 ICP 源的耦合作用下，实现了 RCS 缩减的宽带、动态调控，-10dB 最大带宽拓宽至 11.70GHz（4.95~16.65GHz）。

第二种结构为蜂窝吸波结构-梯度超表面-薄层等离子体复合结构，首先基于双弧开口谐振环微单元设计了一种在 X~Ku 波段的宽频范围内具有奇异反射/折射功能的 CGM，能够将线极化波分解、偏折为四束圆极化波束；然后将其与 HAS 和薄层 ICP 源组成复合结构 HCP，结果表明，由于 CGM 有效增加了电磁波在 HAS 和薄层 ICP 源的等效传播距离，增强了 HAS 和薄层 ICP 源对能量的耗损，提升了 HCP 的单站和双站 RCS 缩减效果，从而在宽带范围内实现了 RCS 缩减的动态调控，RCS 缩减的 -10dB 带宽最大为 12.44GHz（4.28~14.91GHz 和 16.08~17.89GHz）。

第8章　薄层雷达罩型等离子体复合漫反射 – 聚焦透射超表面的双功能设计

作为飞行器典型强散射部位之一，飞行器雷达天线舱内主要由反射面或阵列天线系统、肋条框板、电缆附件和雷达罩组成。基于天线的辐照需求，需要为天线阵面保留高效收发信号的透波窗口，导致入射波经舱内天线系统、各类附件等金属部件的多重反射后，在飞行器头锥方向产生很强的结构性电磁散射，对整机 RCS 的贡献高达 30%[1]。通过外形设计无法降低罩内信号产生的强散射，而吸波材料会不同程度地衰减甚至屏蔽天线辐射的有用信号。在保证天线正常工作的前提下，实现宽带低散射设计是雷达罩隐身设计的重点和难点。

通过第 2~第 6 章的研究，对薄层 ICP 源复合人工电磁表面的散射/传输特性及隐身机制有了更深入的认识。本章在前述研究的基础上，围绕雷达罩隐身设计需求，从推进工程应用的角度出发，设计了一种具备宽带 RCS 缩减和透镜天线双功能的薄层雷达罩型等离子体复合漫散射 – 聚焦透射超表面结构，其中等离子体源为可与天线舱共形的薄层雷达罩型感性耦合等离子体源（radome inductively coupled plasma，RICP），通过改变放电条件能够实现电磁散射特性的主动控制；超表面由多层级联的各向异性编码单元排布组成，根据不同的极化状态可以在全空间范围实现漫散射和聚焦透射的独立调控。两者联合作用后，通过控制 ICP 源的激发状态，在保留必要的透波窗口，实现高增益、窄波束透镜天线功能的同时，宽带范围内降低了雷达罩 RCS。

8.1　薄层雷达罩型等离子体源的参数分布及散射特性

8.1.1　薄层雷达罩型等离子体源设计

基于雷达舱的罩体结构，将 RICP 共形设计为内部中空的半椭球体，模型的二维轴对称示意如图 8 – 1（a）所示。腔室轴向高度 $h_1 = 80\text{mm}$，$h_2 = 100\text{mm}$，径向长度 $r_1 = 45\text{mm}$，$r_2 = 65\text{mm}$，腔室中空夹层为等离子体激发区。在夹层内侧加载由铜管制备的射频线圈，直径为 4mm，匝数为 2 匝。RICP 源网格剖分如图 8 – 1（b）所示，整体采用三角形结构网格，并将位于夹层内等离子体区的三角形网格、射频线圈的映射网格及腔室壁面边界层网格均进行加密，以提高求解精度和收敛性。

8.1.2　不同放电条件下薄层雷达罩型等离子体源的参数分布特性

本节基于第 2 章构建的 ICP 源放电耦合模型数值模拟了不同放电条件下 RICP 源 ω_p 及 ν_e 的空间分布特征，并采用 2.3 节基于耦合模型的微波干涉法及多谱线法分别对 n_e 及 T_e 的分布诊断验证。

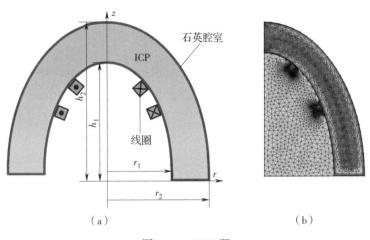

（a）　　　　　　　　　　　　（b）

图 8 – 1　RICP 源

（a）二维轴对称模型示意图　　（b）网格剖分

图 8 – 2 展示了 Ar – RICP 功率为 800W 时，不同气压下 ω_p 的二维轴对称空间分布。从图中可以观察到，ω_p 随着气压的升高而增大，且空间分布的梯度加剧。分析认为升高的气压增强了高能电子 – 中性粒子的碰撞电离作用，产生了大量的低能电子，使得 n_e 大幅值增加。由 2.1.5 节可知，ω_p 与 n_e 变化趋势一致，因此 ω_p 随之增大。此外，较高的气压限制了电子加热后的输运属性，导致主等离子体分布在两侧的加热源区附近。

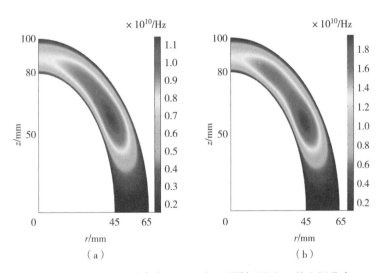

（a）　　　　　　　　　　　　（b）

图 8 – 2　Ar – RICP 功率为 800W 时，不同气压下 ω_p 的空间分布

（a）10Pa　（b）25Pa

为了提高 RICP 源中 ω_p 参数分布的均匀性，将 O_2 引入至气体组分的调控中。气压为 10Pa，功率为 800W 时，不同 O_2 摩尔比例 η_{O_2} 下 ω_p 的空间分布如图 8 – 3 所示。从图中可以观察到，O_2 引入后，和相同放电条件下的 Ar – RICP 相比，ω_p 分布的均匀性显著增加；同时，ω_p 急剧降低接近一个量级。这是由于亚稳态 O_2 的数量随着 η_{O_2} 的升高而增加，其与高能电子的解离和吸附作用消耗了大量电子，使得低能和高能电子数密度均单调下降。图 8 – 4 展示了

不同 η_{O_2} 下 ν_c 的空间分布。由图可知，随着 η_{O_2} 的增大，ν_c 分布的梯度变化较小，数值轻微升高。这是由于 O_2 的解离和吸附反应小幅增加了低能电子的耗损，相应提高了电子平均能量。

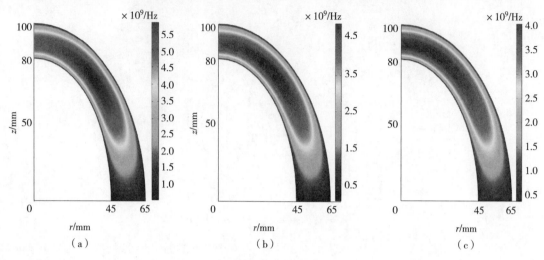

图 8-3　气压为 10Pa，功率为 800W 时，不同 η_{O_2} 下 ω_p 的空间分布

(a) 20%　　(b) 50%　　(b) 80%

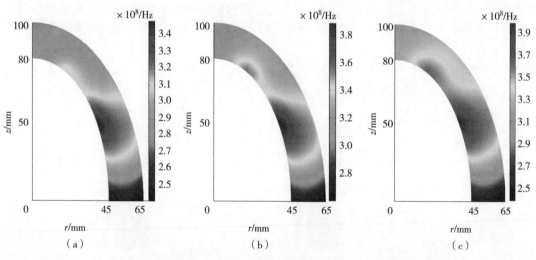

图 8-4　气压为 10Pa，功率为 800W 时，不同 η_{O_2} 下 ν_c 的空间分布

(a) 20%　　(b) 50%　　(b) 80%

利用 2.2.2 节基于耦合模型的微波干涉法和多谱线法分别对 RICP 源 ω_p 和 ν_c 进行诊断，并利用式（2-35）和式（2-36）将其转化为 ω_p 及 ν_c 的分布，波干涉路径及光谱法采集点示意如图 8-5（a）所示。RICP 源样件由壁厚为 3mm 的高透波石英材料高温熔制而成，尺寸与 8.1.1 节仿真模型一致，如图 8-5（b）所示。

不同 η_{O_2} 下 ω_p 沿轴向分布的仿真和诊断结果如图 8-6（a）所示。从图中可以观察到，相同放电条件下仿真与诊断结果 ω_p 的变化趋势一致。但由于仿真中未考虑功率耦合中的容性分量和馈入损失，导致仿真获得的结果整体偏高。不同 η_{O_2} 下 ν_c 在采样点的仿真

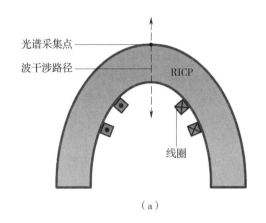
（a）

（b）

图 8 – 5

（a）微波干涉路径示意图 （b）RICP 实物图

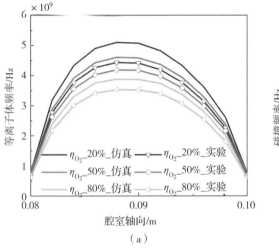
（a）

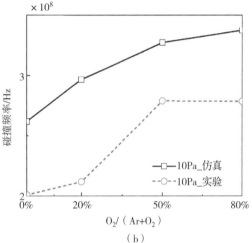
（b）

图 8 – 6 不同放电条件下 ω_p 和 ν_c 仿真和诊断结果

（a）ω_p 沿轴向的分布 （b）ν_c 全局平均分布

和诊断结果如图 8 – 6（b）所示，由于 RICP 源处于热力学非平衡状态，使得光谱法测得的 T_{exc} 小于 T_e，导致由 T_{exc} 解算的 ν_c 结果偏低。

8.1.3 不同放电条件下薄层雷达罩型等离子体源的散射特性

基于 3.1 节中 ICP 源散射参量模型的构建方法，本节将上节获得的不同放电条件下 ω_p 和 ν_c 的参数分布特征引入至 TDFIT 方法 RICP 源电磁模型的构建中，仿真了 RICP 源传播的时间—空间演化进程及不同气体组分下 RICP 源的散射特性。

8.1.3.1 电磁波在 RICP 源与传播的时间—空间演化进程

功率为 800W，气压为 10Pa，TE 线极化波入射角为 5° 时，Ar – RICP 在 8GHz 处电场分布的时间—空间演化进程如图 8 – 7 所示。此时 ω_p 位于腔室两侧，且沿径向呈现梯度较大的非均匀分布特征。当时间步 $t = 800$ 时，从图 8 – 7（a）可以观察到，入射波在传播过程中一部分能量因 RICP 源的截止效应和腔室特殊的曲面构型无法进入 RICP 源，被反射至远离镜面反射的方向，其余能量进入 RICP 源，并被 RICP 源两侧主等离子体区共振衰减和碰撞吸收效应耗散掉。$t=1100$ 时，电磁波剩余能量传播至底部金属板后被反射重新进入 RICP 源，重复上述过程。RICP 源与电磁波相互作用产生的多重反射、吸收和折射效应显著增强了 RICP 源对电磁波的衰减。此外，由于 ω_p 的核心区位于腔室两侧，反射波电场呈现两个类似于点源的分布特征，且波源中心位于 ω_p 峰值区。η_{O_2} 为 50% 时，RICP 在 4GHz 处电场分布的时间—空间演化进程如图 8-8 所示，电磁波在 RICP 传播过程中能量耗散过程和图 8-7 类似，但由于 ω_p 核心区由腔室两侧向腔室顶部移动，使得反射电场形成的点波源由两个变为一个。

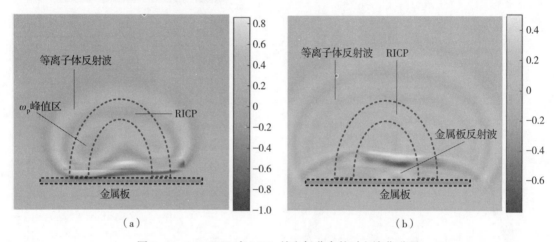

图 8-7　Ar-RICP 在 8GHz 处电场分布的时空演化进程

(a) $t=800$　(b) $t=1100$

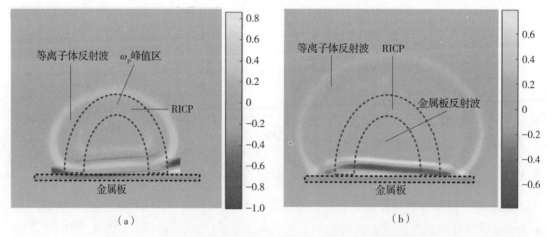

图 8-8　η_{O_2} 为 50% 时，RICP 在 4GHz 处电场分布时空演化进程

(a) $t=800$　(b) $t=1100$

8.1.3.2　不同气体组分下 RICP 源 RCS 缩减特性

功率为 800W，气压为 10Pa，极化波为 x 线极化波时，不同 η_{O_2} 下 RICP 的后向 RCS 缩减曲线如图 8-9 所示。

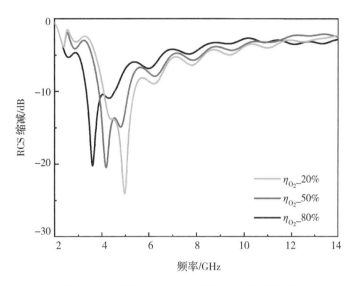

图 8 - 9　不同 η_{O_2} 下 RICP 源的 RCS 缩减曲线

由图可知，引入 O_2 后 RICP 源的工作频带主要集中在 3 ～ 6GHz 的低频段。由图 8 - 8 可知，由于截止效应和腔室的曲面构型，$\omega < \omega_p$ 时，入射波能量大部分无法进入 RICP 源而被反射至远离镜面反射的方向；ω 接近 ω_p 时，能量因共振衰减效应发生耗散，使得 ω_p 附近出现缩减峰；$\omega > \omega_p$ 时，由于 RICP 高通特性，能量可以进入等离子体，并经碰撞吸收效应后发生衰减。得益于特殊的曲面构型，RICP 源与电磁波作用机制更加丰富，能够在衰减电磁波的同时，将波束偏折至远离镜面反射的方向。因此，相比于平面型腔室的 ICP 源，RICP 源的低散射效果更为理想，且具有更强的结构适应性。η_{O_2} 为 20% 、50% 和 80% 时，RICP 的工作带宽分别为 1.18GHz （3.34 ～ 4.52GHz）、1.25GHz （3.88 ～ 5.13GHz） 和 1.32GHz （4.07 ～ 5.39GHz），缩减峰值分别为 - 22.1dB 、 - 24.6dB 和 - 25.3dB。

8.2　漫散射 - 聚焦透射超表面设计

本节基于多层级联的各向异性编码单元设计了一种极化独立的双功能超表面，根据入射波极化状态的不同，超表面可以独立实现漫散射和聚焦透射的功能。

8.2.1　漫散射 - 聚焦透射超表面设计原理

线极化波垂直照射透射 - 反射超表面的工作原理示意如图 8 - 10 所示，1 和 2 分别代表上、下半空间的激励源。

上、下半空间激励源的入射电场可分别表示为

$$\boldsymbol{E}_i^1 = I_x^1 \boldsymbol{a}_x + I_y^1 \boldsymbol{a}_y \tag{8-1}$$

$$\boldsymbol{E}_i^2 = I_x^1 \boldsymbol{a}_x + I_y^1 \boldsymbol{a}_y \tag{8-2}$$

式中，(I_x^1, I_y^1)、(I_x^2, I_y^2) 分别代表激励源 1 和 2 在 x 和 y 方向的入射分量。

激励源 1 和 2 的散射电场可表示为

$$\boldsymbol{E}_s^1 = S_x^1 \boldsymbol{a}_x + S_y^1 \boldsymbol{a}_y \tag{8-3}$$

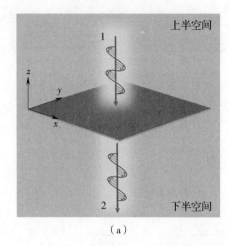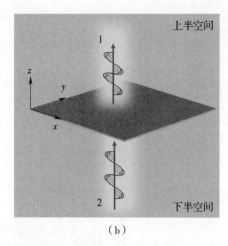

（a）　　　　　　　　　　　　（b）

图 8 - 10　线极化波垂直照射超表面的工作原理示意

（a）上半空间激励　　（b）下半空间激励

$$E_i^2 = S_x^1 a_x + S_y^1 a_y \tag{8-4}$$

式中，(S_x^1, S_y^1)、(S_x^2, S_y^2) 分别代表激励源 1 和 2 在 x 和 y 方向的散射分量。

E_i 和 E_s 之间的关系可由式表示

$$\begin{pmatrix} E_s^1 \\ E_s^2 \end{pmatrix} = S \cdot \begin{pmatrix} E_i^1 \\ E_i^2 \end{pmatrix} = \begin{pmatrix} r_{11} & r_{12} \\ r_{21} & r_{22} \end{pmatrix} \begin{pmatrix} E_i^1 \\ E_i^2 \end{pmatrix} \tag{8-5}$$

式中，S 代表散射矩阵张量

$$S = \begin{pmatrix} r_{xx}^{11} & r_{xy}^{11} & t_{xx}^{12} & t_{xy}^{12} \\ r_{yx}^{11} & r_{yy}^{11} & t_{yx}^{12} & t_{yy}^{12} \\ t_{xx}^{21} & t_{xy}^{21} & r_{xx}^{22} & r_{xy}^{22} \\ r_{yx}^{11} & r_{yy}^{11} & r_{yx}^{22} & r_{yy}^{22} \end{pmatrix} \tag{8-6}$$

式中，$r_{xx/yy}$ 和 $t_{xx/yy}$ 分别代表线极化波入射下的同极化反射系数及透射系数，$r_{xy/yx}$ 和 $t_{xy/yx}$ 分别代表线极化入射下的交叉极化反射系数及透射系数。

当微单元为对称结构时，$r_{xy/yx}$、$t_{xy/yx}$ 均为零，则 S 可转换为

$$S = \begin{pmatrix} r_{xx}^{11} & r_{xy}^{11} & t_{xx}^{12} & t_{xy}^{12} \\ r_{yx}^{11} & r_{yy}^{11} & t_{yx}^{12} & t_{yy}^{12} \\ t_{xx}^{21} & t_{xy}^{21} & r_{xx}^{22} & r_{xy}^{22} \\ r_{yx}^{11} & r_{yy}^{11} & r_{yx}^{22} & r_{yy}^{22} \end{pmatrix} \tag{8-7}$$

假定电磁波经超表面作用后没有能量损耗，则同极化透射和散射系数满足

$$|r_{xx}|^2 + |t_{xx}|^2 = 1, |r_{yy}|^2 + |t_{yy}|^2 = 1 \tag{8-8}$$

若设计的微单元在特定频点上满足

$$|r_{xx}| = 1, |t_{xx}| = 0, |r_{yy}| = 0, |t_{yy}| = 1 \tag{8-9}$$

则 x 极化波入射时，该频点处会被发生全反射；y 极化波入射时，会被全透射。

若编码单元沿 x 和 y 方向的附加波矢可以独立调控，则可以基于应用需求对超表面的相

移布局进行针对性设计，从而在不同极化状态下实现漫散射和聚焦透射功能，如图 8 – 11 所示。

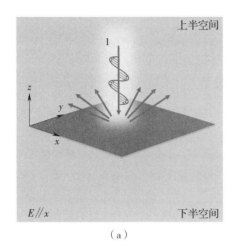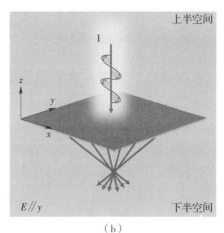

（a）　　　　　　　　　　　　　　　　（b）

图 8 – 11　漫散射 – 聚焦透射的工作原理示意图

（a）漫散射　（b）聚焦透射

在 5.1 节中详细推导了随机漫反射超表面的相移布局原理，下面对聚焦透射超表面的相位调控原理进行推导。假定平面波源经超表面作用后变为球面波源，汇聚于焦点 $F(x_0, y_0, z_0)$，如图 8 – 12 所示。

超表面任意 A 点与球面波源任意 B 点的相移满足以下关系

$$\Delta\Phi_{OB}(r,\lambda) = \Delta\Phi_{OA}(r,\lambda) + \Delta\Phi_{AB}(r,\lambda)$$

$$(8 – 10)$$

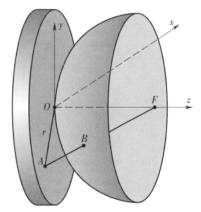

图 8 – 12　聚焦透射超表面与
平面波源相互作用示意图

式中，r 为入射点 $A(x_0, y_0, 0)$ 与超表面中心点 $O(x_0, y_0, 0)$ 的相对位置，$r = \sqrt{(x-x_0)^2 + (y-y_0)^2}$，$\Delta\Phi_{OB}(r,\lambda)$ 表示超表面中心 O 点与球面波源任意 B 点的相移量，$\Delta\Phi_{OA}(r,\lambda)$ 表示超表面 A 点与 O 点处的相移量，$\Delta\Phi_{AB}(r,\lambda)$ 表示 A 点至 B 点的相移函数，可表示为

$$\Delta\Phi_{AB}(r,\lambda) = \boldsymbol{k} \cdot \boldsymbol{AB} = \boldsymbol{k} \cdot (\boldsymbol{AF} - \boldsymbol{BF}) = -\frac{2\pi}{\lambda}\left(\sqrt{(x-x_0)^2 + (y-y_0)^2 + z_0^2} - z_0\right)$$

$$(8 – 11)$$

由于平面波源与球面波源为等相位面，则 $\Delta\Phi_{OB}(r,\lambda)$ 为常数，假定 $\Delta\Phi_{OB}(r,\lambda)$ 为 φ_0，则式（8 – 10）转化为

$$\Delta\Phi_{OA}(r,\lambda) = -\Delta\Phi_{AB}(r,\lambda) + \phi_0$$

$$(8 – 12)$$

将式（8 – 11）代入式（8 – 12）中可得

$$\Delta\Phi_{OA}(r,\lambda) = \frac{2\pi}{\lambda}\left(\sqrt{(x-x_0)^2 + (y-y_0)^2 + z_0^2} - z_0\right) + \phi_0$$

$$(8 – 13)$$

按照式（8-13）将超表面 y 方向的透射相移排布为抛物梯度，即可获得聚焦透射的效果。由于超表面的相移以编码单元为最小单位，假定超表面由 $m \times n$ 个单元组成，周期为 p，中心 O 点为坐标原点，则式（8-13）转化为

$$\Delta \Phi_{OA}(r, \lambda) = \frac{2\pi}{\lambda}(\sqrt{(np)^2 + (mp)^2 + z_0^2} - z_0) + \phi_0 \tag{8-14}$$

8.2.2　各向异性的反射-透射编码单元设计

根据式（8-9）设计并优化后的各向异性编码单元结构如图8-13所示，整个单元由五层金属贴片和四层介质衬底间隔排布而成，周期 $p = 10.5\text{mm}$，金属贴片为厚度 $t = 0.018\text{mm}$ 的镀锌铜。第 Ⅰ、Ⅱ、Ⅳ、Ⅴ 层均为各向异性的交叉十字结构，其中第 Ⅰ 层 x 方向枝节的长度 l 用于调制谐振单元在反射维度的相移，第 Ⅱ、Ⅳ、Ⅴ 层在 x 方向长度均为单元周期 p，用于提供单元在 x 方向的反射；第Ⅰ层 y 方向枝节的长度 w 用于调制谐振单元在透射维度的相移，Ⅱ、Ⅳ、Ⅴ层在 y 方向枝节的长度与第Ⅰ层 w 相等。此外，为了提高透射效率，第Ⅲ层为方孔缝隙型结构，沿 x 和 y 方向的长度 l_1 和 w_1 分别为 6.8mm 和 1.5mm。四层介质衬底的厚度 h 均为 1.2mm，材料为 F4B（介电常数 2.65，损耗虚部 0.001）。

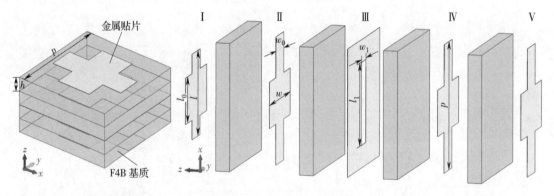

图 8-13　编码单元示意图

为了更直观地分析不同极化下编码单元内的谐振特性，利用 CST 全波仿真了 x 和 y 线极化波沿 $-z$ 方向垂直激励下单元各层的电场分布，x 和 y 方向的边界条件均为 unitcell，z 方向为 open（add space）。从图中可以观察到，通过每层金属贴片的各向异性设计，编码单元可以在不同极化下独立调控单元的反射和透射特性。y 极化波入射后可以高效透过单元，此时电场分布在十字结构 y 方向的枝节处，并在Ⅲ层的缝隙结构的配合下实现了透射功能；x 极化波入射后能量沿 x 方向强度较高，配合Ⅱ层的贴片结构实现了全反射的功能。因此，设计的各向异性谐振单元能够对不同线极化波实现反射和透射的独立调控。

图8-15展示了 x 和 y 极化波激励下 2bit 编码单元的相位及幅值。当 w 分别为 5.1mm、8.3mm、9mm 和 9.97mm 时，x 极化波激励下单元在 10.5GHz 处的反射相位覆盖 $360°$，幅值均大于 0.99；当 l 分别为 5.65mm、7.38mm、8.17mm 和 8.58mm 时，y 极化波激励下单元在 9.5GHz 处的透射相位覆盖 $360°$，幅值均大于 0.89。因此，若将谐振单元相位沿 x 和 y 分别排布为随机相位梯度和抛物相位梯度，则可以实现随机漫反射和聚焦透射的功能。

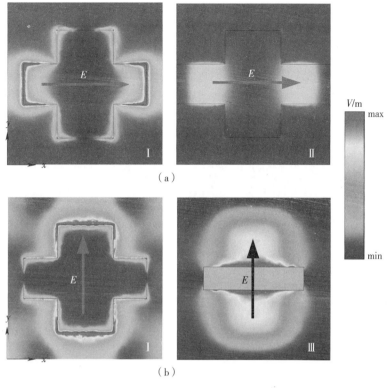

图 8 – 14　不同线极化波沿 – z 方向垂直激励下单元各层的电场分布

（a）x 极化波　　（b）y 极化波

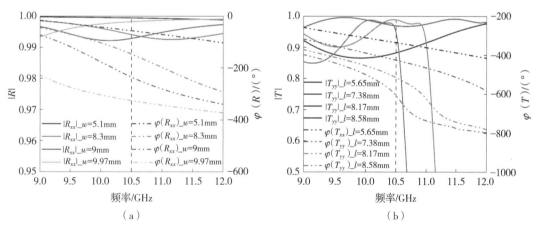

图 8 – 15　x 和 y 极化波激励下 2bit 编码单元的相位和幅值

（a）x 极化　　（b）y 极化

8.2.3　漫反射 – 聚焦透射编码超表面设计及分析

基于上节的各向异性单元设计了漫散射 – 聚焦透射超表面（diffuse – focused transmission metasurface，DFM），沿 x 方向 DFM 由 5 × 5 个相移间隔为 π/2 的编码子单元排布为随机漫散射相位，为了减弱单元间的耦合效应，增大单元的周期长度，每个子单元中包括 3 × 3 个相位相同的编码单元；此外，为了获得最佳漫散射效果，基于 6.4 节自适应遗传算法优化了随机相位的布局，最终相位排布如图 8-16（a）所示。沿 y 方向 DFM 由 15×15 个相位间隔为 $\pi/12$ 的基本单元排布为抛物梯度相位，根据式（8-14）生成的相位布局如图 8-16（b）所示，式中 m、n 的范围均为 $[-8, -7, -6, \cdots, 6, 7, 8]$，焦点的焦距 z_0 为 45mm。基于上述方案生成极化独立 DFM 的第 I 层和第 IV 层正视图如图 8-16（c）、（d）所示，尺寸为 192mm×192mm，由 15×15 个编码单元沿 x 和 y 方向依次延拓而成。

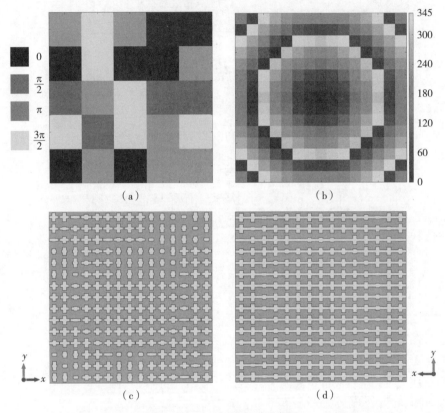

图 8-16　DFM 超表面示意图

（a）漫散射相位　（b）聚焦透射相位　（c）第 I 层　（d）第 IV 层

为了检验设计超表面的 RCS 缩减性能，基于 TDFIT 算法求解了 x 极化波垂直照射下 DFM 单站 RCS 及其相对于相同尺寸金属板的缩减情况，如图 8-17 所示。由图可知，DFM RCS 缩减的 −10dB 工作带宽为 1.33GHz（9.65~10.98GHz），在设计频点 10.5GHz 处存在缩减峰，峰值为 22.7dB。

图 8-18 展示了 x 极化波垂直照射下 DFM 和相同尺寸的金属板在 10.5GHz 处的二维和三维远场散射方向图。可以观察到，相对于金属板，入射波被 DFM 较为均匀地散射为沿镜面反射方向分布的漫散射波束，且漫散射波束的电平值远小于金属板的反射波束，从而有效降低了 RCS 峰值。

图 8-19 展示了 y 极化波沿 $-z$ 方向垂直照射下 10.5GHz 处电场及能流的近场分布。从图中可以观察到 y 极化波经 DFM 作用后电场能量聚集于 z 轴中心线的焦点附近。图 8-20（a）展示了透射波沿 z 方向的能流分布情况，由于不同相移单元之间透射幅值

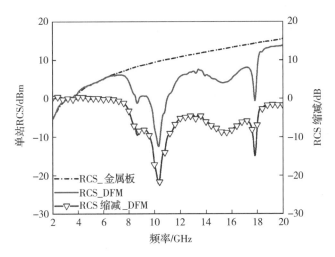

图 8 – 17　x 极化波垂直照射下 DFM 的单站 RCS 及 RCS 缩减值

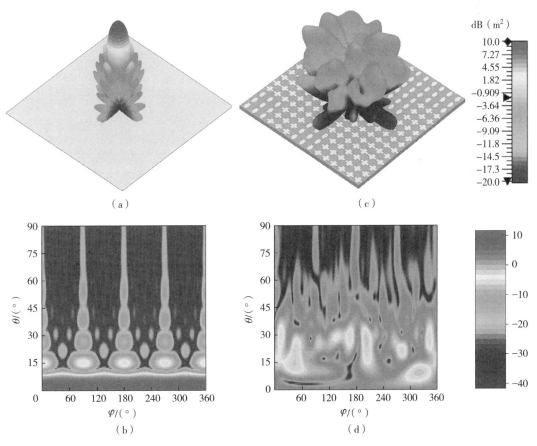

（a）

（c）

（b）

（d）

图 8 – 18　x 极化波垂直照射下 DFM 及金属板在 10.5GHz 远场方向图

（a）、（b）金属板　　（c）、（d）DFM

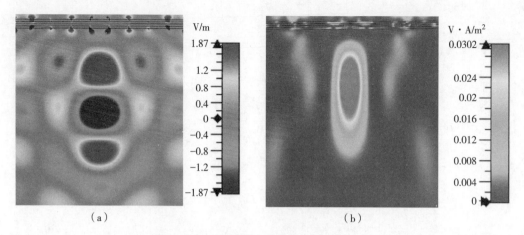

图 8 - 19　y 极化波垂直照射下 10.5GHz 处

(a) 电场分布　　(b) 能流分布

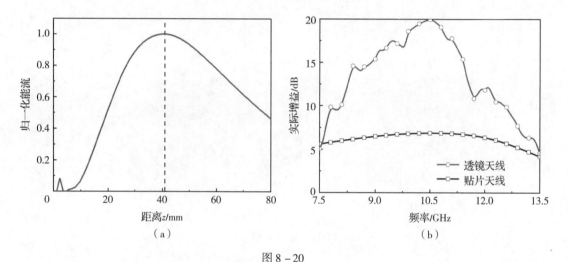

图 8 - 20

(a) 10.5GHz 处透射波沿 z 轴能流分布　　(b) DFM 加载前、后天线增益

的不一致性,导致能量聚焦的位置由设计的焦点 $z = 45$mm 偏移至 41.4mm,但仍然呈现良好的聚焦透射性能。

由上述分析可得,若将球面或柱面等点波源加载于焦点 F 处,辐射的能量经 DFM 作用后将变为平面波,从而实现具有低旁瓣、窄波束及高增益的透镜天线功能。设计了点波馈源圆形贴片微带天线,结构示意图如图 8 - 21 所示,图中 $p = 16$mm, $r_1 = 3$mm, $h_1 = 3$mm, $h_2 = 1$mm。图 8 - 20 (b) 展示了 DFM 加载前、后天线增益的响应特性。由图可知,加载 DFM 后天线增益在 8.3 ~ 11.5GHz 频带内显著增加 6.6dB 以上,在 10.5GHz 处增益达到峰值 19.9dB,相比于加载前增加了 13.04dB。

图 8 - 22 和图 8 - 23 分别展示了 DFM 加载前、后天线在 10.5GHz 处的近场电场分布及三维远场散射图。从图中可以明显看到,未加载 DFM 前,微带天线辐射的等相位面为球面;加载 DFM 后,球面波经 DFM 附加相位补偿后被高效转换为笔状约束特征的低旁瓣、高增益的平面波。

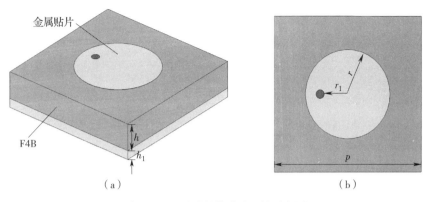

图 8 – 21　圆形微带贴片天线示意图

（a）整体结构　（b）正视图

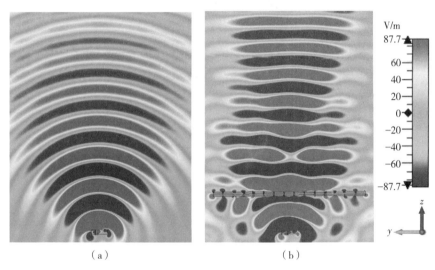

图 8 – 22　加载 DFM 前、后天线的近场电场分布图

（a）微带天线　（b）透镜天线

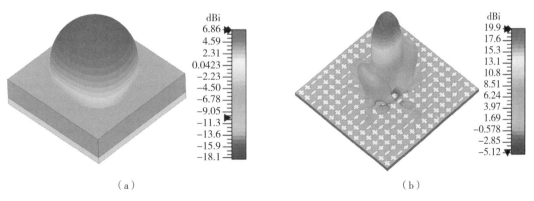

图 8 – 23　加载 DFM 前、后天线的三维远场散射图

（a）微带天线　（b）透镜天线

8.3　薄层雷达罩型等离子体复合漫散射－聚焦透射超表面的双功能设计

8.3.1　薄层雷达罩型等离子体复合漫散射－聚焦透射超表面的设计及分析

将 8.1 节设计的 RICP 源与 8.2 节设计的 DFM 联合组成雷达罩型等离子体复合漫散射－聚焦透射超表面（radome inductively coupled plasma composited diffuse－focused transmission metasurface，RCD）结构，基于 TDFIT 方法构建了 RCD 的电磁仿真模型，如图 8－24 所示。

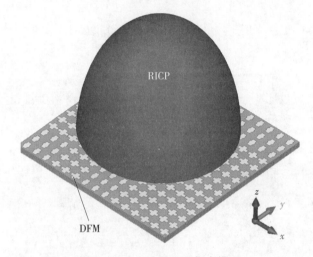

图 8－24　RCD 的电磁仿真模型

通过调制 RICP 源在不同放电条件下的激发状态，可以在不同极化状态下对 RCD 独立实现宽带 RCS 缩减和透镜天线的功能。首先将 8.2.3 节设计的微带天线加载于 RCD 沿 z 轴中心法线焦点 $z=41.4$m 处，则微带天线和 RCD 共同形成透镜天线。当 RICP 源未激发时，雷达罩型腔室相当于全透波结构，因此，结合 8.2.3 节的分析可知，当微带天线的电场沿 y 方向辐射时，RCD 可以在 10.5GHz 处将馈源辐射的球面波转变为窄波束、高增益的平面波，从而实现高增益、高分辨率的平面透镜天线功能，克服了传统透镜天线体积大、成本高、效率低等缺点。此外，在实际应用中，若将接收机加载于焦点处，y 极化波经 RCD 作用后波束能量高效聚集于焦点，从而实现能量的聚焦接收功能。

然后将 RICP 源调制至激发状态，研究不同放电条件下 RCD 的宽带 RCS 缩减特性。通过第 5 章的研究表明，若要最大限度发挥复合结构中超表面的漫散射效果，RCD 中 RICP 源 ω_p 的分布应相对均匀，且 ω_c 应小于超表面的工作频点 10.5GHz。因此，本节将 O_2 引入至 RICP 源气体组分的调控中，从而在改善 ω_p 分布的非均匀性的同时，将 ω_c 降低至小于 10.5GHz 的低频段。功率为 800W，气压为 10Pa，y 极化波垂直激励时，不同氧气摩尔比例 η_{O_2} 下 RCD 的 RCS 缩减曲线如图 8－25 所示。

从图中可以观察到，RCD 中 RCS 缩减的工作带宽远大于 RICP 和 DFM，且并不是 RICP 与 DFM 缩减效果简单的线性叠加。为了揭示电磁波入射后 RCD 的缩减机理，仿真了 η_{O_2} 为 20% 时，两个缩减峰频点 5.1GHz 和 10.6GHz 处三维远场方向图，如图 8－26 所

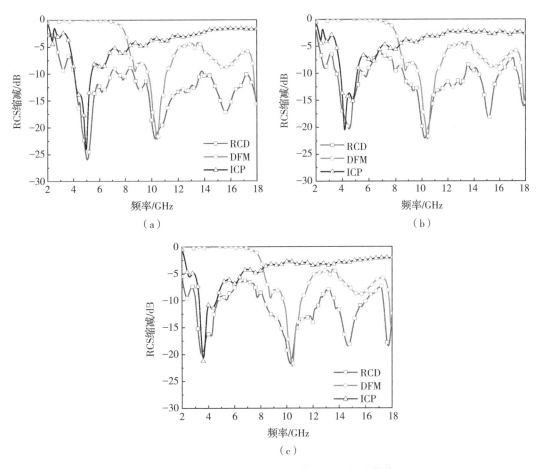

图 8 – 25　不同 η_{O_2} 下 RCD 的单站 RCS 缩减曲线

（a）20%　（b）50%　（c）80%

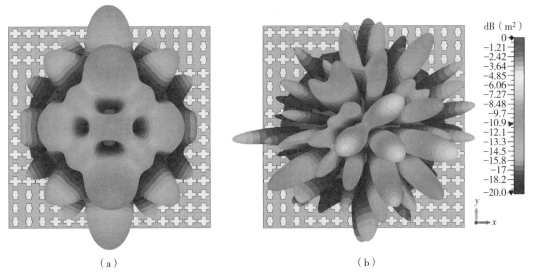

图 8 – 26　η_{O_2} 为 80% 时，不同频率下 RCD 的三维散射场分布

（a）5.1GHz　（b）10.6GHz

示。ω 为 10.6GHz 时，$\omega > \omega_p$，电磁波可以进入等离子体，在穿过 RICP 源的过程中因碰撞吸收效应耗散了部分能量，剩余能量从 RICP 源出射后经 DFM 的附加波矢发生漫散射效应，反射形成的相对均匀的漫散射波束再次进入等离子体，相应增加了电磁波与 RICP 源相互作用的范围，电磁波能量进一步耗散。$\omega = 5.1$GHz 时，DFM 漫散射效应较弱，对 RCS 缩减贡献较小。得益于腔室特殊的曲面构型，低于 ω_p 的部分能量因截止效应被偏折至远离镜面反射的方向；接近 ω_p 的能量因共振衰减效应大部分被耗散，有效降低了波束的整体电平值。综上所述，RCD 与电磁波之间发生的多重反射和碰撞吸收、共振衰减效应增强了电磁波能量耗散，提升了单站和双站 RCS 缩减效果，显著拓宽了 RCS 缩减的工作带宽。$\eta_{O_2} = 20\%$ 时，RCD 的单站 RCS 缩减曲线如图 8 – 25（a）所示。由图可知，RCS 缩减的 – 10dB 工作带宽为 10.17GHz（4.18 ~ 5.87GHz、8.67 ~ 12.65GHz 和 13.95 ~ 18.45GHz），缩减峰值为 26.1dB；随着 η_{O_2} 的升高，工作频带持续向低频移动。$\eta_{O_2} = 50\%$ 时，RCS 缩减工作带宽为 9.44GHz（3.59 ~ 5.91GHz、8.62 ~ 13.43GHz、14.45 ~ 15.94GHz 和 17.46 ~ 18.28GHz），缩减峰值为 24.2dB；$\eta_{O_2} = 80\%$ 时，工作带宽为 9.42GHz（3.08 ~ 4.78GHz、8.29 ~ 12.55GHz、13.64 ~ 16.31GHz 和 17.36 ~ 18.15GHz），缩减峰值为 21.9dB。

8.3.2 实验验证

基于 PCB 工艺制备并加工了 DFM 样品，如图 8 – 27（a）所示。整个样品尺寸为 157.5mm × 157.5mm × 4.8mm，由五层厚度为 0.018mm 的镀锌铜和四层厚度均为 1.2mm 的 F4B 介质衬底（介电常数 2.65，损耗虚部 0.001）间隔排布而成，如图 8 – 27（a）所示。将 DFM 样品与 8.1 节制备的 RICP 样品复合组成 RCD 样件，样件示意如图 8 – 27（b）所示。

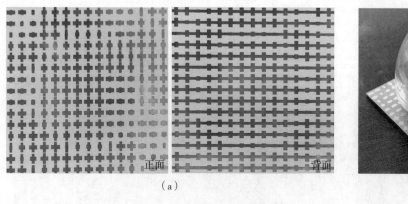
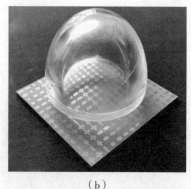

（a）　　　　　　　　　　　　　　　　　　　（b）

图 8 – 27

（a）DFM 样品　（b）RCD 样件示意图

基于自由空间法测量了不同极化状态下 RCD 的透镜天线及 RCS 缩减性能，测量示意图如图 8 – 28 所示。首先测量 RCD 的聚焦透射性能，在测量过程中，将微带天线端加载于距离 DFM 轴向中心的 41.4mm 处，并将 RICP 源调制为未激发状态。图 8 – 29 展示了 DFM 加载后透镜天线增益响应特性的仿真和实验结果，图 8 – 30 展示了 10.5GHz 处，DFM 加载前、后（即微带天线和透镜天线）在 yoz 面和 xoz 面的二维远场方向图。由图可

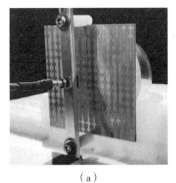

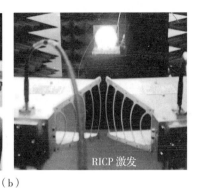

（a）　　　　　　　　　　　　　　　　（b）

图 8 – 28　RCD 实验测量示意图

（a）透镜天线测试　　（b）RCS 缩减测试

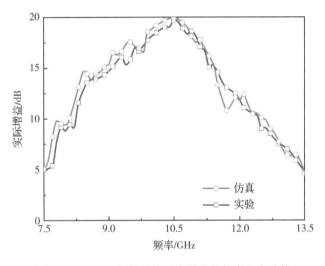

图 8 – 29　DFM 加载后的天线增益的仿真和实验值

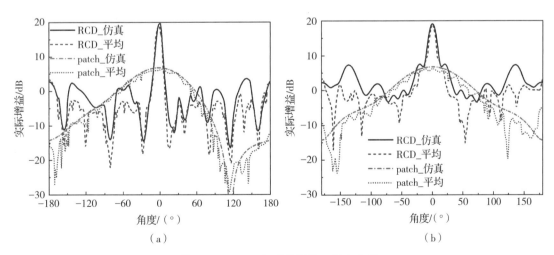

（a）　　　　　　　　　　　　　　　　（b）

图 8 – 30　DFM 加载前后的二维方向图

（a）*yoz* 面　　（b）*xoz* 面

知，仿真与实验结果的曲线变化趋势一致，呈现出良好的透镜性能，达到了预期的设计目标。未加载 DFM 时，微带天线最大增益 G 的仿真和实验值分别为 6.86dB 和 6.35dB，在 yoz 面和 xoz 面 3dB 增益宽度的测量值分别为 75.3° 和 81.2°。透镜天线二维方向图的主瓣呈现高增益的笔状分布特征，相比于微带天线，透镜天线最大增益的仿真和实验值分别增加至 19.9dB 和 19.3dB；在 yoz 面和 xoz 面 3dB 增益宽度的测量值分别变窄为 13.2° 和 14.1°，仿真（实验）的前后比优于 16.8dB（15.5dB）。由式（8 - 15）可获得天线的口径效率 η 的仿真和实验值分别为 32.79% 和 28.56%

$$\eta = G/D_{max} = G/(4\pi S/\lambda_0^2) \times 100\% \tag{8 - 15}$$

式中，D_{max} 代表天线最大方向性系数；S 代表天线口径面积。

然后利用宽带时域测量系统对 RCD 的 RCS 缩减性能进行测量，测量步骤与 6.2.2 节一致。首先测量 RICP 源未激发时金属板的反射率并进行归一化处理；然后将金属板替换为 DFM，并将 RICP 源在特定放电条件下激发至稳定状态，测量的反射率即单站 RCS 缩减值。不同 η_{O_2} 下 RCD 的 RCS 缩减实测值如图 8 - 31 所示。从图中可以观察到，相对于仿真结果，尽管实测值 RCS 缩减的工作带宽整体偏窄，工作频带存在偏差，但两者的变化趋势一致，均呈现出宽频 RCS 缩减的特点。分析认为一是 RICP 源放电腔室为特殊曲面构型，制备过程中存在误差；二是 TDFIT 方法构建的 RICP 源放电模型中 ω_p 及 ν_c 的空间分布与实际等离子体存在偏差；三是实验环境中线圈及放电系统附件等环境杂波影响了测量精度。

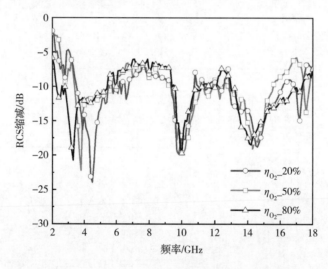

图 8 - 31　不同 η_{O_2} 下 RCD 的 RCS 缩减实测值

8.4　本章小结

本章从天线罩隐身的实际需求出发，设计并制备了一款雷达罩型 ICP 源复合漫散射 - 聚焦透射超表面结构，探索研究了该结构在雷达罩隐身的双功能应用：宽带 RCS 缩减和透镜天线。

首先设计了雷达罩型的感性耦合等离子体源，研究了不同功率、气压和气体组分下

RICP 源 ω_p 和 ν_c 等关键参数的分布特性，揭示了不同参数分布对 RICP 散射特性的影响规律；其次，基于多层级联的各向异性编码单元设计了一种漫散射 – 聚焦透射超表面，x 极化波激励时在 10.5GHz 处可以实现聚焦透射的功能，y 极化波激励时可以实现漫散射的功能；最后，将 RICP 源与超表面联合作用组成复合结构，配合不同放电条件下 RICP 源的激发状态，可以实现宽带 RCS 缩减及透镜天线的功能：当等离子体处于未激发状态时，RICP 源相当于全透波介质，将微带天线馈入端置于超表面透射维度的焦点处，则馈源和 RCD 共同构成透镜天线，天线辐射的球面波经 RCD 作用后转换为平面波束，并呈现出窄波束、高增益、低旁瓣的笔形分布特点，结果表明加载 RCD 后天线增益在 8.3 ~ 11.5GHz 频带内显著增加 6.6dB 以上，在 10.5GHz 处增益达到峰值 19.9dB，口径效率为 32.79%，克服了传统透镜天线体积大、成本高、效率低等缺点；此外，若将雷达接收机加载于焦点处，可实现能量高效聚焦的接收功能。在不同放电条件下将 RICP 源激发，RICP 源作为主要吸波介质，电磁波入射后被 RICP 源碰撞吸收和共振衰减效应消耗了部分能量，从主等离子体区域出射后，经超表面相位补偿发生漫散射效应，反射形成的多簇波束重新进入等离子体，增加了电磁波在 RICP 的等效传播距离，大幅值损耗了回波能量，从而在宽带范围内实现了 RCS 的动态缩减，– 10dB 最大工作带宽为 10.17GHz（4.18 ~ 5.87GHz、8.67 ~ 12.65GHz 和 13.95 ~ 18.45GHz）。

参 考 文 献

[1] 桑建华. 飞行器隐身技术 ［M］. 北京：航空工业出版社，2013.

[2] Ball R E. The fundamentals of aircraft combat survivability：analysis and design ［M］. American Institute of Aeronautics and Astronautics，2003.

[3] 姬金祖，黄沛霖，马云鹏，等. 隐身技术 ［M］. 北京：北京航空航天大学出版社，2018.

[4] 张考，马东立. 军用飞机生存力与隐身设计 ［M］. 北京：国防工业出版社，2002.

[5] 李曙林，常飞，何宇廷，等. 军用飞机作战使用生存力分析与评估 ［M］. 北京：国防工业出版社，2016.

[6] 甘杰，张杰. 隐身目标探测技术现状与发展研究 ［J］. 现代雷达，2016，38（08）：13 – 16.

[7] 索庆涛，许宝才，王建江，等. 雷达吸波材料低频化研究现状及进展 ［J］. 化工新型材料，2019，47（04）：25 – 28.

[8] 刘建言，艾俊强，王健. 反隐身预警雷达的发展动态与新技术 ［J］. 电讯技术，2017，57（02）：243 – 250.

[9] 王建明. 面向下一代战争的雷达系统与技术 ［J］. 现代雷达，2017，39（12）：1 – 11.

[10] 庄钊文，莫锦军. 等离子体隐身技术 ［M］. 北京：科学出版社，2005.

[11] Singh H，Antony S，Jha R M. Plasma – based radar cross section reduction ［M］. Springer，Singapore，2016：1 – 46.

[12] 许河秀. 超表面电磁调控机理与功能器件应用研究 ［M］. 北京：科学出版社，2019.

[13] 赵晓鹏，刘亚红. 微波超材料与超表面中波的行为 ［M］. 北京：科学出版社，2016.

[14] Zhang Y，He X，Chen J，et al. Broadband microwave absorption and standing wave effect in helium capacitively coupled plasma ［J］. Physics of Plasmas，2017，24（8）：083511.

[15] 王海露，刘飞，袁承勋，等. 等离子体隐身技术研究进展 ［J］. 防护工程，2018，40（03）：67 – 78.

[16] 杨玉明，王红，谭贤四，等. 太赫兹雷达反等离子体隐身研究 ［J］. 雷达科学与技术，2012，10（5）：6.

[17] 阳开华，张晓钟，郝璐. 等离子体在腔体罩中的分布及电磁散射特性研究 ［J］. 战术导弹技术，2016（5）：50 – 56.

[18] Pinglan W，Liping H. Development of Plasma Technology for Stealth ［J］. Missiles and Space Vehicles，2009，5：008.

［19］ Dmitry L，Alexei L. Plasma gun，ensuring the invisibility of the rocket "Meteorite"，will become a textbook for future designers ［EB/OL］. https：//iz. ru/news/651212（2016/12/19）.

［20］ Roth J R. Interaction of electromagnetic fields with magnetized plasmas ［R］. AD－A285496，1996，204－209.

［21］ Weng L K，Rader M，Alexeff I. A conceptual study of stealth plasma antenna ［C］// IEEE International Conference on Plasma Science. IEEE，1996.

［22］ Alexeff I，Kang W L，Rader M，et al. A plasma stealth antenna for the US Navy ［C］// Plasma Science，Anniversary IEEE Conference Record－abstracts IEEE International on. IEEE，1998.

［23］ 李文秋，王刚，苏小保，等. 非磁化冷等离子体柱中的模式辐射特性分析 ［J］. 物理学报，2017，66（5）：7.

［24］ 孙健，白希尧，依成武，等. 等离子体隐身研究的关键性问题与研究技术路线的选择 ［J］. 中国基础科学，2006，8（3）：4.

［25］ Beskar，C. R. Cold plasma cavity active stealth technology ［R］. AD－A432633，2004.

［26］ 文风. 法国探索等离子体隐身技术 ［J］. 航空维修与工程，2005，37（2）：48－49.

［27］ 奎. 法国研究等离子体在航空领域的应用 ［J］. 航空电子技术，2003，34（3）：52－54.

［28］ 王海露，刘飞，袁承勋，等. 等离子体隐身技术在地面重要军事目标上的应用分析 ［J］. 防护工程，2018，40（04）：58－63.

［29］ 徐浩军，魏小龙，张文远，等. 闭式透波等离子体放电与隐身应用 ［M］. 北京：科学出版社，2019.

［30］ Swarner W，Peters L. Radar cross sections of dielectric or plasma coated conducting spheres and circular cylinders ［J］. IEEE Transactions on Antennas and Propagation，1963，11（5）：558－569.

［31］ Swarner W G. Radar cross sections of dielectric or plasma coated conducting bodies ［D］. The Ohio State University，1962.

［32］ 魏小龙，韩欣珉，李益文，等. 动态可调等离子体隐身技术 ［M］. 北京：科学出版社，2021.

［33］ Wang X，Zhu J Z，Liu W，et al. Radar scattering width effects by coating 90Sr/90Y layers on cylindrical targets ［J］. Nuclear Science and Techniques，2017，28（4）：1－8.

［34］ 周军. 电子束等离子体的电流测量与参数诊断 ［M］. 北京：科学出版社，2014.

［35］ 王梓平. 电子束等离子体与电磁波相互作用研究 ［D］. 大连：大连理工大学，2021.

［36］ 何湘. 飞机局部等离子体隐身探索研究 ［D］. 南京：南京理工大学，2010.

［37］ Wang B，Cappelli M A. A tunable microwave plasma photonic crystal filter ［J］. Applied Physics Letters，2015，107（17）：171107.

［38］ Wang B，Rodríguez J A，Cappelli M A. 3D woodpile structure tunable plasma photonic crystal ［J］. Plasma Sources Science and Technology，2019，28（2）：02LT01.

［39］ Wolf S，Arjomandi M. Investigation of the effect of dielectric barrier discharge plasma actuators on the radar cross section of an object ［J］. Journal of Physics D：Applied Physics, 2011, 44：315202.

［40］ Mostofa Howlader, Yunqiang Yang, and J. Reece Roth. Time – AVERAGED electron number density measurement of a one atmosphere uniform glow discharge plasma by interactions with microwave radiation ［C］. the 29th IEEE International Conference on Plasma ScienceBanff, Alberta, Canada, May 2002, 26 – 30.

［41］ 杨涓, 朱冰, 毛根旺, 等. 真空中不同极化电磁波在微波等离子体喷流中的衰减特性实验研究 ［J］. 物理学报, 2007, 56 （12）：7120 – 7126.

［42］ 杨涓, 龙春伟, 陈茂林, 等. 外加磁场微波等离子体喷流对平面电磁波衰减的实验研究 ［J］. 物理学报, 2009 （7）：6.

［43］ 梁英爽. 射频容性耦合氮及氮/氩等离子体的流体力学模拟及实验验证 ［D］. 大连：大连理工大学, 2017.

［44］ Zhang Y, Zafar A, Coumou D J, et al. Control of ion energy distributions using phase shifting in multi – frequency capacitively coupled plasmas ［J］. Journal of Applied Physics, 2015, 117 （23）：233302.

［45］ Lieberman M A, Lichtenberg A J. Principles of Plasma Discharges and Materials Processing 2nd edn ［M］. New York：Wiley, 2005.

［46］ Han X, Wei X, Xu H, et al. Investigation on the parameter distribution of Ar/O_2 inductively coupled plasmas ［J］. Vacuum, 2019, 168：108821.

［47］ Zaplotnik, Rok. E and H Modes of Inductively Coupled SO_2 Plasma ［J］. IEEE Transactions on Plasma Science. 2014, 42：2532 – 2533.

［48］ 魏小龙, 徐浩军, 林敏, 等. 氩气/空气 ICP 放电现象研究和基于 H_ β 光谱展宽的微波干涉电子密度诊断方法 ［J］. 光谱学与光谱分析, 2016, 36 （4）：1170 – 1174.

［49］ 魏小龙, 徐浩军, 李建海, 等. 高气压空气环状感性耦合等离子体实验研究和参数诊断 ［J］. 物理学报, 2015, 64 （17）：1 – 8.

［50］ Chang Y, Wei X, Xu H, et al. Study on the influence of coil configuration on electromagnetic characteristics of inductively coupled plasma superimposed frequency selective surface ［J］. Vacuum, 2021, 191：110373.

［51］ Kolobov, Vladimir I., and Valery A. Godyak. Inductively coupled plasmas at low driving frequencies ［J］. Plasma Sources Science and Technology, 2017, 26 （7）：075013.

［52］ Ventzek P L G, Grapperhaus M, Kushner M J. Investigation of electron source and ion flux uniformity in high plasma density inductively coupled etching tools using two – dimensional modeling ［J］. Journal of Vacuum Science & Technology B：Microelectronics and Nanometer Structures Processing, Measurement, and Phenomena, 1994, 12 （6）：3118 – 3137.

［53］ Seo S H, Hong J I, Bai K H, et al. On the heating mode transition in high – frequency inductively coupled argon discharge ［J］. Physics of Plasmas, 1999, 6 （2）：614 – 618.

［54］ Wang J, Du Y, Zhang X, et al. E→ H mode transition density and power in two types of inductively coupled plasma configuration ［J］. Physics of Plasmas, 2014, 21 （7）：073502.

［55］ Kim, J. Y. , Kim, Y. C. , Kim, Y. S. , Chung, C. W. Effect of the electron energy distribution on total energy loss with argon in inductively coupled plasmas ［J］. Physics of Plasmas. 2015, 22 （1）: 013501.

［56］ Wei Xiaolong, Xu Haojun, Lin Min, Song Zhijie. Comparison study of electromagnotic ware propagation in high and low pressure Ar inductinelg coupled plasma ［J］. Vacuum, 2016, 127: 65 – 72.

［57］ Wei Xiaolong, Xu Haojun, Li Jianhai, Lin Min, Su Chen. Electromagnetic wave attenuation measurements in a ring – shaped inductively coupled air plasma ［J］. Journal of Applied Physics, 2015, 117 （20）.

［58］ Wang J, Cao J, Zhang X, et al. Dependence of mode transition points and hysteresis upon plasma pressure in a reentrant configuration of inductively coupled plasma ［J］. Journal of Vacuum Science & Technology B, Nanotechnology and Microelectronics: Materials, Processing, Measurement, and Phenomena, 2015, 33 （2）: 022601.

［59］ Liu W, Wen D Q, Zhao S X, et al. Characterization of O_2/Ar inductively coupled plasma studied by using a Langmuir probe and global model ［J］. Plasma Sources Science and Technology, 2015, 24 （2）: 025035.

［60］ Chen J, Xu H, Wei X, et al. Simulation and experimental research on the parameter distribution of low – pressure Ar/O_2 inductivly coupled plasma ［J］. Vacuum, 2017, 145: 77 – 85.

［61］ Xue C, Gao F, Wen D Q, et al. Experimental investigation of the electron impact excitation behavior in pulse – modulated radio frequency Ar/O_2 inductively coupled plasma ［J］. Journal of Applied Physics, 2019, 125 （2）: 023303.

［62］ Kim J H, Kim Y C, Chung C W. Experimental investigation on plasma parameter profiles on a wafer level with reactor gap lengths in an inductively coupled plasma ［J］. Physics of Plasmas, 2015, 22 （7）: 073502.

［63］ Stittsworth, J. A. , Wendt, A. E. Reactor geometry and plasma uniformity in a planar inductively coupled radio frequency argon discharge ［J］. Plasma Sources Science and Technology. 1996 5 （3）: 429.

［64］ 陈俊霖, 徐浩军, 魏小龙, 等. 感性耦合夹层等离子体隐身天线罩电磁散射分析 ［J］. 航空学报, 2018, 39 （3）: 179 – 186.

［65］ Han X, Xu H, Chang Y, et al. Investigation on the Parameters Distribution and Electromagnetic Scattering of Radome Inductively Coupled Plasma ［J］. IEEE Transactions on Antennas and Propagation, 2021, 69 （12）: 8711 – 8721.

［66］ 马昊军, 王国林, 罗杰, 等. S – Ka 频段电磁波在等离子体中的传输特性实验研究 ［J］. 物理学报, 2018, 67 （2）.

［67］ 林敏, 徐浩军, 魏小龙, 等. 电磁波在非磁化等离子体中衰减效应的实验研究 ［J］. 物理学报, 2015, 64 （5）: 313 – 319.

［68］ Wei X, Han X, Xu H, et al. Active Control of Electromagnetic Attenuation Characteristics of Planar Inductively Coupled Plasma ［J］. IEEE Transactions on Plasma Science,

2021，49（10）：3070 - 3077.

［69］吴评，刘少斌. 等离子体隐身技术的 WKB 方法 ［J］. 南昌大学学报（理科版），2006，30（4）：7.

［70］李江挺. 电磁波在空间等离子体中传输与散射若干问题研究 ［D］. 西安：西安电子科技大学，2012.

［71］刘明海，胡希伟，江中和，等. 电磁波在大气层人造等离子体中的衰减特性 ［J］. 物理学报，2002，51（6）：1317 - 1320.

［72］Guo L J，Guo L X，Li J T. Propagation of electromagnetic waves on a relativistically moving nonuniform plasma ［J］. IEEE Antennas and Wireless Propagation Letters，2016，16：137 - 140.

［73］Gürel Ç S，Öncü E. Frequency selective characteristics of a plasma layer with sinusoidally varying electron density profile ［J］. Journal of Infrared，Millimeter，and Terahertz Waves，2009，30（6）：589 - 597.

［74］Bai B，Li X，Xu J，et al. Reflections of electromagnetic waves obliquely incident on a multilayer stealth structure with plasma and radar absorbing material ［J］. IEEE transactions on plasma science，2015，43（8）：2588 - 2597.

［75］Yee K. Numerical solution of initial boundary value problems involving Maxwell′s equations in isotropic media ［J］. IEEE Transactions on antennas and propagation，1966，14（3）：302 - 307.

［76］Young J L，Nelson R O. A summary and systematic analysis of FDTD algorithms for linearly dispersive media ［J］. IEEE Antennas and Propagation Magazine，2001，43（1）：61 - 126.

［77］D. M. Sullivan. Frequency - dependent FDTD methods using Z transforms. IEEE Transactions on Antennas and Propagation 40. 10（1992）：1223 - 1230.

［78］Wei Chen，Lixin Guo，Jiangting Li，and Songhua Liu. Research on the FDTD method of electromagnetic wave scattering characteristics in time - varying and spatially nonuniform plasma sheath. IEEE Transactions on Plasma Science 44. 12（2016）：3235 - 3242.

［79］S. Pokhrel，S. Varun，and J. S. Jamesina. 3 - D FDTD modeling of electromagnetic wave propagation in magnetized plasma requiring singular updates to the current density equation. IEEE Transactions on Antennas and Propagation 66. 9（2018）：4772 - 4781.

［80］Hong Wei Yang. SO - FDTD analysis on the stealth effect of magnetized plasma with Epstein distribution ［J］. Optik，2013，124：2037 - 2040.

［81］晏明. 时域有限差分法及其在等离子体隐身技术中的应用 ［D］. 武汉：华中科技大学，2006.

［82］郑灵. 飞行器等离子体鞘套对电磁波传输特性的影响研究 ［D］. 成都：电子科技大学，2013.

［83］Zhang W，Xu H，Wei X，et al. Influence of discharge parameters on electromagnetic scattering ［J］. AIP Advances，2019，9（7）：075305.

［84］Weiland T. A discretization model for the solution of Maxwell′s equations for six - component fields [J]. ArchivElektronik und Uebertragungstechnik, 1977, 31: 116 – 120.

[85] Holloway C L, Kuester E F, Gordon J A, et al. An overview of the theory and applications of metasurfaces: The two – dimensional equivalents of metamaterials [J]. IEEE antennas and propagation magazine, 2012, 54 (2): 10 – 35.

[86] Chen H T, Taylor A J, Yu N. A review of metasurfaces: physics and applications [J]. Reports on progress in physics, 2016, 79 (7): 076401.

[87] Cui T J, Smith D R, Liu R. Metamaterials [M]. Boston, MA, USA: springer, 2010.

[88] Jafarpour A, Reinke C M, Adibi A, et al. A new method for the calculation of the dispersion of nonperiodic photonic crystal waveguides [J]. IEEE journal of quantum electronics, 2004, 40 (8): 1060 – 1067.

[89] H. Malepoor and S. Jam, Improved radiation performance of low profile printed slot antenna using wideband planar AMC surface [J]. IEEE Transactions on Antennas and Propagation, 2016, Vol. 64 (11): 4626 – 4636.

[90] Munk B A. Frequency selective surfaces: theory and design [M]. Frequency Selective Surfaces: Theory and Design. 2005: 94 – 94.

[91] Monacelli B, Pryor J B, B. A. Munk, et al. Infrared frequency selective surface based on circuit – analog square loop design [J]. IEEE Transactions on Antennas & Propagation, 2005, 53 (2): 745 – 752.

[92] Sun W, He Q, Hao J, et al. A transparent metamaterial to manipulate electromagnetic wave polarizations [J]. Optics letters, 2011, 36 (6): 927 – 929.

[93] Grady N K, Heyes J E, Chowdhury D R, et al. Terahertz metamaterials for linear polarization conversion and anomalous refraction [J]. Science, 2013, 340 (6138): 1304 – 1307.

[94] F. Bayatpur, K. Sarabandi. Miniaturized FSS and patch antenna array coupling for angle – independent, high – order spatial filtering [J]. IEEE Microwave and Wireless Components Letters, 2010, 20 (2): 79 – 81.

[95] M. R. Da Silva, C. L. Nóbrega, P. H. F. Silva, et al. Dual – polarized band – stop FSS spatial filters using vicsek fractal geometry [J]. Microwave and Optical Technology Letters, 2013, 55 (1): 31 – 34.

[96] Veselago V G. Electrodynamics of substances with simultaneously negative electrical and magnetic permeabilities [J]. Soviet Physics Uspekhi, 1968, 10 (4): 504 – 509.

[97] Pendry J B, Holden A J, Stewart W J, et al. Extremely low frequency plasmons in metallic mesostructures [J]. Physical review letters, 1996, 76 (25): 4773.

[98] Pendry J B, Holden A J, Robbins D J, et al. Magnetism from conductors and enhanced nonlinear phenomena [J]. IEEE transactions on microwave theory and techniques, 1999, 47 (11): 2075 – 2084.

[99] Pendry J B, Schurig D, Smith D R. Controlling electromagnetic fields [J]. science, 2006, 312 (5781): 1780 – 1782.

[100] Leonhardt U. Optical conformal mapping [J]. science, 2006, 312 (5781): 1777 – 1780.

［101］ Li J, Pendry J B. Hiding under the carpet: a new strategy for cloaking ［J］. Physical review letters, 2008, 101 (20): 203901.

［102］ Ma H F, Cui T J. Three – dimensional broadband ground – plane cloak made of metamaterials ［J］. Nature communications, 2010, 1 (1): 1 – 6.

［103］ Zhu W, Song Q, Yan L, et al. A flat lens with tunable phase gradient by using random access reconfigurable metamaterial ［J］. Advanced materials, 2015, 27 (32): 4739 – 4743.

［104］ Yang X M, Zhou X Y, Cheng Q, et al. Diffuse reflections by randomly gradient index metamaterials ［J］. Optics Letters, 2010, 35 (6): 808 – 810.

［105］ 屈绍波, 王甲富, 马华, 等. 超材料设计及其在隐身技术中的应用 ［M］. 北京: 科学出版社, 2013.

［106］ Yu N, Genevet P, Kats M A, et al. Light propagation with phase discontinuities: generalized laws of reflection and refraction ［J］. science, 2011, 334 (6054): 333 – 337.

［107］ Ni X, Ishii S, Kildishev A V, et al. Ultra – thin, planar, Babinet – inverted plasmonic metalenses ［J］. Light: Science & Applications, 2013, 2 (4): e72 – e72.

［108］ Pu M, Chen P, Wang Y, et al. Anisotropic meta – mirror for achromatic electromagnetic polarization manipulation ［J］. Applied Physics Letters, 2013, 102 (13): 131906.

［109］ Aieta F, Genevet P, Kats M A, et al. Aberration – free ultrathin flat lenses and axicons at telecom wavelengths based on plasmonic metasurfaces ［J］. Nano letters, 2012, 12 (9): 4932 – 4936.

［110］ Sun S, He Q, Xiao S, et al. Gradient – index meta – surfaces as a bridge linking propagating waves and surface waves ［J］. Nature materials, 2012, 11 (5): 426 – 431.

［111］ Jia S L, Wan X, Bao D, et al. Independent controls of orthogonally polarized transmitted waves using a Huygens metasurface ［J］. Laser & Photonics Reviews, 2015, 9 (5): 545 – 553.

［112］ Li Y, Li X, Chen L, et al. Orbital angular momentum multiplexing and demultiplexing by a single metasurface ［J］. Advanced Optical Materials, 2017, 5 (2): 1600502.

［113］ Cai T, Wang G M, Liang J G, et al. High – performance transmissive meta – surface for C – / X – band lens antenna application ［J］. IEEE transactions on antennas and propagation, 2017, 65 (7): 3598 – 3606.

［114］ Cui T J, Qi M Q, Wan X, et al. Coding metamaterials, digital metamaterials and programmable metamaterials ［J］. Light: science & applications, 2014, 3 (10): e218 – e218.

［115］ Liu S, Cui T J, Xu Q, et al. Anisotropic coding metamaterials and their powerful manipulation of differently polarized terahertz waves ［J］. Light: Science & Applications, 2016, 5 (5): e16076 – e16076.

［116］ Bai G D, Ma Q, Iqbal S, et al. Multitasking shared aperture enabled with multiband digital coding metasurface ［J］. Advanced Optical Materials, 2018, 6 (21): 1800657.

［117］ Wang M, Ma H F, Wu L W, et al. Hybrid digital coding metasurface for independent control of propagating surface and spatial waves〔J〕. Advanced Optical Materials, 2019, 7（13）: 1900478.

［118］ Ding G, Chen K, Luo X, et al. Dual – helicity decoupled coding metasurface for independent spin – to – orbital angular momentum conversion〔J〕. Physical review applied, 2019, 11（4）: 044043.

［119］ Zhang C, Cao W K, Yang J, et al. Multiphysical digital coding metamaterials for independent control of broadband electromagnetic and acoustic waves with a large variety of functions〔J〕. ACS applied materials & interfaces, 2019, 11（18）: 17050 – 17055.

［120］ Ma M, Li Z, Liu W, et al. Optical Information Multiplexing with Nonlinear Coding Metasurfaces〔J〕. Laser & Photonics Reviews, 2019, 13（7）: 1900045.

［121］ Cui T J, Liu S, Zhang L. Information metamaterials and metasurfaces〔J〕. Journal of Materials Chemistry C, 2017, 5（15）: 3644 – 3668.

［122］ Li L, Cui T J. Information metamaterials – from effective media to real – time information processing systems〔J〕. Nanophotonics, 2019, 8（5）: 703 – 724.

［123］ Wu R Y, Bao L, Wu L W, et al. Independent control of copolarized amplitude and phase responses via anisotropic metasurfaces〔J〕. Advanced Optical Materials, 2020, 8（11）: 1902126.

［124］ Lee S W, Fong T T. Electromagnetic wave scattering from an active corrugated structure〔J〕. Journal of Applied Physics, 1972, 43（2）: 388 – 396.

［125］ Epp L, Chan C, Mittra R. The study of FSS surfaces with varying surface impedance and lumped elements〔C〕//Digest on Antennas and Propagation Society International Symposium. IEEE, 1989: 1056 – 1059.

［126］ Chang T K, Langley R J, Parker E. An active square loop frequency selective surface〔J〕. IEEE Microwave and Guided Wave Letters, 1993, 3（10）: 387 – 388.

［127］ Chang T K, Langley R J, Parker E A. Active frequency – selective surfaces〔J〕. IEE Proceedings – Microwaves, Antennas and Propagation, 1996, 143（1）: 62 – 66.

［128］ Mias C. Frequency selective surfaces loaded with surface – mount reactive components〔J〕. Electronics letters, 2003, 39（9）: 724 – 726.

［129］ Mias C. Varactor – tunable frequency selective surface with resistive – lumped – element biasing grids〔J〕. IEEE microwave and wireless components letters, 2005, 15（9）: 570 – 572.

［130］ Ghosh S, Srivastava K V. A dual – band tunable frequency selective surface with independent wideband tuning〔J〕. IEEE Antennas and Wireless Propagation Letters, 2020, 19（10）: 1808 – 1812.

［131］ 周仕浩，房欣宇，李猛猛，等. S/X 双频带吸波实时可调的吸波器〔J〕. 物理学报，2020, 69（20）: 204101.

［132］ Kiani G I, Esselle K P, Weily A R, et al. Active frequency selective surface using PIN diodes〔C〕//2007 IEEE Antennas and Propagation Society International Symposium. IEEE, 2007: 4525 – 4528.

［133］ Kiani G I, Ford K L, Olsson L G, et al. Switchable frequency selective surface for reconfigurable electromagnetic architecture of buildings ［J］. IEEE Transactions on Antennas and Propagation, 2009, 58 (2): 581 – 584.

［134］ Taylor P S, Parker E A, Batchelor J C. An active annular ring frequency selective surface ［J］. IEEE Transactions on antennas and propagation, 2011, 59 (9): 3265 – 3271.

［135］ Sanz – Izquierdo B, Parker E A. Dual polarized reconfigurable frequency selective surfaces ［J］. IEEE Transactions on Antennas and Propagation, 2013, 62 (2): 764 – 771.

［136］ Doken B, Kartal M. An active frequency selective surface design having four different switchable frequency characteristics ［J］. 2019.

［137］ Gianvittorio J P, Zendejas J, Rahmat – Samii Y, et al. MEMS enabled reconfigurable frequency selective surfaces: Design, simulation, fabrication, and measurement ［C］//IEEE Antennas and Propagation Society International Symposium (IEEE Cat. No. 02CH37313). IEEE, 2002, 2: 404 – 407.

［138］ Schoenlinner B, Kempel L C, Rebeiz G M. Switchable RF MEMS Ka – band frequency – selective surface ［C］//2004 IEEE MTT – S International Microwave Symposium Digest (IEEE Cat. No. 04CH37535). IEEE, 2004, 2: 1241 – 1244.

［139］ Safari M, Shafai C, Shafai L. X – band tunable frequency selective surface using MEMS capacitive loads ［J］. IEEE Transactions on Antennas and Propagation, 2014, 63 (3): 1014 – 1021.

［140］ Bossard J A, Liang X, Li L, et al. Tunable frequency selective surfaces and negative – zero – positive index metamaterials based on liquid crystals ［J］. IEEE Transactions on Antennas and Propagation, 2008, 56 (5): 1308 – 1320.

［141］ Hu W, Dickie R, Cahill R, et al. Liquid crystal tunable mm wave frequency selective surface ［J］. IEEE Microwave and Wireless Components Letters, 2007, 17 (9): 667 – 669.

［142］ Chang T K, Langley R J, Parker E A. Frequency selective surfaces on biased ferrite substrates ［J］. Electronics Letters, 1994, 30 (15): 1193 – 1194.

［143］ Li G Y, Chan Y C, Mok T S, et al. Analysis of frequency – selective surfaces on a biased ferrite substrate ［J］. International journal of electronics, 1995, 78 (6): 1159 – 1175.

［144］ Wang D W, Zhao W S, Xie H, et al. Tunable THz multiband frequency – selective surface based on hybrid metal – graphene structures ［J］. IEEE Transactions on Nanotechnology, 2017, 16 (6): 1132 – 1137.

［145］ Radwan A H, Verri V, D'Amico M, et al. Switchable Frequency Selective Surfaces reflector based on graphene for THz receiver ［C］//2015 International Conference on Electromagnetics in Advanced Applications (ICEAA). IEEE, 2015: 666 – 669.

［146］ Azemi S N, Ghorbani K, Rowe W S T. A reconfigurable FSS using a spring resonator element [J]. IEEE Antennas and Wireless Propagation Letters, 2013, 12: 781 – 784.

[147] Ma D, Zhang W X. Mechanically tunable frequency selective surface with square – loop – slot elements [J]. Journal of Electromagnetic Waves and Applications, 2007, 21 (15): 2267 – 2276.

[148] Abadi S M A M H, Booske J H, Behdad N. Exploiting mechanical flexure as a means of tuning the responses of large – scale periodic structures [J]. IEEE Transactions on Antennas and Propagation, 2015, 64 (3): 933 – 943.

[149] Landy N I, Sajuyigbe S, Mock J J, et al. Perfect metamaterial absorber [J]. Physical review letters, 2008, 100 (20): 207402.

[150] Cheng Y, Nie Y, Wang X, et al. Adjustable low frequency and broadband metamaterial absorber based on magnetic rubber plate and cross resonator [J]. Journal of Applied Physics, 2014, 115 (6): 064902.

[151] Kundu D, Mohan A, Chakrabarty A. Single – layer wideband microwave absorber using array of crossed dipoles [J]. IEEE Antennas and Wireless Propagation Letters, 2016, 15: 1589 – 1592.

[152] Thi Quynh Hoa N, Huu Lam P, Duy Tung P. Wide – angle and polarization – independent broadband microwave metamaterial absorber [J]. Microwave and Optical Technology Letters, 2017, 59 (5): 1157 – 1161.

[153] Lee Y P, Tuong P V, Zheng H Y, et al. An application of metamaterials: Perfect absorbers [J]. Journal of the Korean Physical Society, 2012, 60 (8): 1203 – 1206.

[154] Kim Y J, Hwang J S, Yoo Y J, et al. Ultrathin microwave metamaterial absorber utilizing embedded resistors [J]. Journal of Physics D: Applied Physics, 2017, 50 (40): 405110.

[155] Sun S, Yang K Y, Wang C M, et al. High – efficiency broadband anomalous reflection by gradient meta – surfaces [J]. Nano letters, 2012, 12 (12): 6223 – 6229.

[156] Wang J, et al. High – efficiency spoof plasmon polariton coupler mediated by gradient metasurfaces. Applied Physics Letters 101. 20 (2012): 201104.

[157] 李勇峰. 超表面的电磁波相位调制特性及其应用研究 [D]. 西安: 空军工程大学, 2015.

[158] 胡中, 徐涛, 汤蓉, 等. 几何相位电磁超表面: 从原理到应用 [J]. 激光与光电子学进展, 2019, 56 (20).

[159] Huang L, Chen X, Muhlenbernd H, et al. Dispersionless phase discontinuities for controlling light propagation [J]. Nano letters, 2012, 12 (11): 5750 – 5755.

[160] Zhong X J, Chen L, Shi Y, et al. Single – layer broadband circularly polarized reflectarray with subwavelength double – ring elements [J]. Electromagnetics, 2015, 35 (4): 217 – 226.

[161] Li Y, Zhang J, Qu S, et al. Achieving wideband polarization – independent anomalous reflection for linearly polarized waves with dispersionless phase gradient metasurfaces [J]. Journal of Physics D: Applied Physics, 2014, 47 (42): 425103.

［162］ Paquay M, Iriarte J C, Ederra I, et al. Thin AMC structure for radar cross – section reduction ［J］. IEEE Transactions on Antennas and Propagation, 2007, 55 (12): 3630 – 3638.

［163］ Zhuang Y Q, Wang G M, Xu H X. Ultra – wideband RCS reduction using novel configured chessboard metasurface ［J］. Chinese Physics B, 2017, 26 (5): 054101.

［164］ Modi A Y, Balanis C A, Birtcher C R, et al. Novel design of ultrabroadband radar cross section reduction surfaces using artificial magnetic conductors ［J］. IEEE Transactions on Antennas and Propagation, 2017, 65 (10): 5406 – 5417.

［165］ Chen J, Cheng Q, Zhao J, et al. Reduction of radar cross section based on a metasurface ［J］. Progress In Electromagnetics Research, 2014, 146: 71 – 76.

［166］ Wang K, Zhao J, Cheng Q, et al. Broadband and broad – angle low – scattering metasurface based on hybrid optimization algorithm ［J］. Scientific reports, 2014, 4 (1): 1 – 6.

［167］ Zhao Y, Cao X, Gao J, et al. Broadband diffusion metasurface based on a single anisotropic element and optimized by the simulated annealing algorithm ［J］. Scientific reports, 2016, 6 (1): 1 – 9.

［168］ Sun H, Gu C, Chen X, et al. Broadband and broad – angle polarization – independent metasurface for radar cross section reduction ［J］. Scientific reports, 2017, 7 (1): 1 – 9.

［169］ 随赛. 新型人工电磁表面拓扑优化设计与应用研究 ［D］. 西安：空军工程大学, 2019.

［170］ Sui S, Ma H, Lv Y, et al. Fast optimization method of designing a wideband metasurface without using the Pancharatnam – Berry phase ［J］. Optics Express, 2018, 26 (2): 1443 – 1451.

［171］ 邱天硕. 电磁超表面的智能设计及有源调控研究 ［D］. 西安：空军工程大学, 2019.

［172］ Qiu T, Shi X, Wang J, et al. Deep learning: a rapid and efficient route to automatic metasurface design ［J］. Advanced Science, 2019, 6 (12): 1900128.

［173］ S. Liu, et al. Convolution operations on coding metasurface to reach flexible and continuous controls of terahertz beams. Advanced Science, vol. 3, no. 10, 2016, Art. no. 1600156.

［174］ Feng M, Li Y, Zheng Q, et al. Two – dimensional coding phase gradient metasurface for RCS reduction ［J］. Journal of Physics D: Applied Physics, 2018, 51 (37): 375103.

［175］ Zheng Q, Li Y, Zhang J, et al. Wideband, wide – angle coding phase gradient metasurfaces based on Pancharatnam – Berry phase ［J］. Scientific Reports, 2017, 7 (1): 1 – 13.

［176］ Liu S, Zhang L, Yang Q L, et al. Frequency – dependent dual – functional coding metasurfaces at terahertz frequencies ［J］. Advanced Optical Materials, 2016, 4 (12):

1965 – 1973.

[177] Shao L, Premaratne M, Zhu W. Dual – functional coding metasurfaces made of aniso-tropic all – dielectric resonators [J]. IEEE Access, 2019, 7: 45716 – 45722.

[178] Han X, Xu H, Chang Y, et al. Multiple diffuse coding metasurface of independent po-larization for RCS reduction [J]. IEEE Access, 2020, 8: 162313 – 162321.

[179] Cai T, Wang G M, Tang S W, et al. High – efficiency and full – space manipulation of electromagnetic wave fronts with metasurfaces [J]. Physical Review Applied, 2017, 8 (3): 034033.

[180] Cai T, Tang S W, Wang G M, et al. High – performance bifunctional metasurfaces in transmission and reflection geometries [J]. Advanced Optical Materials, 2017, 5 (2): 1600506.

[181] Zhang L, Wu R Y, Bai G D, et al. Transmission – reflection – integrated multifunction-al coding metasurface for full – space controls of electromagnetic waves [J]. Advanced Functional Materials, 2018, 28 (33): 1802205.

[182] 刘顺华, 刘军民, 董星龙. 电磁波屏蔽及吸波材料 [M]. 北京: 机械工业出版社, 2007.

[183] 张明伟, 曲冠达, 庞梦瑶, 等. 电磁屏蔽机理及涂覆/结构型吸波复合材料研究进展 [J]. 材料导报, 2021, S01: 62 – 70.

[184] 崔升, 沈晓冬, 袁林生, 等. 电磁屏蔽和吸波材料的研究进展 [J]. 电子元件与材料, 2005, 24 (1): 5.

[185] Singh D. Microwave Absorbing Materials [J]. Defence science journal, 2021 (71 – 3).

[186] Luo F, Zhou W C, Zhao D L. The Electric and Absorbing Wave Properties of Fibers in Structural Radar Absorbing Materials [J]. Journal of Materials Engineering, 2000 (2): 37 – 40.

[187] 王夫蔚, 龚书喜, 张鹏飞, 等. 结构型吸波材料在阵列天线 RCS 减缩中的应用 [J]. 西安电子科技大学学报, 2012, 39 (5): 91 – 95.

[188] 崔红艳, 潘士兵, 于名讯, 等. 结构型雷达吸波材料的性能特点及其应用进展 [J]. 新材料产业, 2017 (5): 4.

[189] Wl A, Lx A, Xu Z B, et al. Investigating the effect of honeycomb structure composite on microwave absorption properties [J]. Composites Communications, 2020, 19: 182 – 188.

[190] 黎炎图, 黄小忠, 杜作娟, 等. 结构吸波纤维及其复合材料的研究进展 [J]. 材料导报, 2010, 24 (7): 4.

[191] 黄科, 冯斌, 邓京兰. 结构型吸波复合材料研究进展 [J]. 高科技纤维与应用, 2010, 35 (6): 5.

[192] 范明远. 羰基铁粉/热塑性树脂复合材料的制备及其吸波性能研究 [D]. 上海: 东华大学, 2019.

[193] 丁冬海, 罗发, 周万城, 等. 高温雷达吸波材料研究现状与展望 [J]. 无机材料学报, 2014, 29 (5): 9.

［194］梁彩云，王志江. 耐高温吸波材料的研究进展［J］. 航空材料学报，2018，38（3）：9.

［195］丁冬海，王晶，肖国庆. SiC 纤维增强 SiC 高温结构吸波材料研究现状［J］. 硅酸盐学报，2019（1）：11.

［196］孙格靓. 碳化硅/钛酸钡/有机树脂复合涂层作为雷达吸波材料的研究［D］. 北京：清华大学，2004.

［197］陈春梅. 碳化硅涂层吸波性能的研究［J］. 现代制造技术与装备，2018，（4）：2.

［198］Guo T. Magnetic sputtering of FeNi/C bilayer film on SiC fibers for effective microwave absorption in the low－frequency region［J］. Ceramics International，2020，47（4）.

［199］Kwon H，Jang M S，Yun J M，et al. Design and verification of simultaneously self－sensing and microwave－absorbing composite structures based on embedded SiC fiber network［J］. Composite Structures，2020，261：113286.

［200］Ke－Feng M A，Zhang G C，Liu L W，et al. Research progress of Technology for Sandwich Structural Absorbing Stealthy Composite Materials［J］. Development and Application of Materials，2010，2.

［201］Long G，Zuojuan D U，Huang X，et al. Simulation method of foam sandwich absorbing material radar stealth property［J］. Electronic Components & Materials，2015.

［202］Xia C，Yuan H，Gao Z P. Research development on electromagnetic properties of honeycomb sandwich wave－absorbing materials［J］. Journal of Magnetic Materials and Devices，2013.

［203］Huang K，Feng B，Deng J L. Research Progress of Structural Radar－Absorbing Composite Materials［J］. Hi－Tech Fiber & Application，2010.

［204］莫美芳，刘俊能. 雷达吸波复合材料和雷达吸波结构（RAS）的研制与发展［J］. 航空材料学报，1992，12（2）：11.

［205］Yan X Y，Jian L U. Equivalent electromagnetic parameters of honeycomb－structure absorbing material［J］. Journal of Magnetic Materials and Devices，2013.

［206］Pang H，Duan Y，Dai X，et al. The electromagnetic response of composition－regulated honeycomb structural materials used for broadband microwave absorption［J］. 材料科学技术：英文版，2021（29）：12.

［207］Choi W H，Kim C G. Broadband microwave－absorbing honeycomb structure with novel design concept［J］. Composites Part B Engineering，2015，83（DEC.）：14－20.

［208］王海风. 结构吸波材料的隐身性能研究［D］. 南京：南京航空航天大学，2008.

［209］常霞. 蜂窝吸波材料等效电磁参数及反射系数的研究［D］. 成都：电子科技大学，2014.

［210］Gao Z，Luo Q. Reflection Characteristics of Impregnated Absorbent Honeycomb under Normal Incidence of Plane Wave［J］. Journal of University of Electronic ence & Technology of China，2003. 32（3）：89－94.

［211］Sun H M，Chen L，Gu Z Z. Characterization and Design of Honeycomb Absorbing Materials［J］. Solid State Phenomena，2019，294：51－56.

［212］ Westra A G. Radar Versus Stealth：Passive Radar and the Future of U. S. Military Power ［J］. Radar Versus Stealth Passive Radar & the Future of U. S. military Power, 2009.

［213］ He Y, Gong R, Cao H, et al. Preparation and microwave absorption properties of metal magnetic micropowder‐coated honeycomb sandwich structures ［J］. Smart Materials and Structures, 2007, 16（5）：1501.

［214］ He Y, Gong R. Preparation and microwave absorption properties of foam‐based honey-comb sandwich structures ［J］. Epl, 2012, 85（5）：58003.

［215］ Fan H L, Yang W, Chao Z M. Microwave absorbing composite lattice grids ［J］. Com-posites Science & Technology, 2007, 67（15–16）：3472–3479.

［216］ Bollen P, Quievy N, Detrembleur C, et al. Processing of a new class of multifunctional hybrid for electromagnetic absorption based on a foam filled honeycomb ［J］. Materials & Design, 2016, 89（JAN. ）：323–334.

［217］ Shin J H, Choi W H, Kim C G, et al. Design of broadband microwave absorber using honeycomb structure ［J］. Electronics Letters, 2014, 50（4）：292–293.

［218］ Won‐Ho Choi, Kim C G. Broadband microwave‐absorbing honeycomb structure with novel design concept ［J］. Composites Part B：Engineering, 2015, 83：14–20.

［219］ Kwak B S, Jeong G W, WH Choi, et al. Microwave‐absorbing honeycomb core struc-ture with nickel‐coated glass fabric prepared by electroless plating ［J］. Composite Structures, 2021, 256（5）：113148.

［220］ Feng J, Zhang YC, W ang P, Fan HL. Oblique incidence performance of radar absorb-ing honeycombs ［J］. Compos Part B Eng, 2016；99：465–471

［221］ Luo H, F Chen, Wang X, et al. A novel two‐layer honeycomb sandwich structure absorber with high‐performance microwave absorption ［J］. Composites Part A Applied Science & Manufacturing, 2019.

［222］ Abdolali A, Rajabalipanah M, Rajabalipanah H. Ultra‐Thin Tunable Plasma‐Meta-surface Composites for Extremely Broadband Electromagnetic Shielding Applications ［J］. Progress In Electromagnetics Research C, 2018, 85：91–104.

［223］ Ji J, Jiang J, Chen J, et al. Scattering reduction of perfectly electric conductive cylin-der by coating plasma and metamaterial ［J］. Optik, 2018, 161：98–105.

［224］ Chen Z, Liu M, Tang L, et al. A planar‐type surface‐wave plasma source with a subwavelength diffraction grating inclusion for large‐area plasma applications ［J］. Jour-nal of Applied Physics, 2009, 106（1）：013314.

［225］ Ghayekhloo A, Afsahi M, Orouji A A. Checkerboard plasma electromagnetic surface for wideband and wide‐angle bistatic radar cross section reduction ［J］. IEEE transactions on plasma science, 2017, 45（4）：603–609.

［226］ Sakai O, Tachibana K. Plasmas as metamaterials：a review ［J］. Plasma Sources Sci-ence and Technology, 2012, 21（1）：013001.

［227］ Sakai O, Yamaguchi S, Bambina A, et al. Plasma metamaterials as cloaking and non-linear media ［J］. Plasma Physics and Controlled Fusion, 2016, 59（1）：014042.

［228］ Zhang W, Xu H, Song Z, et al. Study on attenuation characteristics of electromagnetic waves in plasma – superimposed artificial wave vector metasurface structure ［J］. Journal of Physics D: Applied Physics, 2019, 53 (6): 065204.

［229］ Joozdani M Z, Amirhosseini M K, Abdolali A. Equivalent circuit model for frequency – selective surfaces embedded within a thick plasma layer ［J］. IEEE Transactions on Plasma Science, 2015, 43 (10): 3590 – 3598.

［230］ Joozdani M Z, Amirhosseini M K. Wideband absorber with combination of plasma and resistive frequency selective surface ［J］. IEEE Transactions on Plasma Science, 2016, 44 (12): 3254 – 3261.

［231］ Ji J, Ma Y. Tunability study of plasma frequency selective surface based on fdtd ［J］. IEEE Transactions on Plasma Science, 2019, 47 (3): 1500 – 1504.

［232］ Ji J, Ma Y, Sun C. Reflection and transmission characteristics of frequency selective surface embedded within a thick plasma layer ［J］. Optik, 2020, 200: 163453.

［233］ Liu J, Yan Z, Ji J, et al. Study on tunable magnetized plasma frequency selective surface using JEC – FDTD method ［J］. IEEE Transactions on Plasma Science, 2020, 48 (10): 3479 – 3486.

［234］ Chen J, Tan J, Yu X, et al. Using WCS – FDTD method to study the plasma frequency selective surface ［J］. IEEE Access, 2019, 7: 152473 – 152477.

［235］ 张建平. 等离子体周期结构电磁特性研究 ［D］. 长沙: 国防科学技术大学, 2015.

［236］ 徐强. 薄层等离子体 – 频率选择表面复合结构电磁特性研究 ［D］. 长沙: 国防科学技术大学, 2019.

［237］ Anderson T, Alexeff I, Raynolds J, et al. Plasma frequency selective surfaces ［J］. IEEE Transactions on Plasma Science, 2007, 35 (2): 407 – 415.

［238］ Cross L W, Almalkawi M J, Devabhaktuni V K. Development of large – area switchable plasma device for X – band applications ［J］. IEEE Transactions on Plasma Science, 2013, 41 (4): 948 – 954.

［239］ Cross L W. Study of X – band plasma devices for shielding applications ［C］ //2014 IEEE MTT – S International Microwave Symposium (IMS2014). IEEE, 2014: 1 – 4.

［240］ Yuan C X, Zhou Z X, Zhang J W, et al. Properties of Propagation of Electromagnetic Wave in a Multilayer Radar – Absorbing Structure With Plasma – and Radar – Absorbing Material ［J］. IEEE Transactions on Plasma science, 2011, 39 (9): 1768 – 1775.

［241］ Bai B, Li X, Xu J, et al. Reflections of Electromagnetic Waves Obliquely Incident on a Multilayer Stealth Structure With Plasma and Radar Absorbing Material ［J］. IEEE Transactions on Plasma Science, 2015, 43 (8): 2588 – 2597.

［242］ Singh H, Antony S, Rawat H S. EM Wave Propagation Analysis in Plasma Covered Radar Absorbing Material ［J］. Springer Singapore, 2017, 10. 1007/978 – 981 – 10 – 2269 – 2 (Chapter 1): 1 – 42.

［243］ 李泽斌, 王海露, 袁承勋, 等. 等离子体复合雷达吸波材料的电磁特性 ［J］. 电波科学学报, 2018, 33 (6): 6.

［244］ Wen D Q, Liu W, Gao F, et al. A hybrid model of radio frequency biased inductively coupled plasma discharges：description of model and experimental validation in argon ［J］. Plasma Sources Science and Technology, 2016, 25（4）：045009.

［245］ Yang W, Zhao S X, Wen D Q, et al. F – atom kinetics in SF6/Ar inductively coupled plasmas ［J］. Journal of Vacuum Science & Technology A：Vacuum, Surfaces, and Films, 2016, 34（3）：031305.

［246］ Liu Y X, Zhang Q Z, Jiang W, et al. Collisionless bounce resonance heating in dual – frequency capacitively coupled plasmas ［J］. Physical review letters, 2011, 107（5）：055002.

［247］ Liu Y X, Zhang Q Z, Liu J, et al. Electron bounce resonance heating in dual – frequency capacitively coupled oxygen discharges ［J］. Plasma Sources Science and Technology, 2013, 22（2）：025012.

［248］ Zhang Y R, Xu X, Bogaerts A, et al. Fluid simulation of the phase – shift effect in hydrogen capacitively coupled plasmas：II. Radial uniformity of the plasma characteristics ［J］. Journal of Physics D：Applied Physics, 2011, 45（1）：015203.

［249］ Bi Z H, Dai Z L, Zhang Y R, et al. Effects of reactor geometry and frequency coupling on dual – frequency capacitively coupled plasmas ［J］. Plasma Sources Science and Technology, 2013, 22（5）：055007.

［250］ Lister G G, Li Y M, Godyak V A. Electrical conductivity in high – frequency plasmas ［J］. Journal of applied physics, 1996, 79（12）：8993 – 8997.

［251］ Gudmundsson J T. On the effect of the electron energy distribution on the plasma parameters of an argon discharge：a global（volume – averaged）model study ［J］. Plasma Sources Science and Technology, 2001, 10（1）：76.

［252］ Boffard J B, Jung R O, Lin C C, et al. Optical emission measurements of electron energy distributions in low – pressure argon inductively coupled plasmas ［J］. Plasma Sources Science and Technology, 2010, 19（6）：065001.

［253］ Takahashi K, Charles C, Boswell R W, et al. Electron energy distribution of a current – free double layer：Druyvesteyn theory and experiments ［J］. Physical review letters, 2011, 107（3）：035002.

［254］ Shojaei K, Mangolini L. Application of machine learning for the estimation of electron energy distribution from optical emission spectra ［J］. Journal of Physics D：Applied Physics, 2021, 54（26）：265202.

［255］ Hagelaar G J M, Pitchford L C. Solving the Boltzmann equation to obtain electron transport coefficients and rate coefficients for fluid models ［J］. Plasma Sources Science and Technology, 2005, 14（4）：722.

［256］ 李宏. 射频感性耦合负氢离子源的电学诊断及数值模拟 ［D］. 大连：大连理工大学, 2019.

［257］ Holstein T. Energy distribution of electrons in high frequency gas discharges ［J］. Physical Review, 1946, 70（5 – 6）：367.

［258］ Lee S H, Iza F, Lee J K. Particle – in – cell Monte Carlo and fluid simulations of argon – oxygen plasma：Comparisons with experiments and validations ［J］. Physics of plasmas, 2006, 13 (5)：057102.

［259］ Gudmundsson J T, Kouznetsov I G, Patel K K, et al. Electronegativity of low – pressure high – density oxygen discharges ［J］. Journal of Physics D：Applied Physics, 2001, 34 (7)：1100.

［260］ Xu X P, Rauf S, Kushner M J. Plasma abatement of perfluorocompounds in inductively coupled plasma reactors ［J］. Journal of Vacuum Science & Technology A：Vacuum, Surfaces, and Films, 2000, 18 (1)：213 – 231.

［261］ Bogdanov E A, Kudryavtsev A A, Tsendin L D, et al. Substantiation of the two – temperature kinetic model by comparing calculations within the kinetic and fluid models of the positive column plasma of a dc oxygen discharge ［J］. Technical physics, 2003, 48 (8)：983 – 994.

［262］ Kiehlbauch M W, Graves D B. Inductively coupled plasmas in oxygen：Modeling and experiment ［J］. Journal of Vacuum Science & Technology A：Vacuum, Surfaces, and Films, 2003, 21 (3)：660 – 670.

［263］ Hsu C C, Nierode M A, Coburn J W, et al. Comparison of model and experiment for Ar, Ar/O_2 and $Ar/O_2/Cl_2$ inductively coupled plasmas ［J］. Journal of Physics D：Applied Physics, 2006, 39 (15)：3272.

［264］ You Z, Dai Z, Wang Y. Simulation of Capacitively Coupled Dual – Frequency N_2, O_2, N_2/O_2 Discharges：Effects of External Parameters on Plasma Characteristics ［J］. Plasma Science and Technology, 2014, 16 (4)：335.

［265］ Ming M, Zhongling D, Younian W. Two – dimensional self – consistent kinetic model for solenoidal inductively coupled plasma ［J］. Plasma Science and Technology, 2007, 9 (1)：30.

［266］ Yang W, Li H, Gao F, et al. Hybrid simulations of solenoidal radio – frequency inductively coupled hydrogen discharges at low pressures ［J］. Physics of Plasmas, 2016, 23 (12)：123517.

［267］ 赵文华, 唐皇哉, 沈岩, 等. 谱线强度法所测得温度的物理意义 ［J］. 光谱学与光谱分析, 2007, 27 (11)：2145 – 2149.

［268］ Gudmundsson J T, Thorsteinsson E G. Oxygen discharges diluted with argon：dissociation processes ［J］. Plasma Sources Science and Technology, 2007, 16 (2)：399.

［269］ V. Lisovskiy, V. Yegorenkov. Ambipolar diffusion in strongly electronegative plasma ［J］. EPL, 2012, 99：35002.

［270］ Toshikazu Sato, Toshiaki Makabe. A numerical investigation of atomic oxygen density in inductively coupled plasma in O_2/Ar mixture ［J］. J. Phys. D：Appl. Phys., 2008, 41：035211.

［271］ Lee C, Lieberman M A. Global model of Ar, O_2, Cl_2, and Ar/O_2 high – density plasma discharges ［J］. Journal of Vacuum Science & Technology A：Vacuum, Surfaces, and Films, 1995, 13 (2): 368 – 380.

[272] 庄钊文, 袁乃昌. 军用目标雷达散射截面预估与测量 [M]. 北京: 科学出版社, 2007.

[273] 谷卓. 等离子体对电磁波衰减的优化模拟研究 [D]. 大连: 大连理工大学, 2015.

[274] 杨国辉, 张狂, 丁旭旻. 新型微波频率表面设计方法 [M]. 哈尔滨: 哈尔滨工业大学出版社, 2018.

[275] 刘晓春, 周建江, 刘少斌, 等. 带通型人工电磁结构认知与分析 [J]. 现代雷达, 2019, 41 (9): 6.

[276] 张坤哲. 有源频率选择表面技术及应用研究 [D]. 西安: 西安电子科技大学, 2018.

[277] J. C. Maxwell Garnett. Colours in metal glasses and in metallic films [J]. Phil. Trans. R. Soc. London A, 1904, 203 (359): 385 – 420.

[278] D. A. G. Bruggeman. The dielectric constants and conductivities of mixtures composed of isotropic substances [J]. 1935, Ann. Phys., 24 (132): 636 – 679.

[279] R. Simpkin. Derivation of Lichtenecker′s Logarithmic Mixture Formula from Maxwell′s Equations [J]. IEEE Transactions on Microwave Theory & Techniques, 2010, 58 (3): 545 – 550.

[280] 宋鑫华, 闫鸿浩, 马征征, 等. 基于传输线理论的电磁波反射系数正交分析 [J]. 科学技术与工程, 2018, 18 (12): 5.

[281] 刘顺华, 刘军民, 董星龙. 电磁波屏蔽及吸波材料 [M]. 北京: 化学工业出版社, 2007.

[282] 刘硕. 基于数字表征的编码超表面及其应用 [D]. 南京: 东南大学, 2017.

[283] Yuan F, Xu H X, Jia X Q, et al. RCS reduction based on concave/convex – chessboard random parabolic – phased metasurface [J]. IEEE Transactions on Antennas and Propagation, 2019, 68 (3): 2463 – 2468.

[284] Holland J H. Adaptation in natural and artificial systems: an introductory analysis with applications to biology, control, and artificial intelligence [M]. MIT press, 1992.

[285] Hallam J W, Akman O, Akman F. Genetic algorithms with shrinking population size [J]. Computational Statistics, 2010, 25 (4): 691 – 705.

[286] Pavai G, Geetha T V. New crossover operators using dominance and co – dominance principles for faster convergence of genetic algorithms [J]. Soft Computing, 2019, 23 (11): 3661 – 3686.